U0660843

高等学校计算机类系列教材

教育部产学合作协同育人项目

计算机操作系统实践教程

JISUANJI CAOZUO XITONG SHIJIAN JIAOCHENG

主编　马立平

参编　贾小林　顾娅军

西安电子科技大学出版社

内 容 简 介

学习操作系统的最佳途径是理论与实践相结合。本书作为操作系统实验课程教材，基于开放原子开源基金会(OpenAtom Foundation)孵化及运营的开源项目 OpenHarmony 操作系统内核平台，系统阐述了OpenHarmony 的设计原理，并精心设计了 9 个实验模块。这 9 个实验模块涵盖了计算机操作系统的核心工作原理机制及应用场景，通过实验设计与实践操作，学生能够深入理解操作系统内核的设计理念，并掌握相关开发技能。

本书共两篇：第一篇为计算机操作系统上机实践基础，内容包括 OpenHarmony 基本操作环境、进程管理与通信、内存管理、文件管理、设备管理；第二篇为计算机操作系统上机实验，内容包括 OpenHarmony系统基本操作实验、进程管理实验、进程调度实验、进程同步互斥实验、内存管理实验、设备管理实验、文件系统实验、进程间通信实验及综合实验。

本书既可作为高等院校计算机类相关专业操作系统课程的实验教材，也可供 OpenHarmony 应用及内核开发者参考使用。

图书在版编目（CIP）数据

计算机操作系统实践教程 / 马立平主编. -- 西安 ：西安电子
科技大学出版社，2025.6. -ISBN 978-7-5606-7678-4

　　I. TP.316
中国国家版本馆 CIP 数据核字第 2025WS1921 号

策　　划　　李惠萍
责任编辑　　李惠萍
出版发行　　西安电子科技大学出版社(西安市太白南路 2 号)
电　　话　　(029)88202421　88201467　　　邮　　编　　710071
网　　址　　www.xduph.com　　　　　　　　电子邮箱　xdupfxb001@163.com
经　　销　　新华书店
印刷单位　　陕西日报印务有限公司
版　　次　　2025 年 6 月第 1 版　　　　　2025 年 6 月第 1 次印刷
开　　本　　787 毫米×1092 毫米　　1/16　　印　　张　　16
字　　数　　377 千字
定　　价　　41.00 元
ISBN 978-7-5606-7678-4
XDUP 7979001-1
＊＊＊ 如有印装问题可调换 ＊＊＊

前　言

　　计算机操作系统作为计算机系统的核心，是计算机系统不可或缺的重要部分。相应地，计算机操作系统课程也是计算机相关专业的专业基础必修课，其内容涉及理论、算法、技术、实现和应用等，在人才培养课程体系中起到承上启下的作用。该课程知识点多、概念性强、内容抽象且综合性强，不仅需要学生掌握操作系统的精髓，还需要他们做到深刻理解和融会贯通。实践操作在学习过程中尤为重要，它对于学生掌握计算机操作系统的组成结构、实现原理、设计思想及技术应用等至关重要，是课程教学活动不可或缺的重要环节。然而，实践教学存在诸多挑战，包括现有的实用操作系统类型多样、应用环境约束性强、可操作性差，且模块众多、内核复杂、技术细节剖析困难，这些都增加了培养学生系统级的设计、分析与应用能力的难度。为此，编者凭借多年从事计算机操作系统课程教学和研究的经验，编写了本书，旨在为计算机操作系统实验教学提供一定的指导和支持。

　　编写计算机操作系统实践教程，首先要选择实践环境和平台，其次要精选上机实践内容，这些都对提升实践课程的教学质量至关重要。OpenHarmony 作为开源操作系统，自开源以来，已成为智能终端领域发展速度最快的开源操作系统，特别是在 5G、云计算、物联网、人工智能等新一代信息技术的融合应用中表现出色，具有强大的解决工程实际问题的背景。本书选用 OpenHarmony 内核源码作为计算机操作系统实践和实习环境，通过在实用操作系统环境下的实际操作，学生不仅能够更深入地理解计算机操作系统的基本原理，掌握计算机操作系统的设计实现方法，提升自身的创新实践能力，还能进一步掌握 OpenHarmony 操作系统的系统结构、设计和实现的原理与路径，从而更好地适应人工智能时代对计算机专业人才的需求。

　　本书共两篇：第一篇为计算机操作系统上机实践基础(第 1 章至第 5 章)，内容包括 OpenHarmony 基本操作环境、进程管理与通信、内存管理、文件管理、设备管理；第二篇为计算机操作系统上机实验(第 6 章至第 14 章)，内容包括 OpenHarmony 系统基本操作实验、进程管理实验、进程调度实验、进程同步互斥实验、内存管理实验、设备管理实验、文件系统实验、进程间通信实验及综合实验。

　　本书是专为计算机操作系统课程而编写的上机实践教材，系统地概括了实践教学的主要背景知识，对计算机操作系统课程的重点、难点内容进行了深入分析。书中实验项目涵盖操作系统的基本概念、原理、技术和方法；实验安排由浅入深、循序渐进，实验内容与理论内容彼此呼应，基本原理与提高编程能力并重，操作系统理论与实践逐步推进；实验内容既包含基础的操作与编程设计，又包含高阶的实验综合设计与实施，可满足本科教学对计算机类专业知识体系的整体需要。本书适用于计算机科学与技术、软件工程、信息安全、电子信息工程、通信工程等相关专业学生在学习计算机操作系统课程时的实践训练，是一本总结理论知识、指导上机实践的实用教程。

本书凝聚了编者多年来进行计算机操作系统研究的成果和教学经验，编写过程中参考了国内外出版的计算机操作系统实验教材及相关资料。本书的第一篇和第二篇主要由马立平编写，贾小林、顾娅军参与部分章节的讨论和编写工作，全书由马立平统稿定稿。

本书是教育部产学合作协同育人项目(项目编号：240900007113006)和西南科技大学教育教学改革与研究项目(项目编号：24xnzx03)的共同成果。

本书在编写过程中得到了西安电子科技大学出版社李惠萍老师的大力支持与帮助。此外，参与资料整理、编校等工作的各位老师及出版社工作人员也付出了辛勤的劳动。在此谨向以上各位致以衷心的感谢。除参考文献所列之外，本书在编写过程中还参考了大量网络资源，特别是 OpenHarmony 开发者论坛、OpenHarmony 开源社区开发技术资源，在此谨向各位作者致以深深的谢意。

由于时间仓促，且编者水平有限，书中难免存在一些疏漏和缺点，希望广大读者批评指正。

编　者
2025 年 3 月

目　录

第一篇　计算机操作系统上机实践基础

第一篇　计算机操作系统上机实践基础

第 1 章 OpenHarmony 基本操作环境

本章主要介绍 OpenHarmony 基本操作环境的实践背景知识，主要内容有 OpenHarmony 系统架构及技术特点、OpenHarmony Shell 常用命令、OpenHarmony 内核介绍、OpenHarmony 编译与调试、QEMU 模拟器及内核调试等。学习本章内容应重点掌握 OpenHarmony 内核的基本组成、OpenHarmony 编译与调试工具的使用、运行 OpenHarmony 的 QEMU 模拟器的使用。

1.1 OpenHarmony 系统架构及技术特点

OpenHarmony 作为鸿蒙系统(HarmonyOS)的开源版本，由开放原子开源基金会 (OpenAtom Foundation)孵化及运营，被认为是第一代的面向万物互联的操作系统。其目标是面向全场景、全连接、全智能时代，基于开源的方式，搭建一个智能终端设备操作系统的框架和平台，促进万物互联产业的繁荣发展。

1.1.1 OpenHarmony 系统架构

OpenHarmony 作为一个开源操作系统，其本身的设计是在不断地变化演进的，随着版本的升级，其系统架构可能也会跟着升级，本教程以 OpenHarmony OS 2.0 为例来进行阐述。

OpenHarmony 系统架构采用分层设计，从下到上依次为内核层、系统服务层、框架层和应用层。系统功能按照"系统→子系统→组件"逐级展开，在多设备部署场景下，支持根据实际需求裁剪某些非必要的组件。OpenHarmony 系统架构如图 1-1 所示。

1. 内核层

内核子系统包括华为自研的 LiteOS 物联网嵌入式操作系统内核和开源的 Linux Kernel，按照产品的适应性要求，可以为 OpenHarmony 选择不同的内核。内核抽象层(Kernel Abstract Layer，KAL)通过屏蔽多内核差异，对上层提供基础的内核能力，包括进程/线程管理、内存管理、文件系统、网络管理和外设管理等。

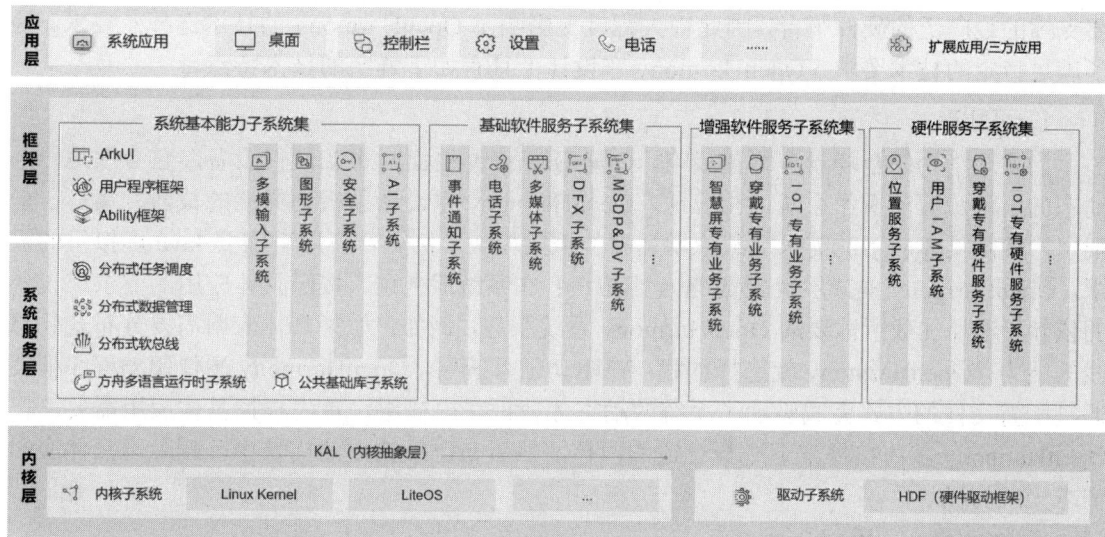

图 1-1　OpenHarmony 系统架构

驱动子系统即 HDF(HarmonyOS Drive Foundation)，是 OpenHarmony 的驱动程序框架，为驱动开发者提供驱动框架能力，包括统一外设访问能力和驱动开发、管理框架。HDF 旨在为用户构建一个统一的驱动架构平台，使驱动开发者有更精准、更高效的开发环境。

2. 系统服务层

系统服务层是 OpenHarmony 的核心能力集合，是伴随 OpenHarmony 所提供的一系列服务，通过框架层对应用程序提供服务。该层包含系统基本能力子系统集、基础软件服务子系统集、增强软件服务子系统集、硬件服务子系统集。根据不同设备形态的部署环境，每个子系统集内部可以按子系统粒度裁剪，每个子系统内部又可以按功能粒度裁剪。

3. 框架层

框架层是指 OpenHarmony 为 App 提供的编程框架，包括为应用开发提供的 C/C++/JS 等多语言的用户程序框架和 Ability 框架、适用于 JS 语言的 ArkUI 框架，以及各种软硬件服务对外开放的多语言框架 API。根据系统的组件化裁剪程度，设备支持的 API 也会有所不同。

4. 应用层

应用层分为系统应用和第三方非系统应用。应用由一个或多个 FA(Feature Ability)或 PA(Particle Ability)组成。其中，FA 有 UI 界面，提供与用户交互的能力；而 PA 无 UI 界面，提供后台运行任务的能力以及统一的数据访问。基于 FA/PA 开发的应用，能够实现特定的业务功能，支持跨设备调度与分发，为用户提供一致、高效的应用体验。

1.1.2　OpenHarmony 技术特点

华为在开发 OpenHarmony 操作系统时提出了"1+8+N"战略，即华为的全场景智慧化战略。其中，"1"代表手机，是核心；"8"代表 PC、平板、智慧屏、音箱、眼镜、手表、车机、耳机；"N"代表摄像头、扫地机、智能秤等外围智能硬件，涵盖移动办公、智能家居、运动健康、影音娱乐、智慧出行五大场景模式。这意味着 OpenHarmony 从一开始就需要支撑的最广泛的硬件平台，因此很大程度上影响了 OpenHarmony 的技术选择及要求。为了满足特定的技术要求，OpenHarmony 在设计上具有如下鲜明的技术特点。

1. 可裁剪

为实现华为的全场景智慧化战略，OpenHarmony 需面对更多硬件设备，它必须是一个动态的、可裁剪的操作系统，相应地，OpenHarmony 也设计了极为灵活的裁剪方案。在框架层，按照具体应用的需求加载应用需要的框架模块，例如，应用有需要 Java 虚拟机的需求，OpenHarmony 框架层就配置 Java 虚拟机；在系统服务层，按照具体应用的需求或设备的依赖，选择加载所需要的 OpenHarmony 系统服务，例如，如果具体应用需要分布式软总线的能力，OpenHarmony 就选择加载；在驱动子系统层，OpenHarmony 硬件驱动程序框架通过配置文件的方式完成驱动子系统的动态加载；在内核层，首先根据具体应用需要，在 OpenHarmony 多内核框架下选择合适的内核，然后在已经选定的内核中，删除与具体应用需求无关的模块。

2. 硬件互助，资源共享

OpenHarmony 主要通过分布式软总线、分布式数据管理、分布式任务调度等模块达成硬件互助、资源共享这一技术特点。分布式软总线是多设备终端的统一基座，为设备间的无缝互联提供了统一的分布式通信能力，能够快速发现并连接设备，高效地传输任务和数据；分布式数据管理基于分布式软总线，实现了应用程序数据和用户数据的分布式管理，用户数据不再与单一物理设备绑定，业务逻辑与数据存储分离，应用跨设备运行时数据无缝衔接，为打造一致、流畅的用户体验创造了基础条件；分布式任务调度基于分布式软总线、分布式数据管理、分布式 Profile 等技术特性，构建统一的分布式服务管理(发现、同步、注册、调用)机制，支持对跨设备的应用进行远程启动、远程调用、绑定/解绑、迁移等操作，能够根据不同设备的能力、位置、业务运行状态、资源使用情况并结合用户的习惯和意图，选择最合适的设备运行分布式任务。

3. 设备虚拟化

分布式设备虚拟化平台可以实现不同设备的资源融合、设备管理、数据处理，将周边设备作为手机能力的延伸，共同形成一个超级虚拟终端。

4. 易开发

OpenHarmony 操作系统针对多设备终端、多硬件的特点，设计了非常好的应用开发框架，通过提供强大功能和统一的 IDE，支撑开发者基于一个工程，统一编程框架，高效构建多端 App。OpenHarmony 目前提供了两个功能不一样的 IDE，一个是面向应用开发的 Deveco Studio 版本，另一个是面向设备开发的以 Visual Studio 插件形式提供的 IDE。

多终端软件平台 API 具备一致性，确保用户程序的运行兼容性。OpenHarmony 支持在开发过程中预览终端的能力适配情况(CPU/内存/外设/软件资源等)，也支持根据用户程序与软件平台的兼容性来调度用户呈现。

OpenHarmony 通过组件化和组件弹性化等设计方法，做到硬件资源的可大可小，在多种终端设备间按需弹性部署，全面覆盖了 ARM、RISC-V、x86 等各种 CPU，以及从百 KiB 到 GiB 级别的 RAM。

1.2　OpenHarmony Shell 常用命令

OpenHarmony 内核提供了一个类 UNIX/Linux 的 Shell 以及 Shell 框架，提供的 Shell 支持调试常用的基本功能，包含系统、文件、网络和动态加载相关命令。同时，OpenHarmony 内核的 Shell 支持添加新的命令，可以根据需求来进行定制。

1.2.1　OpenHarmony 命令格式

OpenHarmony 命令格式为：

命令[选项] [处理对象]

例如：OHOS# rm -r sd ↵

关于 OpenHarmony Shell 命令，需要注意以下几点：

(1) Shell 功能支持使用 exec 命令来运行可执行文件。

(2) Shell 功能支持默认模式下英文输入。如果出现用户在 UTF-8 格式下输入了中文字符的情况，只能通过回退 3 次来删除。

(3) Shell 功能支持 Shell 命令、文件名及目录名的 Tab 键联想补全。若有多个匹配项，则根据共同字符，显示多个匹配项。对于过多的匹配项(显示多于 24 行)，将会进行显示询问(Display all num possibilities?(y/n))，用户可输入 y 选择全部显示，或输入 n 退出显示，选择全部打印并显示超过 24 行后，会进行--More--提示，此时按回车键继续显示，或按 Q 键退出显示(支持 Ctrl + C 退出)。

(4) Shell 端工作目录与系统工作目录是分开的，即 cd pwd 等命令是对 Shell 端工作目录进行操作，chdir getcwd 等命令是对系统工作目录进行操作，两个工作目录相互之间没有联系。当文件系统操作命令输入参数为相对路径时要格外注意。

(5) 在使用网络 Shell 指令前，需要先调用 tcpip_init 函数完成网络初始化并完成 telnet 连接后才能起作用，内核默认不初始化 tcpip_init。

(6) 不建议使用 Shell 命令对 /dev 目录下的设备文件进行操作，这可能会引起不可预知的结果。

(7) Shell 功能不符合 POSIX 标准，仅供调试使用。

(8) 考虑到嵌入式设备的资源情况，OpenHarmony 的 Shell 功能仅供调试使用，在 Debug 版本中开启(使用时通过 menuconfig 在配置项中开启"LOSCFG_DEBUG_VERSION"编译开关进行相关控制)，如果编译 OpenHarmony 时关闭编译开关，那么编译出来的将是 release 正式版的 OpenHarmony bin 文件，其中不包含 Shell。

1.2.2　系统常用命令

系统命令提供查询系统任务、内核信号量、系统软件定时器、CPU 占用率、当前中断等相关信息的能力。OpenHarmony 的 Shell 系统常用命令见表 1-1。

表 1-1　OpenHarmony 的 Shell 系统常用命令

命令	参数说明	参数取值范围	使用指南及实例
cpup	mode 缺省：显示系统最近 10 s 内的 CPU 占用率。 0：显示系统最近 10 s 内的 CPU 占用率。 1：显示系统最近 1 s 内的 CPU 占用率。 其他数字：显示系统启动至今总的 CPU 占用率	[0,0xFFFFFFFF]	使用指南： 　当参数缺省时，显示系统 10 s 前的 CPU 占用率。 　当只有一个参数时，该参数为 mode，显示系统相应时间前的 CPU 占用率。 　当有两个参数时，第一个参数为 mode，第二个参数为 taskID，显示对应 ID 号任务的相应时间前的 CPU 占用率。 使用实例： OHOS# cpup 1 5 ↵　#显示 ID 号为 5 的任务在系统最近 1 s 内的 CPU 占用率
	taskID 任务 ID 号	[0,0xFFFFFFFF]	
date	--help 使用帮助	N/A	使用指南： 　当 date 参数缺省时，默认显示当前系统日期和时间。 　--help、+Format、-s、-r 不能混合使用。 使用实例： OHOS# date +%Y- -%m- - %d↵　#按指定格式打印系统日期
	+Format 根据 Format 格式打印日期和时间	--help 中列出的占位符	
	-s YY/MM/DD 设置系统时间，用"/"分割年月日	>= 1970/01/01	
	-s hh:mm:ss 设置系统时间，用":"分割时分秒	N/A	
	-r Filename： 查询 Filename 文件的修改时间	N/A	
dmesg	-c 打印缓存区内容并清空缓存区	N/A	使用指南： 　该命令依赖于 LOSCFG_SHELL_DMESG，使用时通过 menuconfig 在配置项中开启"Enable Shell dmesg"(Debug → Enable a Debug Version → Enable Shell → Enable Shell dmesg)。 　当 dmesg 参数缺省时，默认打印缓存区内容。 　各"-"选项不能混合使用。 使用实例： OHOS# dmesg -C↵ OHOS# dmesg > /usr/dmesg.log↵　#dmesg 重定向到文件
	-C 清空缓存区	N/A	
	-D/-E 关闭/开启控制台打印	N/A	
	-L/-U 关闭/开启串口打印	N/A	
	-s size 设置缓存区大小，size 是要设置的大小	N/A	
	-l level 设置缓存等级	0～5	
	> fileA 将缓存区内容写入文件	N/A	

续表一

命令	参数说明	参数取值范围	使用指南及实例
exec	executable-file 有效的可执行文件	N/A	使用指南: 　该命令当前仅支持执行有效的二进制程序,程序成功执行,默认后台运行,但与 Shell 共用终端,可能会导致程序打印输出与 Shell 输出交错显示 　使用实例: 　OHOS# exec helloworld↵ # 输 入 exec helloworld 　OHOS# hello world!
free	-k 以 KB 为单位显示	N/A	使用指南: 　该命令可显示系统内存的使用情况,同时还会显示系统的代码段、堆栈段和数据段大小。 　使用实例: 　OHOS# free -k↵　　#以 KB 为单位显示 　OHOS# free -m↵　　#以 MB 为单位显示
free	-m 以 MB 为单位显示	N/A	
kill	signo 信号 ID	[1,30]	使用指南: 　该命令用于发送特定信号给指定进程,必须指定发送的信号编号及进程编号。进程编号取值范围根据系统配置变化,例如若系统最大支持 pid 为 256,则取值范围缩小为[1~256]。 　使用实例: 　OHOS# kill 14 7↵ #发送信号 14(SIGALRM 默认行为为进程终止)给 7 号进程(设 7 号进程是用户态进程)
kill	pid 进程 ID	[1,MAX_INT]	
reset	无	无	使用指南: 　该命令用于重启设备,输入 reset 命令后,设备会立刻重启。 　使用实例: 　OHOS# reset↵　　#重启设备
sem	ID 信号 ID 号	[0, 0xFFFFFFFF]	使用指南: 　当参数缺省时,显示所有的信号量的使用数及信号量总数。 　sem 后加 ID,显示对应 ID 信号量的使用数。 　参数 fulldata 依赖于 LOSCFG_DEBUG_SEMAPHORE,使用时通过 menuconfig 在配置项中开启"Enable Semaphore Debugging"。 　使用实例: 　OHOS# sem fulldata↵　　#查询所有在用的信号量信息
sem	fulldata 查询所有在用的信号量信息,打印信息包括 SemID、Count、Original Count、Creater TaskEntry、Last Access Time	N/A	

续表二

命令	参数说明	参数取值范围	使用指南及实例
stack	无	无	使用实例： OHOS# stack↵　　#查询系统堆栈使用情况
su	uid 目标用户的用户 ID 值	[0,60000]	使用指南： 　若 su 命令缺省则切换到 root 用户，uid 默认为 0，gid 默认为 0。 　在 su 命令后输入 uid 和 gid 参数就可以切换到该 uid 和 gid 的用户。 　当输入参数超出范围时，会打印提醒输入正确范围的参数。 使用实例： 　OHOS# su 1000 1000↵　　#切换到 uid 为 1000，gid 为 1000 的用户
	gid 目标用户的群组 ID 值	[0,60000]	
systeminfo	无	无	使用指南： 　该命令用于显示当前操作系统内资源使用情况，对每一类型资源分别显示，包括 Module(模块名称)、Used(当前使用量)、Total(最大可用量)、Enabled(模块是否开启)、Task(任务)、Sem(信号量)、Mutex(互斥量)、Queue(队列)、SwTmr(定时器)。 使用实例： 　OHOS# systeminfo ↵　#查看系统资源使用情况
task	-a 查看更多信息	N/A	使用指南： 　task 命令用于查询进程及线程信息，当参数缺省时默认打印部分任务信息，打印的信息包括 PID(进程 ID)、PPID(父进程 ID)、PGID(进程组 ID)、UID(用户 ID)、Status(任务当前的状态)、CPUUSE10 s(10 秒内 CPU 使用率)、PName(进程名)、TID(任务 ID)、StackSize(任务堆栈的大小)、WaterLine(栈使用的峰值)、MEMUSE(内存使用量)、TaskName(任务名)。 使用实例： 　OHOS# task↵　　#查询任务部分信息
uname	-a 显示全部信息	无	使用指南： 　uname 用于显示当前操作系统名称。语法 uname -a | -t| -s| -v 描述 uname 命令将正在使用的操作系统名写到标准输出中，这几个参数不能混合使用。 使用实例： 　OHOS# uname -a↵　　#查看系统信息
	-t 显示版本创建的时间	无	
	-s 显示操作系统名称	无	

续表三

命令	参数说明	参数取值范围	使用指南及实例
uname	-v 显示版本信息	无	
	--help 显示 uname 指令格式提示	无	
watch	-c / --count 命令执行的总次数	(0,0xFFFFFF]	使用指南： watch 命令用于周期性地监视一个命令的运行结果。watch 运行过程中可以执行 watch --over 结束本次 watch 命令 使用实例： OHOS# watch -n 2 -c 6 task↵　　　#总共有 6 次 task 命令打印，每次间隔 2 s
	-n / --interval 命令周期性执行的时间间隔(s)	(0,0xFFFFFF]	
	-t / -no-title 关闭顶端的时间显示	N/A	
	command 需要监测的命令	N/A	
	--over 关闭当前监测指令	N/A	

1.2.3　文件常用命令

文件常用命令提供基本文件、目标操作等功能。OpenHarmony 的 Shell 文件常用命令见表 1-2。

表 1-2　OpenHarmony 的 Shell 文件常用命令

命令	参数说明	参数取值范围	使用指南及实例
cat	pathname 文件路径	已存在的文件	使用指南： cat 用于显示文本文件的内容。 使用实例： OHOS# cat hello-harmony.txt↵　　　#若在当前目录下存在 hello-harmony.txt 文件，则可以查看 hello-harmony.txt 文件的信息
cd	path 文件路径	用户必须具有指定目录中的执行(搜索)许可权	使用指南： 当未指定目录参数时，会跳转至根目录。 当 cd 后加路径名时，跳转至该路径。 当路径名以/(斜杠)开始时，表示根目录。 当路径名以.(点)开始时，表示当前目录。 当路径名以..(点点)开始时，表示父目录。 使用实例： OHOS# cd .. ↵　　　#进入当前目录的父目录

命令	参数说明	参数取值范围	使用指南及实例
chgrp	group 文件群组	[0,0xFFFFFFFF]	使用指南： 在需要修改的文件名前加上文件群组值就可以修改该文件的所属组。 使用实例： OHOS# chgrp 100 hello-harmony.txt ↵ #若在当前目录下存在 hello-harmony.txt 文件，则修改 hello-harmony.txt 文件的群组为 100
	pathname 文件路径	已存在的文件	
chmod	mode 文件或文件夹权限，用八进制数表示对应 User、Group、Other(拥有者、群组、其他组)的权限	[0,777]	使用指南： 在需要修改的文件名前加上文件权限值就可以修改该文件的权限值。 使用实例： OHOS# chmod 666 hello-harmony.txt↵ #若在当前目录下存在 hello-harmony.txt 文件，则修改 hello-harmony.txt 文件的权限为 666
	pathname 文件路径	已存在的文件	
chown	owner 文件拥有者	[0,0xFFFFFFFF]	使用指南： 在需要修改的文件名前加上文件拥有者和文件群组就可以分别修改该文件的拥有者和群组。 当 owner 或 group 值为-1 时表示对应的 owner 或 group 不修改。 group 参数可以为空。 使用实例： OHOS# chown 100 200 hello-harmony.txt↵ #若在当前目录下存在 hello-harmony.txt 文件，则修改 hello-harmony.txt 文件的 uid 为 100，gid 为 200
	group 文件群组	空或 [0,0xFFFFFFFF]	
	pathname 文件路径	已存在的文件	
cp	SOURCEFILE 源文件路径	目前只支持文件，不支持目录	使用指南： 同一路径下，源文件与目的文件不能重名。 源文件必须存在，且不为目录。 源文件路径支持"*"和"？"通配符，"*"代表任意多个字符，"？"代表任意单个字符。目的文件路径不支持通配符。当源路径可匹配多个文件时，目的路径必须为目录。 当目的路径为目录时，该目录必须存在。此时目的文件以源文件命名。
	DESTFILE 目的文件路径	支持目录以及文件	

续表二

命令	参数说明	参数取值范围	使用指南及实例
cp	DESTFILE 目的文件路径	支持目录以及文件	当目的路径为文件时，所在目录必须存在。此时拷贝文件的同时为副本重命名。 该命令目前不支持多文件拷贝，当参数大于 2 个时，只对前 2 个参数进行操作。 当目的文件不存在时，创建新文件，若已存在则覆盖。 使用实例： OHOS# cp hello-harmony.txt ./tmp/↵
format	dev_inodename 设备名	无	使用指南： format 指令用于格式化磁盘，设备名可以在 dev 目录下查找。执行 format 指令时必须安装存储卡。 Format 只能格式化 U 盘、sd 和 mmc 卡，对 Nand flash 和 Nor flash 格式化不起作用。 Sectors 参数必须传入合法值，传入非法参数可能引发异常。 使用实例： OHOS# format /dev/mmcblk0 128 2 ↵
	sectors 分配的单元内存或扇区大小，如果输入 0 表示参数为空。(取值必须为 0 或 2 的幂，fat32 下最大值为 128，取值 0 表示自动选择合适的簇大小，不同 size 的分区，可用的簇大小范围不同，指定错误的簇大小可能导致格式化失败)	无	
	option 格式化选项，用来选择文件系统的类型，有如下几种参数可供选择： • 0x01：FMT_FAT • 0x02：FMT_FAT32 • 0x07：FMT_ANY • 0x08：FMT_ERASE (USB 不支持该选项) 若传入其他值则皆为非法值，将由系统自动选择格式化方式。若格式化 U 盘时低格位为 1，则会出现错误打印	无	
	label 该参数为可选参数，输入值应为字符串，用来指定卷标名。当输入字符串 "null" 时，会把之前设置的卷标名清空	无	

命令	参数说明	参数取值范围	使用指南及实例
ls	path 当 path 为空时，显示当前目录的内容。 当 path 为无效文件名时，显示路径失败，提示"ls error: No such directory"。 当 path 为有效目录路径时，显示对应目录下的内容	空或有效的目录路径	使用指南： ls 命令可以用于显示当前目录的内容，也可以用于显示文件的大小。 proc 下 ls 无法统计文件大小，显示为 0。 使用实例： OHOS# ls↵ #查看当前系统路径下的目录信息
lsfd	无	无	使用指南： lsfd 命令用于显示当前已经打开文件的 fd 号以及文件的名称。 使用实例： OHOS# lsfd↵
mkdir	directory 需要创建的目录	N/A	使用指南： 若在 mkdir 后加所需创建的目录名，则会在当前目录下创建目录。 若在 mkdir 后加路径，再加上需要创建的目录名，则在指定目录下创建目录。 使用实例： OHOS# mkdir share↵ #在当前目录下创建 share 目录
mount	device 要挂载的设备(格式为设备所在路径)	系统拥有的设备	使用指南： 在 mount 后加需要挂载的设备信息、指定目录以及设备文件格式，就能成功挂载文件系统到指定目录。 使用实例： OHOS# mount /dev/mmcblk0p0 /bin1/vs/sd vfat ↵ #将/dev/mmcblk0p0 挂载到/bin1/vs/sd 目录
	path 指定目录，用户必须具有指定目录的执行(搜索)的许可权	N/A	
	name 文件系统的种类	vfat、yaffs、jffs、ramfs、nfs、procfs、romfs	
	uid、gid uid 是指用户 ID。gid 是指组 ID。 可选参数，uid 的缺省值为 0，gid 的为 0	N/A	

命令	参数说明	参数取值范围	使用指南及实例
pwd	无	无	使用指南: 　pwd 命令用于将当前目录的全路径名称(从根目录)写入标准输出。全部目录使用 /(斜线)分隔。第一个 / 表示根目录,最后一个 / 表示当前目录。 使用实例: 　OHOS# pwd↵　　#查看当前路径
rm	-r 可选参数,若删除目录则需要该参数	N/A	使用指南: 　rm 命令一次只能删除一个文件或文件夹。 　rm -r 命令可以删除非空目录。 使用实例: 　OHOS# rm log1.txt↵　　#用 rm 删除文件 log1.txt 　OHOS# rm -r sd ↵　　#用 rm -r 删除目录 sd
	dirname/filename 需要删除文件或文件夹的名称,支持输入路径	N/A	
rmdir	dir 需要删除目录的名称,删除目录必须为空,支持输入路径	N/A	使用指南: 　rmdir 命令只能用来删除目录。 　rmdir 一次只能删除一个目录。 　rmdir 只能删除空目录。 使用实例: 　OHOS# rmdir dir↵　　# 删除一个名为 dir 的目录
statfs	directory 文件系统的路径	必须是存在的文件系统,并且其支持 statfs 命令,当前支持的文件系统有 JFFS2、FAT、NFS	使用指南: 　statfs 命令用来打印文件系统的信息,如该文件系统类型、总大小、可用大小等信息,打印信息因文件系统而异。 使用实例: 　OHOS# statfs /nfs↵　　# 打印文件系统 nfs 的信息
touch	filename 需要创建文件的名称	N/A	使用指南: 　touch 命令用来创建一个空文件,该文件可读写。 　使用 touch 命令一次只能创建一个文件。 使用实例: 　OHOS# touch file.c↵　　#创建一个名为 file.c 的文件

命令	参数说明	参数取值范围	使用指南及实例
umount	dir 需要卸载文件系统对应的目录	系统已挂载的文件系统的目录	使用指南: 在 umount 后加上需要卸载的指定文件系统的目录,可卸载指定文件系统。 使用实例: OHOS# umount /bin1/vs/sd↵ #将已在 /bin1/vs/sd 挂载的文件系统卸载

1.2.4 网络常用命令

网络常用命令提供查询接到开发板的其他设备的 IP、查询本机 IP、测试网络连接、设置开发板的 AP 和 station 模式等相关功能。OpenHarmony 的 Shell 网络常用命令见表 1-3。

表 1-3 OpenHarmony 的 Shell 网络常用命令

命令	参数说明	参数取值范围	使用指南及实例
arp	无 打印整个 ARP 缓存的内容	N/A	使用指南: arp 命令用来查询和修改 TCP/IP 协议栈的 ARP 缓存表,增加非同一子网内的 IP 地址的 ARP 表项是没有意义的,协议栈会返回失败信息。 该命令需要启动 TCP/IP 协议栈后才能使用。 使用实例: OHOS# arp↵ #打印整个 ARP 缓存表
	-i IF 指定的网络接口(可选参数)	N/A	
	-s IPADDR HWADDR 增加一条 ARP 表项,后面的参数是局域网中另一台主机的 IP 地址及其对应的 MAC 地址	N/A	
	-d IPADDR 删除一条 ARP 表项	N/A	
dns	<1~2> 选择设置第一个还是第二个 DNS 服务器	1~2	使用指南: dns 命令用于查看和设置单板 DNS 服务器地址。 使用实例: OHOS# dns -a ↵ #检查当前 DNS 设置。 OHOS# dns 2 192.168.1.1 #设置第二个 DNS 服务器 IP
	<IP> 服务器 IP 地址	N/A	
	-a 显示当前设置情况	N/A	

续表一

命令	参数说明	参数取值范围	使用指南及实例
ifconfig	不带参数 打印所有网卡的 IP 地址、网络掩码、网关、硬件 MAC 地址、MTU、运行状态等信息	N/A	使用指南: 该命令需要启动 TCP/IP 协议栈后才能使用。 由于 IP 冲突检测需要反应时间，每次使用 ifconfig 设置 IP 后会有 2 s 左右的延时
	-a 打印协议栈收发数据信息	N/A	
	interface 指定网卡名，如 eth0	N/A	
	address 设置 IP 地址，如 192.168.1.10，需指定网卡名	N/A	
	netmask 设置子网掩码，后面要加掩码参数，如 255.255.255.0	N/A	
ifconfig	gateway 设置网关，后面是网关参数，如 192.168.1.1	N/A	使用实例: OHOS#　ifconfig　eth0　192.168.100.31 netmask 255.255.255.0 gateway 192.168.100.1 hw ether 00:49:cb:6c:a1:31↵　　#设置网络参数 OHOS# ifconfig -a↵　　#获取协议栈统计信息 OHOS ＃ ifconfig eth0 inet6 add 2001:a:b:c:d:e:f:d　#设置 IPv6 的地址信息 OHOS ＃ ifconfig eth0 inet6 del 2001:a:b:c:d:e:f:d　#删除 IPv6 的地址信息
	hw ether 设置 MAC 地址，后面是 MAC 地址，如 00:11:22:33:44:55	N/A	
	mtu 设置 mtu 大小，后面是 mtu 大小值，如 1000	仅支持 IPv4 情况下的范围为 [68, 1500]。 支持 IPv6 情况下的范围为 [1280, 1500]	
	add 设置 IPv6 的地址，如 2001:a:b:c:d:e:f:d，需指定网卡名和 inet6	N/A	
	del 删除 IPv6 的地址，需指定网卡名和 inet6	N/A	
	up 启用网卡数据处理，需指定网卡名。 down 关闭网卡数据处理，需指定网卡名	N/A	

命令	参数说明	参数取值范围	使用指南及实例
netstat	无	无	使用指南： 　netstat 为控制台命令，是一个监测 TCP/IP 网络的非常有用的工具，它可以显示实际的网络连接以及每一个网络接口设备的状态信息。netstat 用于显示与 TCP、UDP 协议相关的统计数据，一般用于检验本设备(单板)各端口的网络连接情况。 使用实例： 　OHOS# netstat↵　　　#打印网络状态信息
ping	**IP** 要测试是否网络连通的 IPv4 地址	N/A	使用指南： 　ping 命令用于测试目的 IP 的网络连接是否正常，参数为目的 IP 地址。 　如果目的 IP 不可达，会显示请求超时。 　如果显示发送错误，说明没有到目的 IP 的路由。 　该命令需要启动 TCP/IP 协议栈后才能使用。 使用实例： 　OHOS# ping 169.254.60.115 ↵　　#显示测试网络连接是否正常的结果
	-n cnt 执行的次数，若不设置本参数则默认为 4 次	1～65 535	
	-w interval 发送两次 ping 包的时间间隔，单位为毫秒	>0	
	-l data_len ping 包，即 ICMP echo request 报文的数据长度，不包含 ICMP 包头	0～65 500	
	-t 表示永久 ping，直到使用 ping -k 杀死 ping 线程	N/A	
	-k 杀死 ping 线程，停止 ping	N/A	
telnet	**on** 启动 telnet server 服务	N/A	使用指南： 　启动 telnet 要确保网络驱动及网络协议栈已经初始化完成，且板子的网卡是 link up 状态。 使用实例： 　OHOS# telnet on ↵　#启动 telnet server 服务
	off 关闭 telnet server 服务	N/A	

命令	参数说明	参数取值范围	使用指南及实例
tftp	-g/-p 文件传输方向：-g 从 TFTP 服务器获取文件；-p 上传文件到 TFTP 服务器	N/A	使用指南： 搭建 TFTP 服务器，并进行正确配置。 OpenHarmony 单板使用 tftp 命令上传、下载文件。传输的文件大小是有限制的，不能大于 32 MB。 使用实例： OHOS# tftp -g -l /nfs/out -r out 192.168.1.2 ↵ #从服务器下载 out 文件，执行 tftp 命令后，正常传输完成会显示 TFTP transfer finish，传输失败会显示其他的打印信息，帮助定位问题
	-l FullPathLocalFile 本地文件完整路径	N/A	
	-r RemoteFile 服务端文件名	N/A	
	Host 服务端 IP	N/A	

1.3　OpenHarmony 内核介绍

操作系统内核通过进程、内存和文件这三个核心概念对计算机底层硬件进行抽象，为上层应用提供服务，是操作系统中最核心和基础的部分。

1. 进程

进程是指一个具有一定独立功能的程序在一个数据集合上的一次动态执行过程，进程要占用一定的处理器时间和一定的内存空间。进程通过进程调度完成其生命周期管理、状态管理和优先级管理等。

2. 内存

内存也被称为内存储器，其作用是暂时存放 CPU 中的运算数据，以及与硬盘等外部存储器交换的数据。内存管理是操作系统内核核心模块，负责内存的静态分配、动态分配、虚拟内存等管理。

3. 文件

文件是对数据的抽象，是数据的集合。操作系统内核中文件系统模块负责管理和存储文件信息，以及进行 I/O 设备的管理。

操作系统内核通过进程管理、内存管理和文件系统等模块完成计算机系统的硬件管理，并向上层应用提供服务。OpenHarmony 采用了不同形态的内核来适应不同量级的系统，分别为 LiteOS 和 Linux。在轻量系统、小型系统上可以选用 LiteOS 内核；在小型系统和标准系统上可以选用 Linux 内核。其中 LiteOS 是华为自主研发的内核，包含 LiteOS-M 和 LiteOS-A 两个版本，分别对应于"Cortex-m + riscv"和"Cortex-a"架构。LiteOS-M 和 LiteOS-A 两个版本的内核面临的应用场景以及所具备的处理能力是不一样的，开发者应该针对不同的硬件平台和产品场景选择合适的内核。本书第一篇的主要内容都是围绕 LiteOS-M 和 LiteOS-A 展开的，第二篇的主要内容都是围绕 LiteOS-M 展开的。

1.3.1　LiteOS-M 内核

OpenHarmony LiteOS-M 内核是面向 IoT 领域极小设备构建的轻量级物联网操作系统内核，其目标设备的 ROM/RAM 空间一般低于 1 MB，具有代码结构简单、精干、低功耗、高性能的特点，实现了进程、线程、内存等管理机制，提供了常见的 IPC(Inter Process Communication，进程间通信)、软定时器等公共模块。LiteOS-M 内核的系统架构如图 1-2 所示。

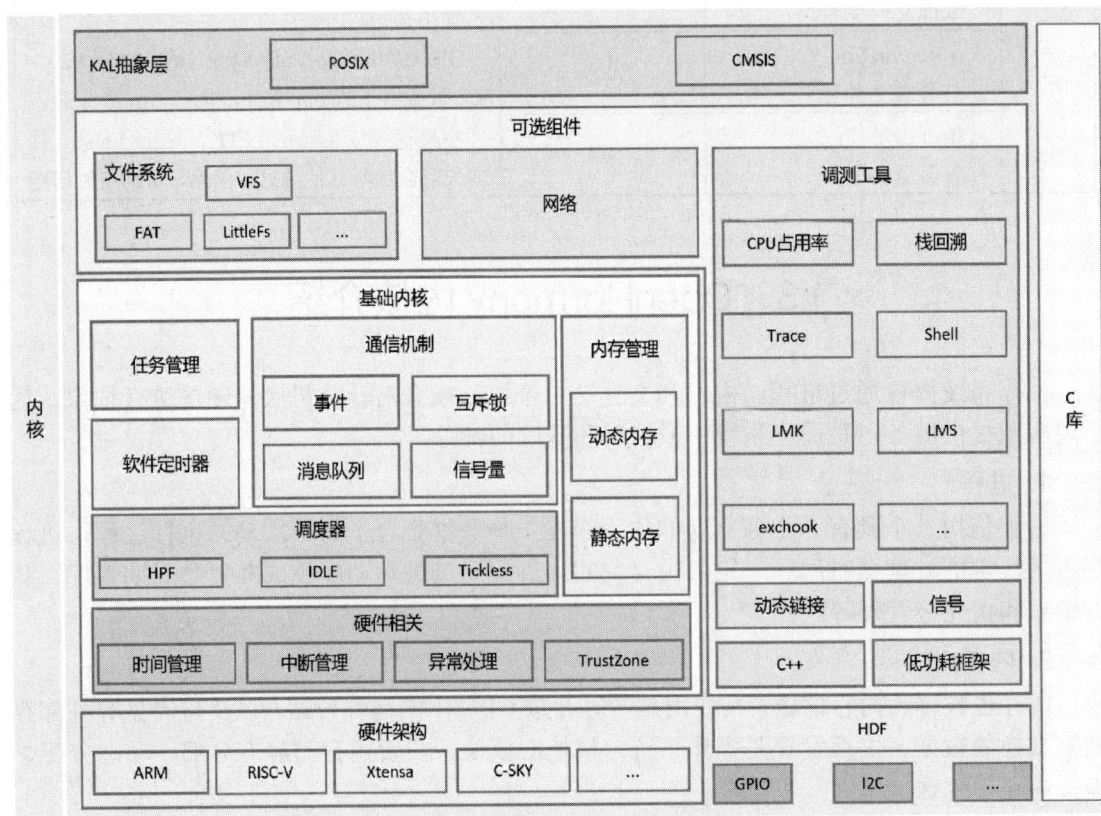

图 1-2　LiteOS-M 内核的系统架构

LiteOS-M 系统架构主要包括内核最小功能集、内核抽象层、可选组件及工程目录等，分为硬件相关层以及硬件无关层，硬件相关层提供统一的 HAL(Hardware Abstraction Layer 硬件抽象层)接口，提升硬件易适配性，不同编译工具链和芯片架构的组合分类，满足 AIoT 类型丰富的硬件和编译工具链的拓展。同时，LiteOS-M 支持完整的 CMSIS 和 POSIX 接口。

1.3.2　LiteOS-A 内核

OpenHarmony LiteOS-A 内核是基于华为 LiteOS-M 内核演进发展的新一代内核，是面向较复杂的 IoT 领域构建的轻量级物联网操作系统，主要面向 RAM 在 1～128 MB 之间的物联网设备。LiteOS-A 增加了丰富的内核机制、更加全面的 POSIX 标准接口及统一驱动框架 HDF 等，为设备厂商提供了更统一的接入方式，为 OpenHarmony 的应用开发者提供了更友好的开发体验。LiteOS-A 内核的系统架构如图 1-3 所示。

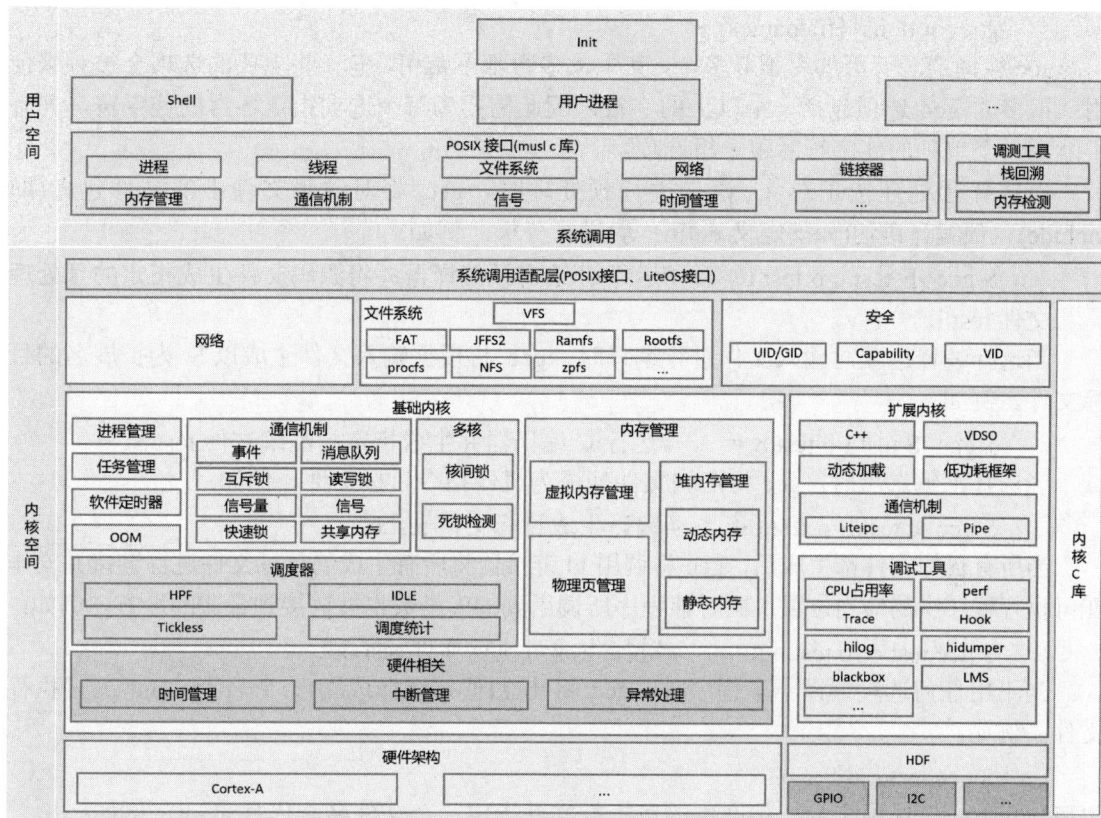

图 1-3　LiteOS-A 内核的系统架构

相对于 LiteOS-M 系统架构来说，LiteOS-A 增加了非常多的复杂的特性，通过 MMU(Memory Management Unit，内存管理单元)支持内核态和用户态分离，支持虚拟内存、独立进程、虚拟文件系统、复杂的 IPC、多核调度、POSIX 接口等，为嵌入式系统开发设计提供了一个新的选择。

1.4　OpenHarmony 编译与调试

1.4.1　GNU C 编译器

GNU C 编译器建立在自由软件基金会编程许可证的基础上，可以自由发布。GNU C(GCC)编译器是一个全功能的 ANCI C 兼容编译器，使用 gcc 命令可以把 C 语言源码文件生成可执行文件，也可以由源码文件经过预处理、编译、汇编和链接命令等 4 个步骤得到可执行文件。下面介绍 GNU C 编译器的使用及其常用选项。

1. gcc 的使用及其常用选项

GNU C 编译器支持多种计算机体系结构芯片，如 x86、ARM 和 RISC-V 等，并已被移植到其他多种硬件平台。使用 GNU C 编译器通常在 gcc 后面跟一些项和文件名。gcc 命令的基本用法如下：

　　　　gcc [options] [filenames] ↵

　　gcc 编译选项可用的有 100 多个，其中大多数都不常用，但一些主要的选项会被频繁使用。很多的 gcc 选项包括一个以上的字符，因此需要为每个选项指定各自的连字符，并且不能在一个单独的连字符后跟一组选项。

　　当选择预处理选项对 C 语言进行预处理时，gcc 将对源码文件中的文件包含(即 include)、预编译语句(如宏定义 define 等)进行分析。例如：

　　　　$ gcc -E test.c -o test.i↵　　　　#运行 C 语言预编译器并将源码文件生成指定的预处理文件 test.i。

　　当选择编译选项对输入文件进行编译时，gcc 将根据输入文件生成以.S 为扩展名的目标文件。例如：

　　　　$ gcc -S test.i -o test.S ↵　　　　#运行 C 编译器并生成指定的汇编文件 test.S。

　　当选择汇编选项时，gcc 将汇编文件翻译为机器指令目标文件。例如：

　　　　$ gcc -c test.S -o test.o↵　　　　#编译生成目标文件 test.o。

　　当所有目标文件都生成后，gcc 将调用 ld 链接器将所有生成的目标文件进行链接并安排在可执行程序中的恰当位置，同时该程序所调用到的库函数也被链接到合适的地方。例如：

　　　　$ gcc test.o -o test.out↵　　　　#链接生成可执行文件 test.out。

　　当不用任何选项编译一个程序时，gcc 将建立(假定编译成功)一个名为 a.out 的可执行文件。例如：

　　　　$ gcc test.c ↵

也可以用"-o"选项来为即将产生的可执行文件指定一个文件名来代替 a.out。例如：

　　　　$ gcc -o test test.c ↵

此时得到的可执行文件就不再是 a.out，而是 test。

2. gcc 编译常用格式

(1) gcc [源文件名]。例如：

　　　　$ gcc test.c↵　　　#将生成或默认可执行文件 a.out。

(2) gcc -o [目标文件名] [源文件名]。例如：

　　　　$ gcc test test.c↵　　　#将生成可执行文件 test。

(3) gcc [源文件名] -o [目标文件名]。例如：

　　　　$ gcc test.c -o test.out↵　　　#将生成可执行文件 test.out。

(4) 执行程序。格式：./可执行文件名。例如：

　　　　$ ./test.out↵

1.4.2　make 命令和 makefile 文件

　　在编写小程序时，一般都会在编辑完源程序文件后简单地重建编译所有文件，以重建目标程序。但是对一个包括许多源文件的大程序来说，使用这种方式将带来明显的问题，修改一个文件就需要重新编译所有文件，如果在程序中创建多个头文件，并在不同源文件中包含它们，修改其中一个头文件，手动重新编译所有文件将非常复杂。在 Linux 环境下使用 GNU 的 make 工具来实现自动完成编译、链接直至最后的执行过程。在使用 make 工具时，用户需要提供一个文件，用来说明源文件之间的依赖关系和构建规则，这个文件称为 makefile。make 命令会读取 makefile 文件的内容，它先确定要创建的目标文件，然后比较该目标所依赖的源文件的时间，以决定应该采用哪条规则来构造目标，或者进行更复杂的操作。

1. 依赖关系

依赖关系定义最终生成的目标程序中的每个文件与源文件之间的关系，语法是：先写目标，然后接一个冒号，再用一个空格或制表符隔开，最后是用空格或制表符隔开的依赖文件列表，例如：

```
target: prerequisite1 prerequisite2 prerequisite3 ...
```

1) target 目标

target 为需要生成的目标，可以是一个目标文件，也可以是一个执行文件，还可以是一个标签，或者是特殊的目标。如 clean 和 install 这两个特殊的目标并不用于创建文件，而是有其他用途。目标 clean 使用 rm 命令来删除目标文件，rm 命令通常以减号-开始，表示让 make 命令忽略该命令的执行结果，这意味着，即使由于文件不存在而导致 rm 命令返回错误，命令 make clean 也能成功执行。目标 install 用于按照命令的执行顺序将应用程序安装到指定的目录。

2) 先决条件 prerequisite

"prerequisite1 prerequisite2 prerequisite3 ..." 为生成目标所依赖的文件或目标，而且，若其中一个依赖文件发生了改变，则需要重新生成 target。例如，有一个简单的加法程序，包含 sum.c 和 add.c 两个文件，其中，sum.c 中的 main 函数调用了 add.c 中的 add 函数，具体情况如下：

```c
/*sum.c */
#include "stdio.h"
#include "stdlib.h"
extern int add(int i,int j);
int main()
{
    printf("%d\n",add(1,2));
    exit(0);
}
/*add.c */
#include "stdio.h"
int add(int i,int j)
{
    int k;
    k = i + j;
    return k;
}
```

那么这个简单的加法程序的依赖关系表如下：

```
sum: sum.o add.o
sum.o: sum.c stdio.h stdlib.h
add.o: add.c stdio.h
```

其中，目标文件是 sum，它依赖于 sum.o 和 add.o，需要先生成 sum.o 和 add.o。同样地，作为目标的 sum.o 依赖于 sum.c、stdio.h 和 stdlib.h；add.o 依赖于 add.c 和 stdio.h。这组依赖关系形成了一个层次结构，它显示了源文件之间的关系。如果 add.c 发生了改变，那么就需要重新编译 add.o，而由于 add.o 发生了改变，目标文件 sum 也需要被重新创建，然而 add.c 的改变并没有影响到 sum.o，因此，sum.o 并不需要被重新编译。也就是说，通过使用 makefile 文件和 make 命令，可以实现只重新编译所有受到改动影响的源文件，没有受到影响的源文件不必重新编译。显然，这比重新编译整个程序要快很多，尤其是对于大型程序。

2. makefile 内容

makefile 文件中的内容主要包括显示规则、隐含规则、变量、宏等。

1) 显示规则

显示规则说明如何生成一个或多个目标文件。这是由 makefile 文件编写者明确指出要生成的目标文件、目标文件的依赖文件和生成的命令，其中生成的命令可以是任意的 shell 命令，命令所在行必须以制表符 tab 开始，不能用空格。

另外，还有两个特殊字符 "-" 和 "@"。在显示规则中，若在命令之前加上了符号 "-"，则表明 make 命令将忽略该命令产生的所有错误；若在命令之前加上了符号 "@"，则表明 make 在执行该命令前，不会将该命令显示在标准输出上。

例如：

```
/*makefile */
all: sum
sum: sum.o add.o
    gcc -o sum add.o sum.o
sum.o: sum.c
    gcc -c sum.c
add.o: add.c
    gcc -c add.c
clean:
    -rm sum sum.o add.o
```

这是前面提到的 sum.c 程序的 makefile 文件。其中 gcc、rm 命令行等就是显示规则，它们告诉了 make 命令将如何去创建目标。

2) 隐含规则

make 命令本身带有大量内置规则，可以极大地简化 makefile 文件的内容。例如，make 命令遇到一个 foo.o 文件，那么 foo.c 就会被推测是 foo.o 的依赖文件，它就会自动地把 foo.c 文件加在依赖关系中，并且 cc -c foo.c 也会被推导出来，这使得 makefile 文件极大地简化。

3) 变量

makefile 文件可以和一般的编程语言一样定义一个系统的变量，当 makefile 被执行时，其中的变量都会被扩展到相应的引用位置上。

4) 宏

在 makefile 文件中不可以通过 MACRONAME=value 来定义宏，引用宏的方法是使用 $(MACRONAME) ${MACRONAME}。如果想把一个宏的值设置为空，可以令等号后面无内容。

1.4.3　gdb 命令

本书第二篇将使用 gdb 调试 OpenHarmony 内核。GNU symbolic debugger，简称 gdb 调试器，是 Linux 平台下最常用来调试 C 和 C++程序的强有力调试器，它能在程序运行时观察程序的内部结构和内存的使用情况。例如，监视程序中变量的值，设置断点以使程序在指定的代码行上停止执行，或一行行地执行代码。

1. gdb 的使用

gdb 命令格式如下：

gdb (选项) (参数)

选项主要有：

- -cd：设置工作目录；
- -q：安静模式，不打印介绍信息和版本信息；
- -d：添加文件查找路径；
- -s：设置读取的符号表文件。

参数：文件名。

2. gdb 基本命令

gdb 基本命令见表 1-4。

表 1-4　gdb 基本命令

命　　令	描　　述	实　　例
file <文件名>	加载被调试的可执行程序文件	(gdb) file hello.out↵
run	执行当前被调试的程序。若此前没有设置过断点，则执行完整个程序；若有断点，则程序暂停在第一个可用断点处	(gdb) run↵
kill	终止正在调试的程序	(gdb) kill↵
list	列出产生执行文件的源码部分	(gdb) list↵
c	continue 的简写，断续执行被调试程序，直至下一个断点或程序结束	(gdb) c↵
q	quit 的简写，终止 gdb	(gdb) q↵
bt	打印函数调用栈帧跟踪信息	(gdb) bt↵

续表

命　令	描　　　　　述	实　例
frame	显示当前运行的栈帧	(gdb) frame↵
p	print 的简写，显示指定变量(临时变量或全局变量)的值	(gdb) p i↵　#显示变量 i 的值
i	info 的简写，显示各类信息	(gdb) i r↵　#显示变量r的信息
b	breakpoint 的简写，在代码中设置断点，使程序执行到断点处时被挂起。其命令形式为 b <行号>、b <函数名称>、b *<函数名称>、b *<代码地址>。其中函数名称前加"*"表示将断点设置在由编译器生成的 prolog 代码处	(gdb) b 8↵ (gdb) b main↵ (gdb) b *main↵ (gdb) b *0x804835c↵
d	delete breakpoint 的简写，删除指定编号的某个断点或删除所有断点	(gdb) d↵

1.5　QEMU 模拟器及内核调试

QEMU(Quick Emulator)模拟器是一个纯软件实现的开源通用模拟器，可以模拟 CPU，如 ARM、x86、MIPS、RISC-V 和 Power 等架构处理器。其中，RISC-V 是一个基于精简指令集(RISC)的开源架构(ISA)，本书第二篇的主要实验都是围绕 RISC-V 展开的。

RISC-V32 平台上的 qemu 命令的行格式如下：

　　　　qemu-system-riscv32 [选项] [客户机的磁盘镜像文件] ↵

1.5.1　QEMU 模拟器常用选项

1. -boot 选项
选项格式：

　　　　-boot　[order=drives]　[,once=drives]　[,menu=on　|　off]　[,splash-time=sp_time] [,reboot-timeout= rb_timeout] [,strict=on | off]

此选项用于设置客户机启动时的各种选项(包括启动顺序等)。例如，-boot [a|c|d]，表示由软盘(a)/硬盘(c)/CD-ROM(d)启动，在默认情况下由硬盘启动。

2. -drive 选项
选项格式：

　　　　-drive option [, … , option]

此选项详细地描述如何配置一个驱动器，它的参数很多，这里只介绍常用的几个参数，其他参数可参考 https: //wiki.qemu.org/Documention。

(1) file：文件名，指定 drive 用到的镜像文件。

(2) index：顺序，指定 drive 连接的顺序。

(3) media：媒介，指定媒介，如 cdrom、disk。

(4) format：格式，指定磁盘格式，format＝raw 表示保留原始格式。

3．-serial dev 选项

此选项可将客户机的串口重定向到宿主机的字符型设备 dev 上，可以重复多次使用 -serial 参数，以便为客户机模拟多个串口。在默认情况下，图形模式下串口被重定向到虚拟控制台；非图形模式下，串口默认被重定向到标准输入输出(stdio)。

4．-nographic

此选项用于关闭 QEMU 模拟器的图形界面，让 QEMU 模拟器工作在命令行，模拟串口被重定向到当前的控制台中，因此可以将 OpenHarmony 内核关联到 QEMU 模拟器串口，用 QEMU 模拟器来调试 OpenHarmony 内核。

5．-m megs

此选项用于设置客户机内存大小为 megs MB，默认单位为 MB，也可以使用 G 来表示以 GB 为单位的内存大小。

6．-cpu model

此选项用于指定 CPU 型号，默认的 CPU 型号为 qemu64，用-cpu help 或者-cpu？可以查询 QEMU 模拟器支持的 CPU 型号。

7．-gdb tcp:: port

此选项以 TCP 的 port 端口打开一个 GDB 服务器，然后用 GDB 工具连接进行调试。

8．-s

此选项是 -gdb tcp:: port 选项的简写，在 qemu 命令行中使用 TCP 方式的-gdb 参数。

9．-S

此选项是挂起 gdbserver，让 DDB 连接它来调试。

10．-p

此选项用于指定端口。

1.5.2　QEMU 模拟器调试 OpenHarmony 内核

在 QEMU 模拟器中调试 OpenHarmony 内核，首先需要构建调试用的镜像文件，进入 OpenHarmony 内核源码目录，运行以下代码：

```
$ make qemu-gdb↵
```

然后打开另一个终端，进入 OpenHarmony 内核源码目录，运行以下代码：

```
$ gdb kernel(OpenHarmony 内核源码的可执行程序文件)↵
```

在调试器中输入调试命令开始调试。

第 2 章　进程管理与通信

本章主要介绍进程管理与通信的实践背景知识,主要结合 OpenHarmony LiteOS 内核介绍进程及其创建、进程状态及其调度、进程间通信的方式、信号量通信机制、互斥锁通信机制、消息队列传递机制、事件通信机制、信号通信机制、自旋锁通信机制等,并分析 OpenHarmony 内核相关函数 OsMain( )、SystemInit( )、OsTickHandler( )、fork( )、execve( ) 的实现等。学习本章内容应重点掌握进程的创建和调度以及互斥相关系统的调用方法,理解进程通信的信号通信机制、消息队列传递机制等基本方法。

2.1　进程及其创建

进程和线程都是现代操作系统中程序加载到内存空间运行的基本单位,多用户、多任务操作系统利用进程或线程来组织和管理程序运行所需资源,并实现系统对应用任务的并发性。通俗地说,进程是一个具有独立功能的程序在某个数据集合上的一次执行的运行活动,是一种有生命周期的动态实体。进程作为构成系统的基本实体,既是独立的执行单元,又是独立竞争资源的基本单元。在具有多线程结构的进程中,进程是系统进行资源分配和保护的基本单元,线程是进程内独立的执行单元。线程包含独立的堆栈和 CPU 及寄存器状态,每个线程共享其所附属进程的所有资源,如打开的文件、地址空间、信号等。一个程序的多次执行过程对应为不同进程,而每个进程又可以有许多子进程,子进程又可以创建子进程,依次循环下去,最终形成进程族系。

进程和线程的关系主要包括以下几个方面:

(1) 进程是资源分配和管理的基本单位,线程是 CPU 调度的基本单位。

(2) 进程拥有一个完整的资源平台,在执行过程中拥有独立的地址空间,而线程只独享指令流执行的必要资源,如寄存器和栈等。

(3) 线程属于进程的组成部分,进程可包含多个线程。当进程被撤销时,该进程所产生的线程都会被强制撤销。

(4) 线程具有就绪、等待和运行 3 种基本状态和状态间的转换关系。

(5) 线程能减少并发执行的时间和空间开销。线程的创建时间比进程短,线程的终止时间比进程短,同一进程内的线程切换时间比进程间的切换时间短,由于同一进程的各线程间共享内存和文件资源,可不通过内核进行直接通信。

在操作系统设计中引入线程的目的是提高操作系统的并发性和资源利用率,更好地支持多处理机系统。线程的优点是一个进程中可以同时存在多个线程，各个线程之间可以并发地执行，可以共享地址空间和文件等资源，节省内存空间，减少管理开销，易于实现通信，提高并发程度等。

与传统的进程概念一致，OpenHarmony 进程也由以下 4 个基本要素组成：

• 进程控制块(Process Control Block，PCB)。它是内核数据结构，在操作系统中每个进程都有一个对应的进程控制块，用来描述进程的基本情况以及运行变化的过程，包括进程标志信息、现场信息、控制信息、调度和状态信息、进程间通信信息、进程所用资源等。进程创建时建立 PCB，进程撤销时回收 PCB，它与进程一一对应。

• 进程程序块。它是进程执行的指令代码，可与其他进程共享，具有可读、可执行、不可写属性。

• 进程内核栈。它又称核心栈，每个进程捆绑一个，进程在内核态下工作使用，用来保存中断/异常现场以及执行函数调用时存放参数和返回地址等，具有可读、可写、不可执行属性。

• 进程数据块。它是进程专用地址空间，用于存放进程的各种私有数据，用户栈也位于进程数据块中，用于函数调用地存放局部变量等参数，具有可读、可写、不可执行属性。

OpenHarmony 的线程与传统操作系统的线程一样，线程在有些操作系统中也称为任务(Task)，每一个任务都含有一个任务控制块(Task Control Block，TCB)。TCB 包含了任务上下文栈指针(stack pointer)、任务状态、任务优先级、任务 ID、任务名、任务栈大小等信息。TCB 可以反映出每个任务的运行情况。

2.1.1　OpenHarmony 进程与线程

OpenHarmony 的 TCB 和 PCB 是操作系统进行调度管理的基础性数据结构。OpenHarmony 的 LiteOS-M 和 LiteOS-A 内核对 TCB 和 PCB 的定义是不一样的，LiteOS-M 只有 TCB 的定义，没有 PCB 的定义，也就是说 LiteOS-M 中没有进程的概念，或者说只有一个进程。同样，对于 TCB 的定义，LiteOS-A 中也比 LiteOS-M 中多一些内容，以支持更为复杂的特性。

1. LiteOS-M 的 TCB

LiteOS-M 的 TCB 定义如下：

```
/*
 * @ingroup los_task
 * Define the task control block structure.
 */
typedef struct {
    VOID                *stackPointer;          /*Task 栈指针*/
    UINT16              taskStatus;
    UINT16              priority;
    INT32               timeSlice;
    UINT32              waitTimes;
```

SortLinkList	sortList;	
UINT64	startTime;	
UINT32	stackSize;	/*Task 栈大小*/
UINT32	topOfStack;	/*Task 栈顶指针*/
UINT32	taskID;	/*Task ID*/
TSK_ENTRY_FUNC	taskEntry;	/*Task 入口函数*/
VOID	*taskSem;	/*Task 持有的信号灯*/
VOID	*taskMux;	/*Task 持有的 mutex*/
UINT32	arg;	/*参数*/
CHAR	*taskName;	/*Task 名称*/
LOS_DL_LIST	pendList;	
LOS_DL_LIST	timerList;	
EVENT_CB_S	event;	
UINT32	eventMask;	/*事件掩码*/
UINT32	eventMode;	/*事件模式*/
VOID	*msg;	/*消息队列指针*/
INT32	errorNo;	
} LosTaskCB;		

　　TCB 中的成员可以分为两部分，一部分是运行控制参数，如堆栈、优先级、状态、函数入口等；另一部分是进程间通信(IPC)相关的参数，如信号量、互斥锁、消息队列等。其中主要成员 taskStatus 是一个 16 位的无符号整数，代表任务状态，LiteOS-M 的任务状态有暂停态(0x0002)、就绪态(0x0004)、阻塞态(0x0008)和运行态(0x0010)。

2. LiteOS-A 的 TCB
LiteOS-A 的 TCB 定义如下：

Typedef struct {		
VOID	*stackPointer;	/*栈指针*/
UNIT16	taskStatus;	/*Task 状态*/
UINT16	priority;	/*Task 优先级*/
UINT16	policy;	/*Task 调度策略*/
UINT16	timeSlice;	/*剩余时间片*/
UINT32	stackSize;	/*栈大小*/
UINTPTR	topOfSatck;	/*栈顶指针*/
UINT32	taskID;	/*Task ID*/
TSK_ENTRY_FUNC	taskENtry;	/*Task 入口函数*/
VOID	*joinRetval;	/*线程函数 pthread 适配*/
VOID	*taskSem;	/*Task 持有的信号灯*/
VOID	*taskMux;	/*Task 持有的 mutex*/
VOID	*taskEvent;	/*Task 持有的事件*/

```
        UINTPTR              args[4];                /*Task 参数，最多 4 个*/
        CHAR                 taskName[OS_TCB_NSME_LEN];      /*Task 名称*/
        LOS_DL_LIST          pendList;               /*Task pend 链表节点*/
        LOS_DL_LIST          threadList;             /*线程列表*/
        SortLinkList         sortList;               /*Task 排序链表节点*/
        UINT32               eventMask;              /*事件掩码*/
        UINT32               cventMode;              /*事件模式*/
        UINT32               priBitMap;              /*优先级位图*/
        DNT32                errorNo;                /*错误号*/
        UINT32               signal;                 /*信号*/
        sig_cb               sig;                    /*信号控制块*/
#if (LOSCFG_KERNEL_SMP == YES)
        UINT16               currCpu;                /*当前运行 CPU*/
        UINT16               lastCpu;                /*上一次运行 CPU*/
        UINT16               cpuAffiMask;            /*CPU 亲和性掩码，最多支持 16 个 core*/
        UINT32               timerCpu;               /*delayed 或者 pend 的 CPU 编号*/
#if (LOSCFG_KERNEL_SMP_TASK_SYNC = YES)
        UINT32               syncSignal;             /*Signal 同步机制*/
#endif
#if (LOSCFG_KERNEL_SMP_LOCKDEP == YES)
        LockDep              lockDep;                /*锁深度信息*/
#endif
#if (LOSCFG_KERNEL_SCHED_STATISTICS = YES)
        SchedStat            schedStat;              /*调度统计信息*/
#endif
#endif
        UINTPTR              userArea;               /*用户内存区*/
        UINTPTR              userMapBase;            /*用户内存 Map 基地址*/
        UINT32               userMapSize;            /*用户线程栈尺寸：userMapSize
                                                        USER_STACK_MIN_SIZE */
        UINT32               processID;              /*归属的进程号*/
        FutexNode            futex;                  /*Futex 节点*/
        LOS_DL_LIST          joinList;               /*联合线程链表*/
        LOS_DL_LIST          lockList;               /*锁链表*/
        UINT32               waitID;                 /*等候的子进程的 PID 或者 GID*/
        UINT16 waitFlag;     /*等候类型，归属群组或者父进程，特定的子进程、任何子进程*/
#if (LOSCFG_KERNEL_LITEIPC == YES)
        UINT32               ipcStatus;                              /*IPC 状态*/
        LOS_DL_LIST          msgListHead;                            /*IPC 消息头*/
```

```
        BOOL        accessMap[LOSCFG_BASE_CORE_TSK_LIMIT];    /*IPC 访问 Map*/
    #endif
    } LosTaskCB;
```

从 LiteOS-A 的 TCB 定义中可以看出，相对于 LiteOS-M，LiteOS-A 增加了一些参数，如支持复杂调度模式的参数、线程相关的数据、多核 SMP 的支持参数、多进程相关的参数、LiteIPC 相关的参数等。其中主要成员 taskStatus 的定义与 LiteOS-M 的定义不尽相同，LiteOS-A 的任务状态有初始态(0x00021)、就绪态(0x0002)、运行态(0x0004)、暂停态(0x0008)和阻塞态(0x0010)。

3. LiteOS-A 的 PCB

LiteOS-A 的 PCB 定义如下：

```
    typedef struct ProcessCB {
        CHAR            processName[OS_PCB_NAME_LEN];    /*进程名*/
        UINT32          processID;                        /*进程 ID =主线程 ID*/
        UINT16          processStatus;                    /*[15:4]进程状态，[3:0]当前线程数*/
        UINT16          priority;                         /*进程优先级*/
        UINT16          policy;                           /*进程调度策略*/
        UINT16          timeSlice;                        /*剩余时间片*/
        UINT16          consoleID;                        /*console ID*/
        UINT16          processMode;                      /*进程模式：内核态 0，用户态 1*/
        UINT32          parentProcessID;                  /*父进程 ID*/
        UINT32          exitCode;                         /*进程退出码*/
        LOS_DL_LIST     pendList;                         /*进程 pend 链表节点*/
        LOS_DL_LIST     childrenList;                     /*子进程链表*/
        LOS_DL_LIST     exitChildList;                    /*已退出子进程链表*/
        LOS_DL_LIST     siblingList;                      /*兄弟进程链表*/
        ProcessGroup    *group;                           /*进程组指针*/
        LOS_DL_LIST     subordinateGroupList;             /*归属群组链表*/
        UINT32          threadGroupID;                    /*线程组 ID*/
        UINT32          threadScheduleMap;                /*线程调度 bitmap*/
        LOS_DL_LIST     threadSiblingList;                /*进程内的线程链表*/
        LOS_DL_LIST     threadPriQueueList[OS_PRIORITY_QUEUE_NUM];  /*线程组优先级链表*/
        volatile UINT32 threadNumber;                     /*活跃的线程数*/
        UINT32          threadCount;                      /*进程内创建的线程总数*/
        LOS_DL_LIST     waitList;                         /*等待的进程链表*/
        #if (LOSCFG_KERNEL_SMP = YES)
        UINT32          timerCpu;                         /*delayed 或者 pend 的 CPU 编号*/
        #endif
        UINTPTR         sigHandler;                       /*信号处理函数*/
```

```
    sigset_t                    sigShare;                    /*信号分享位*/
#if (LOSCFG_KERNEL_LITEIPC == YES)
    ProcIpcInfo                 ipcInfo;                     /*lite ipc 内存池*/
#endif
    LosVmSpace                  *vmSpace;                    /*进程 VMM 空间*/
#ifdef LOSCFG_FS_VFS
    struct files_struct         *files;                      /*进程持有的文件*/
#endif
    timer_t                     timerID;                     /*软件定时器 ID*/
#ifdef LOSCFG_SECURITY_CAPABILITY
    User                        *user;                       /*权限管理用户名*/
    CapData                     *capability;                 /*capability 数据*/
#endif
#ifdef LOSCFG_SECURITY_VID
    TimerIdMap                  timerIdMap;
#endif
#ifdef LOSCFG_DRIVERS_TZDRIVER
    struct file                 *execFile;                   /*进程的可执行文件指针*/
#endif
    mode_t                      umask;                       /*权限掩码*/
} LosProcessCB;
```

从 LiteOS-A 的 PCB 定义中可以看出，进程 PCB 的参数大致包含：进程与进程关系、参数、进程与包含的线程的关系，进程的调度控制参数，进程的资源参数，进程的权限参数等。操作系统在进行处理机调度过程中并不会直接使用进程 PCB，更多的是通过进程和线程的关系传递给任务(Task)，操作系统进程处理机调度的对象是任务(Task)。

2.1.2　OpenHarmony 进程及 Task 的创建

在系统中每当出现了创建新进程的请求后，操作系统便调用进程创建原语按如下的步骤创建一个新进程：

(1) 申请空白 PCB，为新进程申请获得唯一的数字标识符，并从 PCB 集合中索取一个空白 PCB。

(2) 为新进程分配其运行所需的资源，包括各种物理和逻辑资源，如内存、文件、I/O 设备和 CPU 时间等。

(3) 初始化 PCB。

(4) 如果进程就绪队列能够接纳新进程，便将新进程插入就绪队列。

在系统中创建新线程时，需要利用一个线程创建函数(或系统调用)，并提供相应的参数，如指向线程主程序的入口指针、堆栈的大小、用于调度的优先级等。在线程的创建函数执行完成后，将返回一个线程标识符供以后使用。

与传统操作系统一样，在 OpenHarmony 系统中允许进程及 Task 创建一个新的进程及 Task，并且在创建进程及 Task 的过程中配置很多与处理器调度相关的属性和参数，这些属性和参数将影响后续操作系统的处理器调度过程。因此，掌握进程及 Task 的创建过程对于理解 OpenHarmony 操作系统的处理机调度非常重要。

1. 进程的创建

在 LiteOS-M 和 LiteOS-A 中只有后者才有进程的概念，所以本书在谈到进程创建时，默认谈论的就是 LiteOS-A。当 LiteOS-A 运行后，可以在 LiteOS-A 的 Shell 环境下执行 task-a 命令，会显示许多进程。其中，初始的两个进程 KProcess 和 init 分别称为内核初始进程和用户初始进程。KProcess 进程运行在内核态，没有任何的子进程；而 init 进程运行在用户态，衍生出了一系列进程，如 shell、apphllogcat、foundation、bundle_daemon、appspawn、medla_server、wms_server 等，这些进程在 OpenHarmony 的定义中统称为系统服务进程，init 衍生出哪些系统服务进程由存放在 OpenHarmony 系统目录(/etc)下的系统级配置文件 init.cfg 决定。配置文件 init.cfg 为系统自动启动的进程信息，文件源码如下：

```
{
    "jobs":[{
        "name" : "pre-init",
        "cmds" : [
            "mkdir /storage/data/log",
            "chmod 0755 /storage/data/log",
            "chmod 4 4 /storage/data/log",
            "mkdir /storage/data/softbus",
            "chmod 0700 /storage/data/ softbus",
            "chmod 7 7 /storage/data/ softbus",
            "mkdir /sdcard",
            "chmod 0777 /sdcard",
            "mount vfat /dev/mmcblk0 /sdcard rw,umask=000",
            "mount vfat /dev/mmcblk1 /sdcard rw,umask=000"
        ]
    }, {
        "name" : "init",
        "cmds" : [
            "start shell",
            "start apphilogcat",
            "start foundation",
            "start bundle_daemon",
            "start appspawn",
            "start media_server",
            "start wms_server",
```

```
                    ]
                }, {
                        "name" : "post-init",
                        "cmds" : [
                            "chmod 0 99 /dev/dev_mgr",
                            "chmod 0 99 /dev/hdfwifi",
                            "chmod 0 99 /dev/gpio",
                            "chmod 0 99 /dev/i2c-0",
                            "chmod 0 99 /dev/i2c-1",
                            "chmod 0 99 /dev/i2c-2",
                            "chmod 0 99 /dev/i2c-3",
                            "chmod 0 99 /dev/i2c-4",
                            "chmod 0 99 /dev/ i2c-5",
                            "chmod 0 99 /dev/ i2c-7",
                            "chmod 0 99 /dev/uartdev-0",
                            "chmod 0 99 /dev/uartdev-1",
                            "chmod 0 99 /dev/uartdev-2",
                            "chmod 0 99 /dev/uartdev-3",
                            "chmod 0 99 /dev/spidev0.0",
                            "chmod 0 99 /dev/spidev1.0",
                            "chmod 0 99 /dev/spidev2.0",
                            "chmod 0 99 /dev/spidev2.1"
                    ]
                }
],
"services":[{
        "name" : "foundation",
         "path" : "/bin/foundation",
        "uid" : 7,
        "gid" : 7,
        "once" : 0,
        "importance" : 1,
        "caps" : [10, 11, 12, 13]
     },{
        "name" : "shell",
         "path" : "/bin/shell",
         "uid" : 2,
         "gid" : 2,
         "once" : 0,
```

```
            "importance" : 0,
            "caps" : [4294967295]
    },{
            "name" : "appspawn",
            "path" : "/bin/appspawn",
            "uid" : 1,
            "gid" : 1,
            "once" : 0,
            "importance" : 0,
            "caps" : [2, 6, 7, 8, 23]
    },{
            "name" : "apphilogcat",
            "path" : "/bin/apphilogcat",
            "uid" : 7,
            "gid" : 7,
            "once" : 0,
            "importance" : 1,
            "caps" : [10, 11, 12, 13]
    },{
            "name" : " medla_server",
            "path" : "/bin/medla_server",
            "uid" : 5,
            "gid" : 5,
            "once" : 1,
            "importance" : 0,
            "caps" : []
    },{
            "name" : "wms_server",
            "path" : "/bin/wms_server",
            "uid" : 0,
            "gid" : 0,
            "once" : 1,
            "importance" : 0,
            "caps" : []
    },{
            "name" : "bundle_daemon",
            "path" : "/bin/bundle_daemon",
            "uid" : 8,
            "gid" : 8,
```

```
              "once" : 0,
              "importance" : 0,
              "caps" : [0, 1]
        }
    ]
}
```

从以上代码可知，配置文件 init.cfg 分为 jobs 和 services 两个部分，其中 jobs 是依赖于 LiteOS-A 内核本身进行的，而 services 则是针对系统需要启动的系统服务进程以及服务进程的配置。在 LiteOS-A 内核中，所有系统服务进程分别负担一定的系统服务职责，其中 appspawn 进程是比较特殊的一个系统服务进程，在 OpenHarmony 的设计中，所有 App 都由此进程拉起并管理，包括图形界面的第一个 launcher 进程。

下面以进程 init 拉起系统服务进程为例，看看进程创建的过程是怎样进行的。进程 init 拉起每个系统服务的源码如下：

```c
int ServiceStart(Service *service)
{
    if (service->attribute & SERVICE_ATTR_INVALID) {
        printf("[Init] start service %s invalid. \n", service->name);
        return SERVICE_FAILURE;
    }
    struct stat pathStat = {0};
    service->attribute & = ( (SERVICE_ATTR_NEED_RESTART |
SERVICE_ATTR_NEED_STOP));
    if (stat(service->path，&pathStat) != 0) {
        service->attribute != SERVICE_ATTR_INVALID;
        printf("[Init] start service %s invalid, please check %s. \n", service->name, service->path);
        return SERVICE_FAILURE;
    }
    /*系统调用 fork*/
    int pid = fork();
    if (pid == 0){
        /*设置子进程权限*/
        if (SetPerms(service) != SERVICE_SUCCESS) {
            printf("[Init] service %s exit! set perms failed! err %d. \n", service->name, errno);
            _exit(0x7f);                    /*0x7f: 进程退出状态码*/
        }
        char* argv[] = {servioe->name, NULL};
        char* env[] = {NULL};
        /*系统调用 execve*/
```

```
        if (execve(service->path, argv, cnv) != 0 ) {
        printf("[Init] service %s execve failed! err %d. \n", service->name, errno);
        _exit(0x7f);                        /*0x7f: 进程退出状态码*/
        } else if (pid < 0) {
            printf("[Init] start service %s fork failed! \n", service->name);
            return SERVICE_FAILURE;
        }
        service->pid = pid;
        printf("[Init] start service %s succeed, pid %d. \n", service->name, service->pid);
        return SERVICE_SUCCESS;
    }
```

在这段代码中，使用了两个系统调用，分别是 fork 和 execve，其作用分别是克隆一份父进程到子进程和执行子进程的代码。两个系统调用都会被路由到内核的处理函数 SysFork 和 SysExecve。SysFork 的处理过程为初始化 PCB→拷贝父进程资源→设置子进程权限组→设置进程状态为 READY；SysExecve 的处理过程为拷贝执行参数→初始化 VmSpace→申请连续的 4K 物理空间→建立 MMU 映射→加载 ELF 文件→回收与初始化→设置 Task 栈顶指针开始执行。

由 SysFork 和 SysExecve 的处理过程可见，创建一个新的进程的过程包含两个步骤。

第一步，从父进程拷贝大量的进程相关数据，这些数据见表 2-1。

表 2-1   从父进程拷贝的数据

子进程元素	来 源
parentProcessID	父进程的 processID 成员变量
priority	继承自父进程的 priority 成员变量
policy	继承自父进程的 policy 成员变量
group	继承自父进程的 group 成员变量
user	继承自父进程的 user 成员变量
vmSpace	以父进程为模板进行初始化，申请新的页表空间函数为 LOS_VmSpaceClone
files	内容复制自父进程的 files 成员变量
consoleID	继承自父进程的 consoleID 成员变量
umask	继承自父进程的 umask 成员变量
processMode	继承自父进程的 processMode 成员变量
capability	继承自父进程的 capability 成员变量

第二步，加载子进程执行代码。在完成从父进程拷贝大量的进程相关数据后，LiteOS-A 会在 SysExecve 函数中加载 ELF 格式的二进制文件，并按照 ELF 文件的信息布置各个数据段和代码段，把新创建进程的栈顶指针指向主 Task 的入口处。

另外，init 进程的创建是在 LiteOS-A 的启动过程中，会由厂家按照自己的设计，选择合适的时机，通过调用 OsUserInitProcess 函数来拉起 init 进程。OsUserInitProcess 函数的流程为初始化 init 运行环境(由内核完成)→准备虚拟内存→分配 init 程序栈→启动 init Task→通过系统调用 execve 加载 ELF→设置程序执行的栈指针到 LITE_USER_SEC_ENTRY 处，从而进入 OsUserInit 进程。从 init 进程的创建过程来看，有两方面与普通用户进程有显著的不同。一方面进程的运行环境准备是由内核来完成的，内核负责设置 init 的 PCB 等数据，负责分配物理内存和完成虚拟内存映射等动作。这也比较容易理解，因为 init 是第一个用户进程，作为所有用户进程的始祖，它的运行环境无从继承，只能由内核指定。另一方面 init 进程的执行入口设置在内核的编译镜像中，代码如下：

```
LITE_USER_SEC_ENTRY VOID OsUserInit(VOID *args)
{
        #ifdef LOSCFG_KERNEL_DYNLOAD
        sys_call3(_NR_execve, (UINTPTR)g_initPath, 0, 0);
        #endif
        while (1) {
        }
}
```

分析上述代码发现，该段代码在 LITE_USER_SEC_ENTRY 定义了一个入口函数，即".user.entry"。这个入口函数只做了一件事，那就是通过系统调用执行 g_initPath，即"/bin/init"这个可执行文件。后续的中断处理流程与普通的 ELF 程序加载流程是一致的。

2. LiteOS-M 的 Task 创建

OpenHarmony LiteOS 内核的调度目标并不是进程，而是 Task，因此我们还需要了解创建 Task 的过程，包括 LiteOS-M 和 LiteOS-A 的 Task 创建。

一般情况下 LiteOS-M 内核针对的业务场景相对比较简单，在大多数情形下，在系统启动的过程中就创建了所有 Task。LiteOS-M 提供了一整套的机制来很好地支撑这一过程，具体如图 2-1 所示。

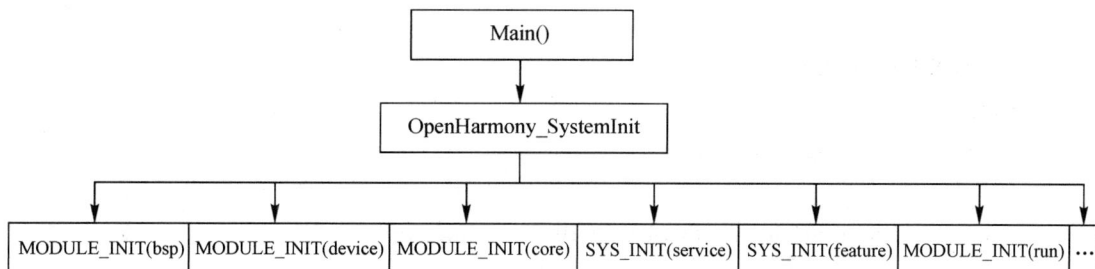

图 2-1　LiteOS-M 内核中的 Task 创建机制

LiteOS-M 的系统初始化函数 OpenHarmony_SystemInit 依次调用各个子模块的初始化函数，而这些初始化函数需要用到一组宏定义。LiteOS-M 提供了用于初始化、启动服务和功能模块的宏，分为两类。

一类是调用优先级，默认为 2：

```
#define CORE_INIT(func) LAYER_INITCALL_DEF(func, core, "core")
#define SYS_SERVICE_INIT(func) LAYER_INITCALL_DEF(func, sys_service, "sys.service")
#define SYS_FEATURE_INIT(func) LAYER_INITCALL_DEF(func, sys_feature, "sys.feature")
#define SYS_RUN(func) LAYER_INITCALL_DEF(func, run, "run")
#define SYSEX_SERVICE_INIT(func) LAYER_INITCALL_DEF(func, app_service, "app.service")
#define SYSEX_FEATURE_INIT(func) LAYER_INITCALL_DEF(func, app_feature, "app.feature")
#define APP_SERVICE_INIT(func) LAYER_INITCALL_DEF(func, app_service, "app.service")
#define APP_FEATURE_INIT(func) LAYER_INITCALL_DEF(func, app_feature, "app.feature")
```

另一类是指定优先级，优先级范围为[0，5)：

```
#define CORE_INIT_PRI(func, priority) LAYER_INITCALL(func, core, "core", priority)
#define SYS_SERVICE_INIT_PRI(func, priority) LAYER_INITCALL(func, sys_service, "sys.service", priority)
#define SYS_FEATURE_INIT_PRI(func, priority) LAYER_INITCALL(func, sys_feature, "sys.feature", priority)
#define SYS_RUN_PRI(func, priority) LAYER_INITCALL(func, run, "run", priority)
#define SYSEX_SERVICE_INIT_PRI(func, priority) LAYER_INITCALL(func, app_service, "app.service", priority)
#define SYSEX_FEATURE_INIT_PRI(func, priority) LAYER_INITCALL(func, app_feature, "app.feature", priority)
#define APP_SERVICE_INIT_PRI(func, priority) LAYER_INITCALL(func, app_service, "app.service", priority)
#define APP_FEATURE_INIT_PRI(func, priority) LAYER_INITCALL(func, app_feature, "app.feature", priority)
```

不妨以 MODULE_INIT(run)为例来介绍 LiteOS-M 的 Task 创建机制，MODULE_INIT 的宏定义如下：

```
#define MODULE_INIT(name)
do {
    MODULE_CALL(name, 0);
} while (0)
#define MODULE_CALL(name, step)
do {
    InitCall *initcall = (InitCall *)(MODULE_BEGIN(name, step));
    InitCall *initend = (InitCall *)(MODULE_END(name, step));
    for (; initcall < initend; initcall++) {
        (*initcall)( );
    }
} while (0)
```

MODULE_INIT 展开以后，会依次调用位于_zinitcall_run_start 和_zinitcall_run_end 之间的 5 个函数。源码如下：

```
0x0000000004ae9fc              _zinitcall_run_start = .
*(.zinitcall.run0.init)
*(.zinitcall.run1.init)
*(.zinitcall.run2.init)
*(.zinitcall.run3.init)
*(.zinitcall.run4.init)
0x0000000004ae9fc              _zinitcall_run_end = .hile (0)
```

在对应的入口函数中，需要完成 Task 的创建，例如下面的代码：

```c
VOID HelloWorldEntry(VOID)
{
    while (1)
    {
        printf("Hello World!\n");
        LOS_TaskDelay(2000);                /*延迟 2 s*/
    }
}
void DemoTaskMain(void)
{
    DemoTaskEntry();
}
SYS_RUN(DemoTaskMain);
int DemoTaskEntry(void)
{   printf("it is DemoTaskentry. \n");
    struct TaskPara para = {0};
    para.name = "demotask";
    para_func = (void *) HelloWorldEntry;
    para.prio = TASK_PRIO;
    para.size = TASK_STACK_SIZE;
    unsigned int handle;
    int ret = LOS_TaskCreate(&handle,&para);
    if (ret != 0){
        printf("demotask fail. \n");
        return -1;
    }
    return 0 ;
}
```

在上面代码中，构造了一个创建 Task 的参数结构体和任务入口函数，并创建了 Task。

由于 LiteOS-M 中不存在进程的概念，所有 Task 的创建都是由内核统一管理的。下面看看创建 Task 的过程。

创建一个 LiteOS-M 的 Task，首先需要确定下面的参数：

```
typedef struct tagTskInitParam {
    TSK_ENTRY_FUNC pfnTaskEntry;        /*Task 入口函数*/
    ULNT16 usTaskPrio;                  /*Task 优先级*/
    UINT32 uwArg;                       /*Task 执行参数* /
    UINT32 uwStaokSize;                 /*Task 栈尺寸*/
    CHAR *pcName;                       /*Task 名称*/
    ULNT32 uwRosyod;                    /*保留字段*/
}TSK_INIT_PARAM_S;
```

其次，LiteOS-M 会根据上面的参数来创建 Task，创建过程为查找可用的 TCB→分配栈空间→初始化栈→初始化 TCB 信息→启动 Task。

LiteOS-M 初始化 TCB 信息内容见表 2-2。

表 2-2　LiteOS-M 初始化 TCB 信息内容

TCB 元素	初 始 化 内 容
stackPointer	初始化为 NULL
arg	来自初始化参数的 uwArg
topOfStack	为新建 Task 分配的程序栈的栈顶
stackSize	Task 栈的尺寸，来自初始化参数 uwStackSize
taskSem	信号灯，初始化为空
taskMux	互斥锁，初始化为空
taskStatus	初始化为 SUSPEND
priority	优先级，来自初始化参数 usTaskPrio
taskEntry	入口函数指针，来自初始化参数 taskEntry
event.uwEventID	事件 ID，初始化为 0
eventMask	事件掩码，初始化为 0
taskName	Task 名称，来自初始化参数 pcName
msg	初始化为空

LiteOS-M 创建完成的 Task 会被立即放入任务就绪态，至此就完成了 LiteOS-M 的 Task 创建。

3. LiteOS-A 的 Task 创建

LiteOS-A 的 Task 创建与 LiteOS-M 不同，LiteOS-A 创建 Task 分三种情况。

1) 内核进程创建内核处理 Task

LiteOS-A 内核进程通过创建一系列 Task 来完成不同的处理任务，并且所有的内核 Task

共享同样的内核进程上下文和资源，所有相关资源都统一进行管理。下面以 SystemInit 为例来介绍内核进程创建内核处理 Task 的过程。其源码如下：

```
STATIC UINT32 OsSystemInitTaskCreate(VOID)
  {
      UINT32    taskID;
      TSK_INIT_PARAM_S    sysTask;
      (VOID)memset_s(&sysTask, sizeof(TSK_INIT_PARAM_S), 0, sizeof(TSK_INIT_PARAM_S));
      sysTask.pfnTaskEntry = (TSK_ENTRY_FUNC ) SystemInit;
      sysTask.uwStackSize = LOSCFG_BASE_CORE_TSK_DEFAULT_STACK_SIZE;
      sysTask.pcName = "SystemInit";
      sysTask.usTaskPrio = LOSCFG_BASE_CORE_TSK_DEFAULT_PRIO;
      sysTask.uwResved = LOS_TASK_STATUS_DETACHED;
  #if (LOSCFG_KERNEL_SMP = YES)
      sysTask.usCpuAffiMask = CPUID_TO_AFFI_MASK(ArchCurrCpuid( ));
  #endif
      return LOS_TaskCreate(&taskID, &sysTask);
  }
```

从上面代码可以看出，创建内核 Task SystemInit 时直接指定 Task 的入口函数 SystemInit，内核 Task SystemInit 的栈尺寸设置为 LOSCFG_BASE_CORE_TSK_DEFAULT_STACK_SIZE，即 0x4000，任务优先级设置为 LOSCFG_BASE_CORE_TSK_DEFAULT_PRIO，即 10，线程状态设置为 LOS_TASK_STATUS_DETACHED。LiteOS-A 内核进程创建其他内核 Task 时的参数设置也都一样，并且通过 LOS_TaskCreate 函数创建 Task 时不需要进行虚拟内存的分配和映射等动作。

2) 用户进程启动时自动创建进程的主 Task

LiteOS-A 用户进程被创建完成后会自动创建一个主 Task，即进程的主 Task。在用户进程被创建过程中，LiteOS-A 内核在 SysExecve 函数中加载 ELF 格式的二进制文件以后，会根据 ELF 可执行文件得到一个包含程序代码段的众多信息的 ELFLoadInfo 结构体，内核动态加载器会根据此结构体加载相关的代码，并创建 Task。其源码如下：

```
STATIC INT32 OsExecve(const ELFLoadInfo *loadInfo)
{
    if ((loadInfo == NULL) || (loadInfo->elfEntry =0 )) {
    return LOS_NOK;
    }
    return OsExecStart((TSK_ENTRY_FUNC)(loadInfo->elfEntry),
                        (UINTPTR)loadInfo->stackTop,loadInfo->stackBase,loadInfo->stackSize);
}
LITE_OS_SEC_TEXT_INIT VOID OsUserTaskStackInit(TaskContext *context,
                        TSK_ENTRY_FUNC taskEntry, UINTPTR stack)
```

```
{
    LOS_ASSERT(context != NULL);
#ifdef LOSCFG_INTERWORK_THUMB
    context->regPSR = PSR_MODE_USR_THUMB;
#else
    context->rcgPSR = PSR_MODE_USR_ARM;
#endif
    context->R[0]= stack;
context->SP = TRUNCATE(stack, LOSCFG_STACK_POINT_ALIGN_SIZE);
context->LR = 0;
context->PC =(UINTPTR ) taskEntry;
}
```

从上面代码可以看出，创建的主 Task 从 ELF 的程序入口地址开始执行，并设置相应的栈空间、SP、LR、PC 以及 R0 寄存器的值来完成进程的主 Task 的创建，创建完成的主 Task 进入就绪态等待处理器调度。

3) 用户进程通过 pthread_create 函数创建线程

LiteOS-A 内核进程和用户进程在运行过程中通过调用 pthread_create 函数也可以创建线程(LiteOS-A 中的线程是由 Task 实现的)。pthread_create 函数在 POSIX(Portable Operating System Interface，可移植操作系统接口)中实现，其源码如下：

```
int pthread_create(pthread_t *thread, const pthread_attr_t *attr, void *(*startRoutine)(void *), void *arg)
{   /*函数中各个参数的意义如下：

thread：传出参数，代表线程创建成功后，保存新线程的标识符。

attr：设置线程的属性，POSIX 线程可能包含的属性有联合属性、调度策略、优先级、继承关系、堆栈地址、作用域属性、堆栈大小等。当 attr 为空时，新创建的线程将自动继承主线程的全部信息。

startRoutine：线程入口函数地址。

arg：传给线程入口函数的参数。*/

    pthread_attr_t userAttr;
    UINT32 ret;
    CHAR name[PTHREAD_DATA_NAME_MAX];
    STATIC UINT16 pthreadNumber = 1;
    TSK_INIT_PARAM_S taskInitParam = {0};
    UINT32 taskHandle;
    _pthread_data *self = pthread_get_self_data();
    if ((thread == NULL) || (startRoutine == NULL)) {
        return EINVAL;
    }
    SetPthreadAttr(self, attr, &userAttr);
    (VOID)memset_s(name, sizeof(name), 0, sizeof(name));
```

```
        (VOID)snprintf_s(name, sizeof(name), sizeof(name) - 1, "pth%02d", pthreadNumber);
        pthreadNumber++;
        taskInitParam.pcName          = name;
        taskInitParam.pfnTaskEntry = (TSK_ENTRY_FUNC)startRoutine;
        taskInitParam.auwArgs[0]      = (UINTPTR)arg;
        taskInitParam.usTaskPrio      = (UINT16)userAttr.schedparam.sched_priority;
        taskInitParam.uwStackSize    = userAttr.stacksize;
        if (OsProcessIsUserMode(OsCurrProcessGet())) {
            taskInitParam.processID = OsGetKernelInitProcessID();
        } else {
            taskInitParam.processID = OsCurrProcessGet()->processID;
        }
        if (userAttr.detachstate == PTHREAD_CREATE_DETACHED) {
            taskInitParam.uwResved = LOS_TASK_STATUS_DETACHED;
        } else {
            /*设置线程缺省联合属性*/
            taskInitParam.uwResved = 0;
        }
        PthreadReap();
        ret = LOS_TaskCreateOnly(&taskHandle, &taskInitParam);
        if (ret == LOS_OK) {
            *thread = (pthread_t)taskHandle;
            ret = InitPthreadData(*thread, &userAttr, name, PTHREAD_DATA_NAME_MAX);
            if (ret != LOS_OK) {
                goto ERROR_OUT_WITH_TASK;
            }
            (VOID)LOS_SetTaskScheduler(taskHandle, SCHED_RR, taskInitParam.usTaskPrio);
        }
        if (ret == LOS_OK) {
            return ENOERR;
        } else {
            goto ERROR_OUT;
        }
ERROR_OUT_WITH_TASK:
        (VOID)LOS_TaskDelete(taskHandle);
ERROR_OUT:
        *thread = (pthread_t)-1;
        return map_errno(ret);
    }
```

从上面代码可以看出，pthread_create 函数创建线程的过程为：拷贝线程参数→获取 Process ID→回收线程数据→查找可用的 TCB→分配栈空间→初始化栈→初始化 TCB 信息→启动 Task→设置调度器。

2.2　进程状态及其调度

2.2.1　OpenHarmony 进程状态

1. LiteOS-A 的特征和进程状态

1) LiteOS-A 内核进程的特征

LiteOS-A 内核进程有如下特征：

· 进程模块主要为用户提供多个进程，实现了进程之间的切换和通信，帮助用户管理业务程序流程。

· 进程采用抢占式调度机制，采用高优先级优先+同优先级时间片轮转的调度算法。

· 进程一共有 32 个优先级(0～31)，用户进程可配置的优先级有 22 个(10～31)，最高优先级为 10，最低优先级为 31。

· 高优先级的进程可抢占低优先级进程，低优先级进程必须在高优先级进程阻塞或结束后才能得到调度。

· 每一个用户态进程均拥有自己独立的进程空间，相互之间不可见，实现进程间隔离。

· 用户态根进程 init 由内核态创建，其他用户态子进程均由 init 进程创建而来。

2) LiteOS-A 的进程状态

LiteOS-A 内核进程状态包含初始化态、就绪态、运行态、阻塞态、僵尸态等几种状态。

· 初始化态(init)：进程正在被创建。

· 就绪态(ready)：进程在就绪列表中，等待处理机调度。

· 运行态(running)：进程正在处理机上运行。

· 阻塞态(pending)：进程被阻塞挂起。当本进程内所有的线程均被阻塞时，进程被阻塞挂起。

· 僵尸态(zombies)：进程运行结束，等待父进程回收其控制块资源。

LiteOS-A 内核中进程各个状态迁移示意图如图 2-2 所示。

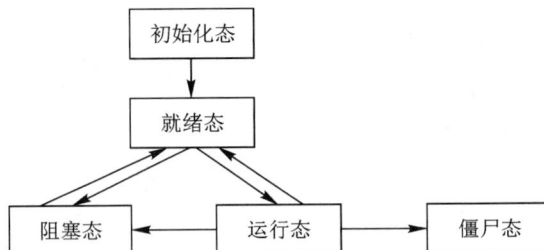

图 2-2　LiteOS-A 内核中进程各个状态迁移示意图

进程各个状态迁移说明如下：

• 初始化态→就绪态：进程创建或 fork 时，拿到该进程控制块后进入初始化态，处于进程初始化阶段，当进程初始化完成将进程插入调度队列时，进程进入就绪态。

• 就绪态→运行态：进程创建后进入就绪态，发生进程切换时，就绪列表中最高优先级的进程被执行，从而进入运行态。若此时该进程中已无其他线程处于就绪态，则进程从就绪列表中删除，只处于运行态；若此时该进程中还有其他线程处于就绪态，则该进程依旧在就绪队列，此时进程的就绪态和运行态共存，但对外呈现的进程状态为运行态。

• 运行态→阻塞态：进程在最后一个线程转为阻塞态时，进程内所有的线程均处于阻塞态，此时进程同步进入阻塞态，然后发生进程切换。

• 阻塞态→就绪态：当阻塞进程内的任意线程恢复就绪态时，进程被加入就绪队列，同步转为就绪态。

• 就绪态→阻塞态：当进程内的最后一个就绪态线程转为阻塞态时，进程从就绪列表中删除，进程由就绪态转为阻塞态。

• 运行态→就绪态：进程由运行态转为就绪态的情况有两种。一种是有更高优先级的进程创建或者恢复后，会发生进程调度，此刻就绪列表中最高优先级进程变为运行态，那么原先运行的进程由运行态变为就绪态；另一种是若进程的调度策略为 LOS_SCHED_RR，且存在同一优先级的另一个进程处于就绪态，则该进程的时间片消耗完之后，该进程由运行态转为就绪态，另一个同优先级的进程由就绪态转为运行态。

• 运行态→僵尸态：当进程的主线程或所有线程运行结束后，进程由运行态转为僵尸态，等待父进程回收资源。

2. LiteOS-M 的 Task 状态

LiteOS-M 的 Task 各个状态迁移示意图如图 2-3 所示。

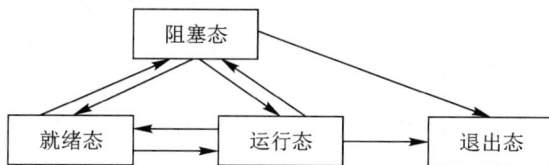

图 2-3　LiteOS-M 的 Task 各个状态迁移示意图

Task 各个状态迁移说明如下：

• 就绪态→运行态：Task 创建后进入就绪态，发生 Task 切换时，就绪队列中最高优先级的 Task 被执行，从而进入运行态，但此刻该 Task 依旧在就绪队列中。

• 运行态→阻塞态：当正在运行的 Task 发生阻塞(挂起、延时、读信号量等)时，该 Task 会从就绪队列中删除，Task 由运行态变成阻塞态，然后发生 Task 切换，运行就绪队列中最高优先级的 Task。

• 阻塞态→就绪态(阻塞态→运行态)：阻塞的 Task 被恢复后(任务恢复、延时时间超时、读信号量超时或读到信号量等)，被恢复的 Task 会被加入就绪队列，从而由阻塞态变成就绪态。此时，若被恢复的 Task 的优先级高于正在运行的 Task 的优先级，则会发生 Task 切换，该 Task 由就绪态变成运行态。

- 就绪态→阻塞态：Task 也有可能在就绪态时被阻塞，此时 Task 由就绪态变为阻塞态，该 Task 从就绪队列中删除，不会参与 Task 调度，直到该 Task 被恢复。
- 运行态→就绪态：当有更高优先级 Task 创建或者恢复时，就会发生 Task 调度，此刻就绪队列中最高优先级的 Task 变为运行态，那么原先运行的 Task 就由运行态变为就绪态，但依然保留在就绪队列中。
- 运行态→退出态：Task 运行结束，Task 由运行态变为退出态。退出态包含 Task 运行结束的正常退出状态以及 Invalid 状态。例如，Task 运行结束但是没有自删除，对外呈现的就是 Invalid 状态，即退出态。
- 阻塞态→退出态：阻塞的 Task 调用删除接口，Task 由阻塞态变为退出态。

3. LiteOS-A 的 Task 状态

LiteOS-A 的 Task 各个状态迁移示意图如图 2-4 所示。

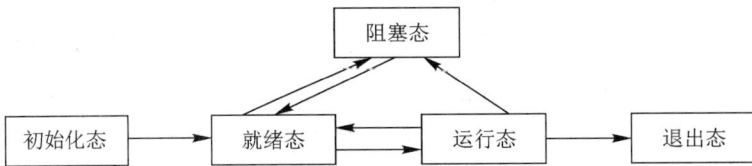

图 2-4   LiteOS-A 的 Task 各个状态迁移示意图

Task 各个状态迁移说明如下：

- 初始化态→就绪态：Task 创建拿到控制块后为初始态，处于 Task 初始化阶段，当 Task 初始化完成将 Task 插入调度队列，此时 Task 进入就绪态。
- 运行态→阻塞态：当正在运行的 Task 发生阻塞(挂起、延时、读信号量等)时，该 Task 会从就绪列表中删除，Task 由运行态变成阻塞态，然后发生 Task 切换，运行就绪列表中剩余的优先级最高的 Task。

其他的状态迁移与 LiteOS-M 的一样，并且不存在"阻塞态→运行态"的状态迁移。

2.2.2   OpenHarmony 进程调度

在具体讨论 LiteOS-M 和 LiteOS-A 支持的进程(线程)调度之前，我们先了解一下什么是进程(线程)调度。

进程(线程)调度是操作系统中必不可少的一种处理机调度，因此任何操作系统，都无一例外地配置了进程(线程)调度。此外，它也会影响系统性能，相应地，有关进程(线程)调度的算法也较多。进程(线程)调度的任务主要有保存处理机的现场信息、按某种算法选取进程以及把处理器分配给进程(线程)。

进程(线程)调度方式有两种。一种是非抢占方式，一旦把处理机分配给某进程(线程)

后，就一直让它运行下去，决不会因为时钟中断或任何其他原因去抢占当前正在运行进程(线程)的处理机，直至该进程(线程)调度完成，或发生某事件而被阻塞时，才把处理机分配给其他进程(线程)；另一种是抢占方式，允许调度程序根据某种原则暂停某个正在执行的进程(线程)，将已分配给该进程(线程)调度的处理机重新分配给另一进程(线程)。

进程(线程)调度涉及调度算法、调度时机和进程切换等内容。

1. 进程调度算法

传统的进程(线程)调度算法主要包括以下几种：

- 时间片轮转调度算法(RR)：系统将所有的就绪进程(线程)按 FCFS(先来先服务)策略排成一个就绪队列。系统可设置每隔一定时间(如 10 ms)便产生一次中断，去激活调度程序进行调度，把 CPU 分配给队首进程(线程)，并令其执行一个时间片。当它运行完毕后，又把处理机分配给就绪队列中新的队首进程(线程)，也让它执行一个时间片。这样，就可以保证就绪队列中的所有进程(线程)在确定的时间段内，都能获得一个时间片的处理机时间。

- 优先级调度算法：把处理机分配给就绪队列中优先级最高的进程(线程)，并可按照不同调度方式进一步把该算法分成非抢占式优先级调度算法和抢占式优先级调度算法两种。

- 多级反馈队列调度算法：设置多个就绪队列，每个队列都采用 FCFS 算法，当新进程(线程)调度进入内存后，首先将它放入第一队列的末尾，按 FCFS 原则等待调度。当轮到该进程(线程)调度执行时，如它能在该时间片内完成，便可撤离系统。否则，即它在一个时间片结束时尚未完成，调度程序将其转入第二队列的末尾等待调度；如果它在第二队列中运行一个时间片后仍未完成，再依次将它放入第三队列，……，以此类推。当进程最后被降到第 n 队列后，在第 n 队列中便采取按 RR 方式运行。

- 实时系统中的调度算法：实时系统是一种时间起着主导作用的系统，即系统的正确性不仅取决于计算的逻辑结果，还依赖于产生结果的时间。例如，外部物理设备给计算机发送了一个信号，则计算机必须在一个确定的时间范围内恰当地作出反应。

在计算机系统中，广义的调度是指将包括处理器资源、内存资源等分配给一个进程(线程)去完成进程(线程)的方法，狭义的调度特指面向最小任务单元(即线程)进行 CPU 处理能力分配的过程。在 LiteOS-M 和 LiteOS-A 中调度对象就是指 Task。

具体说来，Task 调度算法，就是内核根据什么原则从一系列处于就绪态的 Task 中，找出下一个要处理的 Task，可通过调度程序实现。一般而言，调度程序的设计有如下几个原则：

- 要使得 CPU 尽量繁忙，不应浪费计算资源。
- 要允许多任务有效共享系统资源。
- 需要达到目标的 QoS (Quality of Service，服务质量)。
- 要避免整个系统的崩溃，如调度程序本身陷入死循环或死锁等。

一般情况下，要设计出同时满足上述四个原则的调度程序几乎是不可能的，在某些具体的硬件以及应用场景下，四个原则可能会相互发生冲突。因此，特定的操作系统往往会根据自身的需要，选择合适的调度算法。

1) LiteOS-M 的调度算法

LiteOS-M 的调度算法采用优先级队列与 FIFO 相结合的策略，具体做法是维护一组不同优先级的 Task 队列，当需要选择一个 Task 到处理器去执行时，就从 Task 队列中找出优先级最高的，当具有多个相同优先级 Task 时，按照 FIFO 原则来选择 Task。LiteOS-M 的 Task 优先级队列结构如图 2-5 所示。

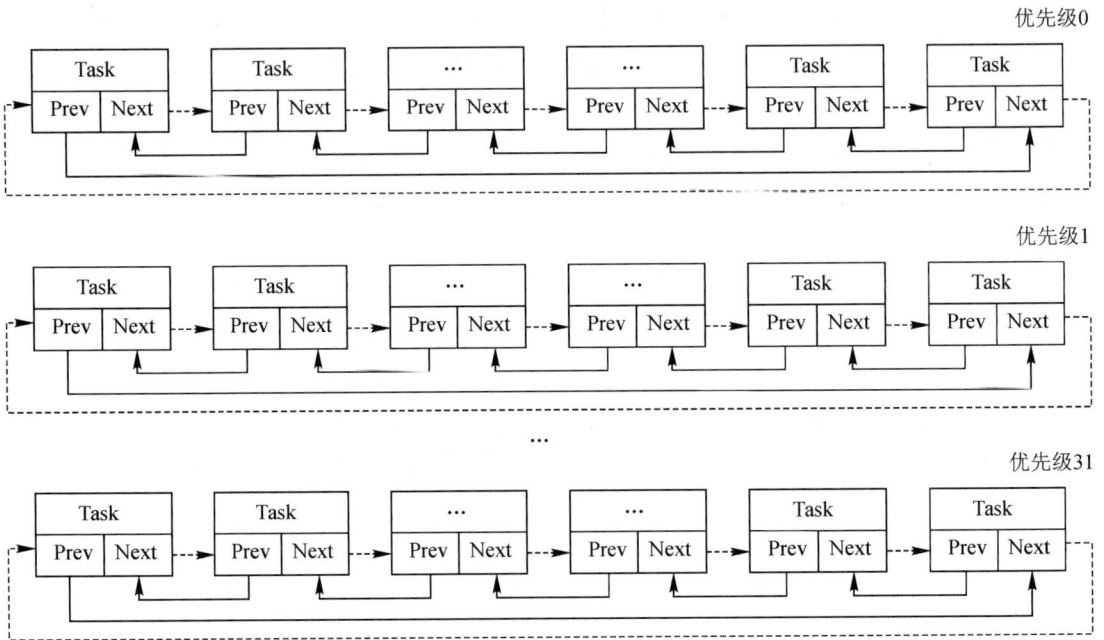

图 2-5　LiteOS-M 的 Task 优先级队列结构

优先级队列采用双向链表的链接数据结构，它由一组称为节点的顺序链接记录组成，每个节点包含三个字段，即两个链接字段(前驱和后继节点的指针)和一个数据字段。其双向链表定义如下：

```
typcdcf struct LOS_DL_LIST {
    struct LOS_DL_LIST *pstPrev;          /*前驱指针*/
    struct LOS_DL_LIST *pstNext;          /*后继指针*/
}LOS_DL_LIST;
```

LiteOS-M 围绕 LOS_DL_LIST 的定义，实现了一系列访问数据节点以及修改链表的操作。

基于双向链表优先级队列，LiteOS-M 组成了一个以 0~31 优先级为下标的双向链表数组，调度程序提供了入队、出队和取队顶节点三个函数对这个双向链表数组进行操作来完成任务调度。其源码如下：

```
VOID OsPriqueueEnqueue(LOS_DL_LIST *priqueueItem, UINT32 priority)
{
    if (LOS_ListEmpty(&g_losPriorityQueueList[priority])){
        g_priqueueBitmap |= (PRIQUEUE_PRIOR0_BIT >> priority);
    }
    LOS_ListTailInsert(&g_losPriorityQueueList[priority], priqueueItem);
}
VOID OsPriqueueDequeue(LOS_DL_LIST *priqueueItem)
{
    LosTaskCB *runningTask = NULL;
    LOS_ListDelete(priqueueItem);
    runningTask = LOS_DL_LIST_ENTRY(priqueueItem, LosTaskCB, pendList);
    if (LOS_ListEmpty(&g_losPriorityQueueList[runningTask->priority]))
    {
        g_priqueueBitmap & =~(PRIQUEUE_PRIOR0_BIT >> runningTask->priority);
    }
}
LOS_DL_LIST *OsPriqueueTop(VOID)
{
    UINT32 priority;
    if (g_priqueueBitmap != 0 )
    {
        priority = CLZ(g_priqueueBitmap);
        return LOS_DL_LIST_FIRST(&g_losPriorityQueueList[priority]);
    }
    return (LOS_DL_LIST *)NULL;
}
```

　　从以上代码可以看出，入队函数的功能是根据入队 Task 的优先级找到双向链表，并把新的 Task 放在队尾；出队函数的功能是直接删除相应的双向链表节点；取队顶节点函数的功能比较特殊，涉及 g_priqueueBitmap 数据结构，它记录了各个优先级的标志位，入队和出队时都会维护这个标志位数组，这样每次取队顶节点时，就不需要遍历所有的优先级队列，只需要直接用 CLZ 函数取得第一个非 0 的位即可直接获得最高的优先级 Task。若遇到多个相同最高优先级的 Task，则调用 LOS_DL_LIST_FIRST 函数实现先到先得的策略取得最高优先级 Task，只有在前一个 Task 执行完毕，或者因为 IO 等原因进入阻塞态时，后面的 Task 才会得到执行的机会。

　　2）LiteOS-A 的调度算法

　　与 LiteOS-M 相比，LiteOS-A 的调度算法更加复杂，它在 LiteOS-M 的基础上实现进程和 Task 两级优先级调度，其进程与 Task 优先级队列结构如图 2-6 所示。

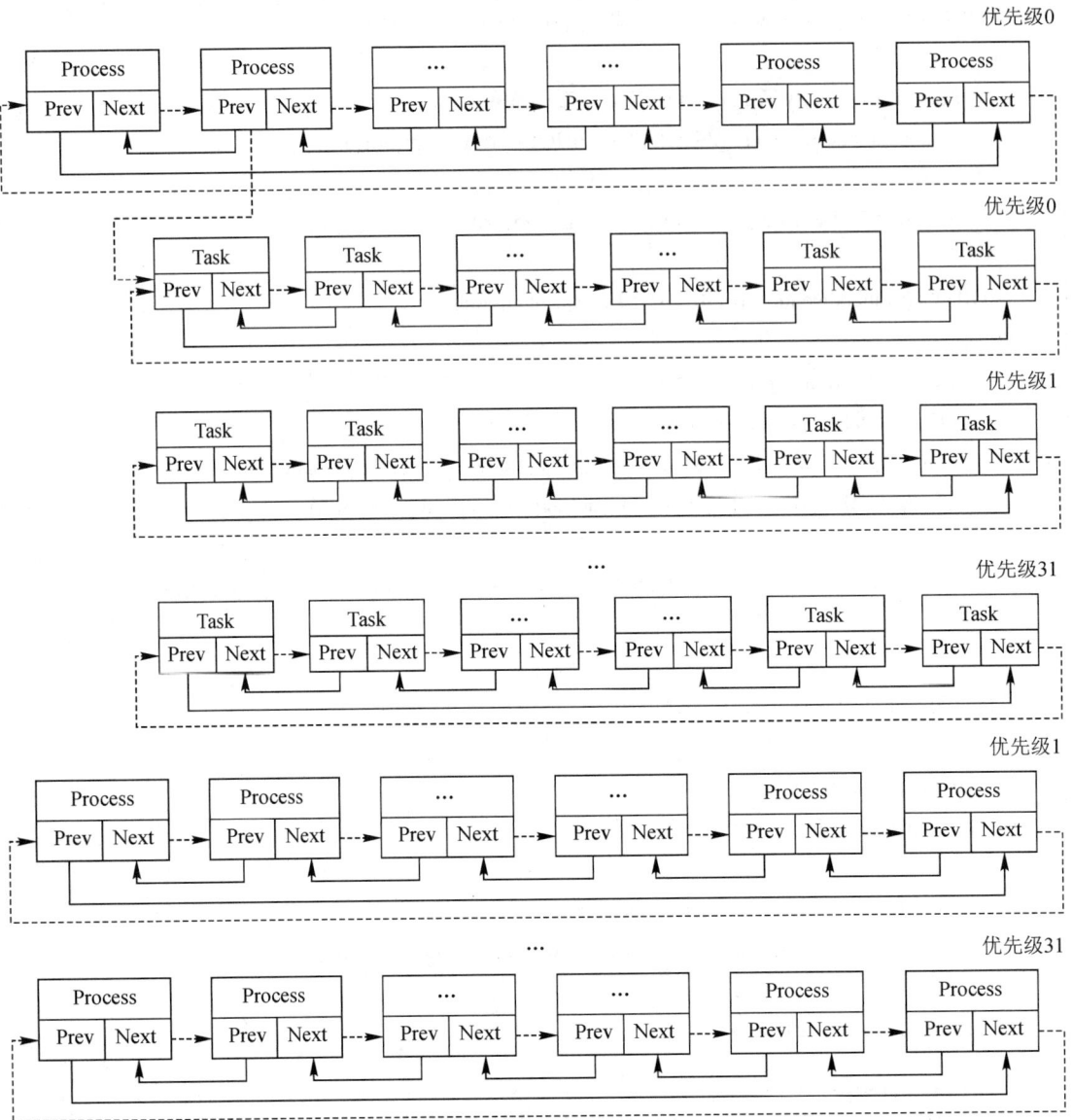

图 2-6　LiteOS-A 的进程与 Task 优先级队列结构

　　LiteOS-A 调度程序在选择目标 Task 执行时，首先在进程优先级队列中找到最高优先级的进程，然后在此进程的 Task 优先级队列中找到最高优先级的 Task。当有同样优先级的多个 Task 时，采用 FIFO 和 RR 两种不同的方法来选择 Task。其中，FIFO 与前述 LiteOS-M 的处理方法类似，只有在前一个 Task 执行完毕，或者因为 IO 等原因进入阻塞态时，后面的 Task 才会得到执行的机会；而 RR，即时间片轮转调度方法，同等优先级的 Task 会轮流被分配时间片，时间片粒度一般为 10 ticks。另外，LiteOS-A 选择 FIFO 还是 RR 方法，在创建 Task 的过程中可以指定，并可以在运行时修改。

2. 进程调度时机

　　调度时机是指在进程/线程的生命周期中什么时候进行调度，是操作系统内核的一个重要设计因素。过于频繁的系统调度，会耗费更多的 CPU 处理能力；不及时的调度，也会让整个系统缺乏并发性和实时性，影响系统性能。LiteOS-A 和 LiteOS-M 内核的调度时机见表 2-3。

表 2-3 LiteOS-A 和 LiteOS-M 内核的调度时机

LiteOS 内核	时　机	说　明
LiteOS-M	事件(event)处理	在事件读写的过程中都会进行调度
	互斥量(mutex)处理	在互斥量的获取和释放过程中都会进行调度
	队列(queue)	在队列的出队、入队操作时都会进行调度
	信号灯(semaphore)	在信号灯的获取和释放过程中都会进行调度
	Tick 处理	在每个 Tick 处理过程中，都会进行 Task 扫描，并按照需要触发调度
	Task 暂停	当 Task 暂停和继续时都会进行调度
	Task 优先级变化	当 Task 优先级变化时会进行调度
	Task 让步	当 Task 主动让出执行权时会进行调度
LiteOS-A	事件(event)处理	在事件写的过程中会进行调度
	快速锁(futex)	在快速锁的获取和释放过程中都会进行调度
	互斥量(mutex)处理	在互斥量的释放过程中会进行调度
	队列(queue)	在队列操作时，如果涉及队列为空会进行调度
	信号灯(semaphore)	在信号灯释放过程中会进行调度
	Tick 处理	在每个 Tick 处理过程中，都会进行 Task 扫描，并按照需要触发调度
	Task 创建	在创建新 Task 时会进行调度
	Task 暂停	当 Task 暂停和继续时都会进行调度
	Task 优先级变化	当 Task 优先级变化时会进行调度
	Task 亲核性设置	当 Task 亲核性发生变化时会进行调度
	时间片检查	当调度策略为 RR 时，某 Task 的时间片耗尽会进行调度

3. 进程切换

LiteOS-A 和 LiteOS-M 内核中的调度对象主要是 Task，本小节主要以 Task 切换的实现为对象展开讨论。

Task 切换是指操作系统处理运行态 Task 的上下文从当前运行态 Task 切换到新的待运行 Task 的过程，主要涉及相关寄存器的设置以及程序运行栈的保存和恢复的过程。由于 Task 切换与寄存器相关，因此针对不同的计算机体系架构实现 Task 切换也不一样。下面以 ARM 的 Cortex-m 架构和 Cortex-a 架构来分别介绍 LiteOS-M 和 LiteOS-A 的 Task 切换。

1) LiteOS-M 的 Task 切换

当操作系统确定要进行 Task 切换时，LiteOS-M 内核通过软中断 PendSV 来完成。实现 Task 切换的源码如下：

```
/*把 ICSR 第 28 位设置为 1，触发 PendSV 中断*/
osTaskSchedule:
        .finstart
        .cantunwind
        ldr    r0, =OS_NVIC_INT_CTRL
        ldr    rl, =OS_NVIC_PENDSVSET
        str    rl, [r0]
        bx    lr
        .filend
        /* PendSV 的处理函数*/
        .type osPendSV, %function
        .global osPendSV
osPendSV:
        .finstart
        .cantunwind
        mrs    rl2, PRIMASK        /*保存 PRIMASK 到 R12*/
        cpsid   I                  /*关中断*/
        ldr   r2, =g_taskSwitchHook
        ldr   r2, [r2]
        cbz   r2, TaskSwitch       /*若设置了 g_taskSwitchHook，则跳转执行*/
        push   {rl2, lr}
        blx    r2
        pop    {rl2, lr}
TaskSwitch:
        mrs    r0,psp             /*PSP 内容存入 R0*/
        stmfd   r0!,{r4-r12}       /*保存剩余的寄存器，异常处理程序执行前，硬件自动将
                                   xPSR、PC、LR、R12、R0~R3 入栈*/
        vstmdb   r0!, {d8-d15}     /*保存矢量寄存器 D8~D15 入栈*/
        ldr    r5, =g_losTask      /*g_losTask 保存着 runTask 和 newTask 的 TCB 指针*/
        ldr    r6, [r5]           /*runTask 保存到 R6*/
        str    r0, [r6]           /*加载 runTaskTCB 的第一个元素即栈顶指针到 R0*/
        ldrh   r7, [r6,#4]        /*取 runTask TCB 的第二个元素，即 taskStatus*/
        mov    r8, #OS_TASK_STATUS_RUNNING   /*0x0010*/
        bic    r7, r7, r8         /*补码与运算*/
        strh   r7, [r6, #4]       /*写入新的状态*/
```

```
ldr       r0, =g_losTask            /*加载 g_losTask 到 R0*/
ldr       r0, [r0. #4]              /*加载 g_losTask+4 即 newTask 到 R0*/
str       r0, [r5]                  /*相当于 runTask = newTask*/
ldrh      r7, [r0, #4]              /*取 newTask TCB 的第二个元素，即 taskStatus*/
mov       r8, #OS_TASK_STATUS_RUNNING      /*0x0010*/
orr       r7, r7, r8                /*与运算*/
strh      r7, [r0, #4]              /*写入新的状态 */
ldr       r1, [r0]                  /*加载 newTask TCB 的第一个元素即栈顶指针到 R1*/
vldmia    r1!, {d8-d15}             /*矢量寄存器 D8～D15 出栈*/
ldmfd     rl!, {r4-r12}             /*R4～R12 出栈*/
msr       psp, r1                   /*PSP 赋值为 newTask 栈顶指针*/
msr       PRIMASK, rl2
bx        lr
.fnend
```

从上面的代码可以看出，当操作系统确定要进行 Task 上下文切换时，将 ICSR 第 28 位设置为 1，触发 PendSV 软中断，CPU 将会执行 PendSV 软中断处理函数，实现上下文的入栈和出栈。其执行流程如图 2-7 所示。

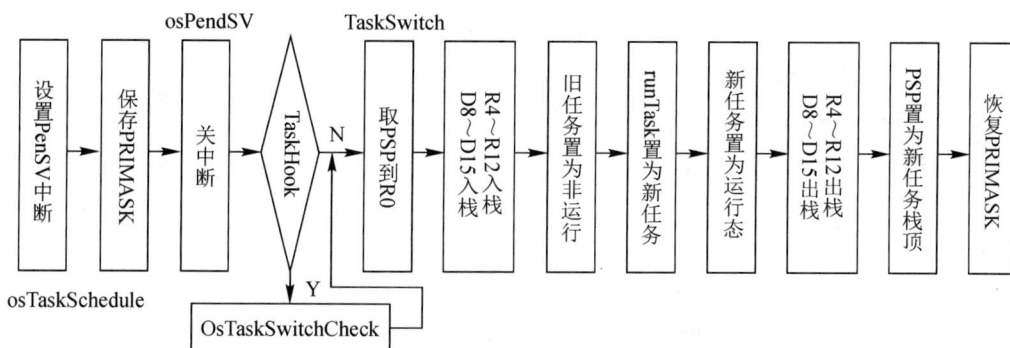

图 2-7　LiteOS-M 的 Task 切换流程

2) LiteOS-A 的 Task 切换

与 LiteOS-M 相比，LiteOS-A 的 Task 切换要复杂一些。LiteOS-A 的 Task 切换没有使用软中断 PendSV 和全局变量，加入了 SMP 多核处理过程，并且对用户模式和异常模式的进程区分对待。实现 Task 切换的源码如下：

```
/*通过参数传递 newTask 和 runTask
R0: new Task
R1: run Task*/
OsTaskSchedule:
        MRS       R2, CPSR                 /*保存 CPSR 到 R2*/
        STMFD     P!, {LR}
```

```
        STMFD    SP!,{LR}                      /*两次 LR 入栈*/
        SUB      SP,SP,#4                      /*SP 跳 4 个字节*/
        STMFD    SP!,{R0-R12}             /*R0～R12 入栈*/
        STMFD    SP!,{R2}                      /*R2 入栈，即 CPSR 入栈*/
        SUB      SP,SP,#4                      /*栈 8 字节对齐*/
        PUSH_FPU_REGS R2                      /*FPU 系列寄存器入栈*/
        STR      SP,[R1]                       /*SP 赋值给 runTask 的第一个元素，即栈指针*/
OsTaskContextLoad:
        CLREX                                  /*清除 ldrex 标志，与 spinlock 有关*/
        LDR      SP,[R0]                       /*切换到 newTask 栈指针*/
        POP      FPU_REGS    R2                /*FPU 系列寄存器出栈*/
        ADD      SP,SP,#4                      /*栈 8 字节对齐*/
        LDMFD SP!, {R0}                        /*CPSR 出栈*/
        MOV      R4, R0                        /*保存 CPSR 到 R4 */
        AND      R0, R0, R0, #CPSR_MASK_MODE
        CMP      R0,#CPSR_USER_MODE            /*校验是否为用户模式*/
        BNE      OsKernelTaskLoad              /*若为内核模式则跳转*/
#ifdef LOSCFG_KERNEL_SMP                      /*SMP 多核处理*/
#ifdef LOSCFG_KERNEL_SMP_LOCKDEP              /*若支持 LOCKDEP，则调用函数*/
        SUB      SP, SP, #4
        LDR      R0, =_taskSpin
        BL       OsLockDepCheckOut
        ADD      SP, SP, #4
#endif
        LDR      R0, =g_taskSpin               /*R0 为 g_taskSpin.rawLock 的地址*/
        BL       ArchSpinUnlock                /*spinlock 解锁*/
        LDR      R2, =g_percpu                 /*R2 为 g_percpu 数组首地址*/
        MRC      P15, 0, R3, C0, C0, 5         /*读取 MPIDR，亲核寄存器，取得 CPU ID*/
        UXTB     R3, R3                        /*扩展到无符号 32 位，高位清 0*/
        MOV      R1, #OS_PERCPU_STRUCT_SIZE    /*R1 放入 percpu 结构尺寸*/
        MLA      R3, R1, R3, R2                /*R3=R1 乘 R3 + R2，R3 现在指向 percpu[R3] */
        MOV      R2, #0
        STR      R2, [R3, #OS_PERCPU_TASK_LOCK_OFFSET]    /* percpu 的 taskLockCnt 置 0*/
#endif
        MVN      R3, #CPSR_INT_DISABLE
        AND      R4,R4,R3
        MS       SPSR_cxsf, R4                 /*开中断*/
        LDMFD    SP!, {R0-R12}                 /*R0～R12 出栈*/
        LDMFD    SP, {R13,R14}                 /*R13～R14 出栈*/
```

```
    ADD       SP, SP, #(2*4)         /*跳 8 个字节*/
    LDMFD     SP~, {PC}^             /*PC 寄存器出栈, 函数返回*/
OsKernelTaskLoad:                    /*内核 Task 处理流程*/
    MSR       SPSR_cxsf, R4          /*R4 放入 SPSR*/
    LDMFD     SP!, {R0-R12}          /*R0~R12 出栈*/
    ADD       SP, SP, #4             /*跳 4 个字节*/
    LDMFD     SP!, {LR, PC}^         /*PC 和 LR 寄存器出栈, 函数返回*/
```

以上代码的执行流程如图 2-8 所示。

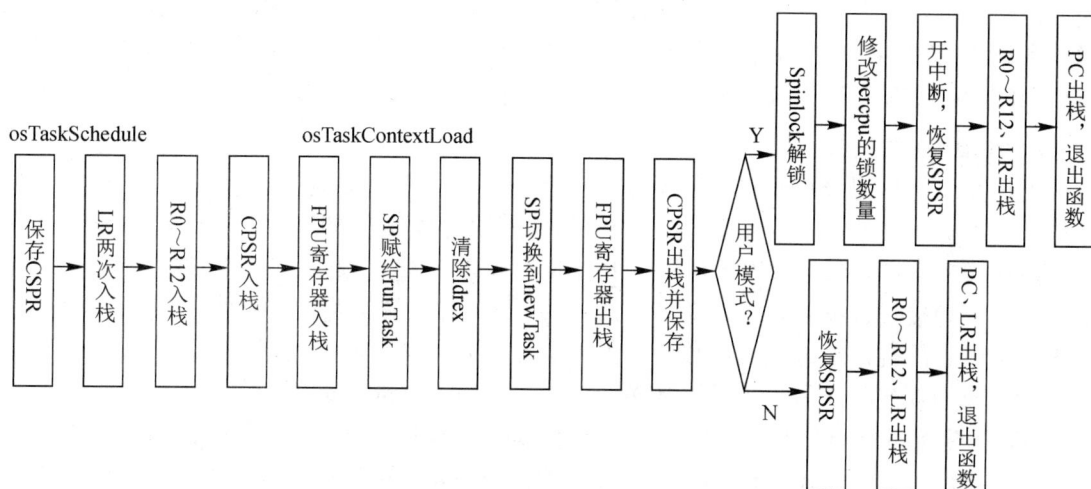

图 2-8　LiteOS-A 的 Task 切换流程

2.3　进程间通信

2.3.1　进程间通信的方式

进程间通信(Inter Process Communication, IPC)是多用户、多任务操作系统必不可少的基本功能和基础设施。在操作系统中, 当遇到以下情况之一时, 进程之间必须通过通信才能保证正确地工作。

- 共享资源: 当多个进程共享临界资源时, 进程之间必须互斥, 为实现进程间互斥占用临界资源, 可通过锁机制这种简单通信方式来通知对方。
- 协同工作: 进程之间协作完成任务, 必须确保进程同步, 进程同步是 IPC 常用的一种方式。
- 传递数据: 协作进程之间通过进程通信来传递必要的数据, 以便协同工作。
- 通知进程: 当事件发生时, 一个进程应该向和它相关的其他进程或进程组发出消息。例如, 当子进程终止时, 它必须通知其他父进程, 自己已经是僵死进程。
- 并发控制: 多任务系统中, 有些进程之间并不相互独立。例如, 调试程序将控制另一个进程的执行，控制进程和受控制进程之间离不开进程通信。

因此，在设计操作系统时，必须设计各种有效的 IPC 机制。IPC 机制在内核的设计过程中起着非常重要的作用，是操作系统内核效率的决定因素。IPC 机制可以是同步的，也可以是异步的。有时在异步 IPC 机制中使用一些同步原语来模拟同步行为。

操作系统 IPC 机制主要包括以下几种。

1. 信号

信号是一种简洁的通信方式，进程或内核均可使用信号通知一个进程有某种事件发生。此外，进程也可以发送信号给进程自身。每个进程在运行时，都要通过信号机制来检查是否有信号到达。若有，则中断正在执行的程序，转向处理与该信号相对应的程序，以完成对该事件的处理；处理结束后再返回到原来的断点处继续执行。实质上，信号机制是对中断机制的一种模拟，在有些操作系统中又把信号机制称为软件中断。

2. 管道(pipe)

所谓"管道"，是指用于连接一个读进程和一个写进程以实现它们之间通信的一个共享文件，又名 pipe 文件。向管道(共享文件)提供输入的发送进程(即写进程)以字符流形式将大量的数据送入管道；而向管道提供输出的接收进程(即读进程)则从管道中接收(读)数据。由于发送进程和接收进程是利用管道进行通信的，故又称为管道通信。这种方式首创于 UNIX 系统，由于它能有效地传送大量数据，因而又被引入许多其他操作系统中。

为了协调双方的通信，管道机制必须提供以下三方面的协调能力：

(1) 互斥，即当一个进程正在对 pipe 执行读/写操作时，其他(另一)进程必须等待。

(2) 同步，即当写(输入)进程把一定数量(如 4 KB)的数据写入 pipe 时，便去睡眠等待，直到读(输出)进程取走数据后再把它唤醒。当读进程读一空 pipe 时，也应睡眠等待，直至写进程将数据写入管道后才将之唤醒。

(3) 确定对方是否存在，只有确定了对方已存在才能进行通信。

3. 消息传递

在该机制中，进程不必借助任何共享存储区或数据结构，而是以格式化的消息(message)为单位，将通信的数据封装在消息中，并利用操作系统提供的一组通信命令(原语)，在进程间进行消息传递，完成进程间的数据交换。

基于消息传递的通信方式属于高级通信方式，因其实现方式的不同，可进一步分成两类，即直接通信方式和间接通信方式。

4. 套接字(socket)

套接字起源于 20 世纪 70 年代加州大学伯克利分校版本的 UNIX(即 BSD UNIX)，是 UNIX 操作系统下的网络通信接口。一开始，套接字被设计用在同一台主机上实现多个应用程序之间的通信(即进程间的通信)，主要是为了解决多对进程同时通信时端口和物理线路的多路复用问题。随着计算机网络技术的发展以及 UNIX 操作系统的广泛使用，套接字已逐渐成为最流行的网络通信程序接口之一。

5. 信号量

信号量主要用作用户空间中进程之间及同一进程内不同线程之间的同步手段，是内核信号量的一种推广。

6. 共享存储区机制

该通信机制是针对其他通信机制运行效率较低而设计的，使得多个进程可以访问同一块存储区间。这种通信机制通常与其他通信机制(如信号量)结合使用，以解决进程通信中的同步与互斥问题。

LiteOS-M 和 LiteOS-A 内核同样实现了 IPC 机制。LiteOS-M 支持的 IPC 机制包括信号量(semaphore)、互斥锁(mutex)、消息队列(queue)和事件(event)；而 LiteOS-A 在 LiteOS-M 的基础上，增加了对信号(signal)、自旋锁(spinlock)等 IPC 机制的支持。

2.3.2　信号量通信机制

信号量是一种进程之间的访问控制机制，相当于标志变量，进程可以根据它判定是否能够访问某些共享资源或协同工作，同时也允许进程修改标志变量。信号量实际是一个整形数，其值由多个进程进行测试和设置操作。进程执行的测试和设置操作是不可中断的，称为"原语"操作，即一旦开始，便确保测试和设置操作全部完成。测试和设置操作的结果是：信号量的当前值和设置值相加，其和为正或为负。根据测试和设置操作的结果，一个进程可能处于阻塞/睡眠状态，直到有另一个进程改变信号量值。信号量有以下两种类型：

(1) 二值信号量：最简单的信号量形式，信号量的值只能取 0 或 1。二值信号量能够实现互斥锁的功能，但两者的关注内容不同。信号量强调共享资源，只要有共享资源可用，其他进程同样可以修改信号量；而互斥锁强调相关进程，占用资源的进程使用完资源后，必须由进程本身解锁。

(2) 一般信号量：信号量的值可以取任意非负整型值。

LiteOS-M 和 LiteOS-A 内核实现了信号量通信机制，其信号量控制块定义如下：

```
typedef struct {
    UTNT8 semStat;              /*信号量状态，启用/未启用*/
    UNT16 semCount;            /*信号量数量*/
    UINT16 maxSemCount:        /*最大的可用信号量数量*/
    UINT32 semID;
    LOS_DL_LIST semList;       /*等待信号量的 Task 队列*/
}LosSemCB;
```

信号量操作主要由 LOS_SemPend 和 LOS_SemPost 两个函数完成。其中，LOS_SemPend 为尝试获取信号量，如果获取不到，任务会进入阻塞状态；LOS_SemPost 为释放信号量，触发被 LOS_SemPend 阻塞的任务进入就绪状态。

下面以两个 Task 使用信号量的实例来介绍信号量使用过程，实例的部分代码如下：

```
/*定义任务 ID 变量*/
UINT32 Read_Task_Handle;
UINT32 Write_Task_Handle;
```

```
/*定义二值信号量的 ID 变量*/
UINT32 BinarySem_Handle;
/***********************全局变量声明***************************/
uint8_t ucValue [ 2 ] = { 0x00, 0x00 };
/*函数声明*/
static UINT32 AppTaskCreate(void);
static UINT32 Creat_Read_Task(void);
static UINT32 Creat_Write_Task(void);
static void Read_Task(void);
static void Write_Task(void);
int main(void)
{
    UINT32 uwRet = LOS_OK;               /*定义一个任务创建的返回值，默认为创建成功*/
    uwRet = LOS_KernelInit();            /*LiteOS 内核初始化*/
    if (uwRet != LOS_OK)
    {
        printf("LiteOS 核心初始化失败！失败代码 0x%X\n",uwRet);
        return LOS_NOK;
    }
    uwRet = AppTaskCreate();             /*创建 App 应用任务*/
    if (uwRet != LOS_OK)
    {
        printf("AppTaskCreate 创建任务失败！失败代码 0x%X\n",uwRet);
        return LOS_NOK;
    }
    LOS_Start();                         /*开启 LiteOS 任务调度*/
        while (1);
}
static UINT32 AppTaskCreate(void)
{
    UINT32 uwRet = LOS_OK;               /*定义一个返回类型变量，初始化为 LOS_OK*/
    uwRet = LOS_BinarySemCreate(1,&BinarySem_Handle);    /*创建一个二值信号量*/
    if (uwRet != LOS_OK)
    {
        printf("BinarySem 创建失败！失败代码 0x%X\n",uwRet);
    }
    uwRet = Creat_Read_Task();
```

```c
        if (uwRet != LOS_OK)
        {
            printf("Read_Task 任务创建失败！失败代码 0x%X\n",uwRet);
            return uwRet;
        }
        uwRet = Creat_Write_Task();
        if (uwRet != LOS_OK)
        {
            printf("Write_Task 任务创建失败！失败代码 0x%X\n",uwRet);
            return uwRet;
        }
        return LOS_OK;
}
static UINT32 Creat_Read_Task()
{
        UINT32 uwRet = LOS_OK;                        /*定义一个返回类型变量，初始化为 LOS_OK*/
        TSK_INIT_PARAM_S task_init_param;             /*定义一个用于创建任务的参数结构体*/
        task_init_param.usTaskPrio = 5;               /*任务优先级，数值越小，优先级越高*/
        task_init_param.pcName = "Read_Task";         /*任务名*/
        task_init_param.pfnTaskEntry = (TSK_ENTRY_FUNC)Read_Task;
        task_init_param.uwStackSize = 1024;           /*栈大小*/
        uwRet = LOS_TaskCreate(&Read_Task_Handle, &task_init_param);
        return uwRet;
}
static UINT32 Creat_Write_Task()
{
        UINT32 uwRet = LOS_OK;                        /*定义一个返回类型变量，初始化为 LOS_OK*/
        TSK_INIT_PARAM_S task_init_param;
        task_init_param.usTaskPrio = 4;               /*任务优先级，数值越小，优先级越高*/
        task_init_param.pcName = "Write_Task";        /*任务名*/
        task_init_param.pfnTaskEntry = (TSK_ENTRY_FUNC)Write_Task;
        task_init_param.uwStackSize = 1024;           /*栈大小*/
        uwRet = LOS_TaskCreate(&Write_Task_Handle, &task_init_param);
        return uwRet;
}
static void Read_Task(void)
{
        while (1)
```

```
                                            /*任务都是一个无限循环,不能返回*/
        LOS_SemPend( BinarySem_Handle , LOS_WAIT_FOREVER );
                            /*获取二值信号量 BinarySem_Handle,若没获取到则一直等待*/
        if ( ucValue [0] == ucValue [1] )
        {
            printf ( "\r\nSuccessful\r\n" );
        }
        else
        {
            printf ( "\r\nFail\r\n" );
        }
        LOS_SemPost( BinarySem_Handle );            /*释放二值信号量 BinarySem_Handle*/
    }
}
static void Write_Task(void)
{
    UINT32 uwRet = LOS_OK;      /*定义一个创建任务的返回类型,初始化为创建成功的返回值*/
    while (1)
    {                                           /*任务都是一个无限循环,不能返回*/
        LOS_SemPend( BinarySem_Handle , LOS_WAIT_FOREVER );
                            /*获取二值信号量 BinarySem_Handle,若没获取到则一直等待*/
        ucValue [ 0 ] ++;
        LOS_TaskDelay (1000 );                  /*延时 1000 ticks*/
        ucValue [ 1 ] ++;
        LOS_SemPost(BinarySem_Handle);          /*释放二值信号量 BinarySem_Handle*/
        LOS_TaskYield();                        /*放弃剩余时间片,进行一次任务切换*/
    }
}
```

以上代码反映了二值信号量的使用过程。在 LiteOS 中创建了两个 Task,一个是获取信号量 Task,一个是释放信号量 Task,两个 Task 独立运行,获取信号量 Task 一直等待另一个释放信号量 Task,其等待时间是 LOS_WAIT_FOREVER,当获取信号量成功后执行对应的同步操作,当处理完成就立即释放信号量。在 Read_Task 和 Write_Task 函数中,分别对二值信号量 BinarySem_Handle 进行了 LOS_SemPend 和 LOS_SemPost 两个操作,以实现两个 Task 同步协调。

2.3.3　互斥锁通信机制

在操作系统中,锁是一种经常使用的实现互斥的原语,在临界区的入口加上一把锁,只允许获得锁的线程/进程访问临界区。线程/进程在进程临界区前需要获取锁,在退出临界

区时释放锁。锁的本质是内存中的一个共享变量，用不同的值表示锁的不同状态，如使用
0、1 分别表示空闲状态(可获取状态)、加锁状态(不可获取状态)。空闲状态表示当前没有线
程/进程持有锁，即临界区内没有线程/进程；加锁状态表示当前已有一个线程/进程持有锁，
即临界区内已有一个线程/进程。锁的初始状态为空闲状态。

　　任意时刻锁只有加锁或空闲这两种状态之一。当有线程/进程持有锁时，锁处于加锁状
态；当该线程/进程释放它时，锁处于空闲状态，此时其他线程/进程可以对该锁进行设置。
当一个线程/进程持有锁时，其他线程/进程将不能再对该锁进行使用或持有。

　　LiteOS-M 和 LiteOS-A 内核实现了互斥锁通信机制，互斥锁的控制块定义如下：

```
typedef struct {
        UINT8 muxStat;                      /*互斥锁的使用状态，使用/未使用*/
        UINT16 muxCount;                    /*互斥锁的使用次数*/
        UINT32 muxID;                       /*互斥锁的句柄*/
        LOS_DL_LIST muxList;                /*互斥锁的双向链表*/
        LosTaskCB *owner;                   /*互斥锁的持有者指针*/
        UINT16 priority;                    /*持有互斥锁的线程的优先级*/
} LosMuxCB;
```

　　从互斥锁的控制块定义可知，LiteOS 的互斥锁是可以有优先级的，其优先级来自持有
Task 的优先级。为了解决优先级翻转的问题，在 LiteOS 的互斥锁中设计了一套互斥锁的优
先级机制。

　　在 LiteOS 内核中定义了优先级的选择方式。具体定义如下：

```
enum {
        LOS_MUX_PRIO_NONE = 0;              /*无优先级*/
        LOS_MUX_PRIO_INHERIT = 1;           /*优先级继承*/
        LOS_MUX_PRIO_PROTECT = 2;           /*优先级保护*/
};
```

　　从上述代码可知，LiteOS 内核中定义了两种优先级选择方式，即优先级继承和优先级
保护。

　　• 优先级继承：在优先级继承方案中，互斥锁持有者继承最高优先级的阻塞 Task 的
优先级。当高优先级 Task 尝试持有互斥锁但无法获得时，互斥锁所有者会临时被赋予被阻
止 Task 的优先级。释放互斥锁时，它将恢复其原始优先级。

　　• 优先级保护：优先级保护又称优先级上限方案。在优先级保护方案中，每个互斥锁
都有一个优先级上限。当 Task 拥有互斥锁时，若互斥锁的最高优先级高于 Task 的优先级，
则 Task 会临时接受互斥锁优先级的上限。解锁时，它将恢复其原始优先级。互斥锁的优先
级上限应具有所有可能锁定互斥锁的 Task 的最高优先级值，否则，可能会发生优先级倒置
甚至死锁。

　　上述两种选择方式都提升了持有特定互斥锁的 Task 的优先级，因此可以保证该进程完
成并释放互斥锁。此外，正确使用互斥协议可以防止相互死锁。LiteOS 支持互斥锁级别的

优先级协议设置，即把不同的互斥锁协议分配给不同的互斥锁。

2.3.4　消息队列传递机制

在 OpenHarmony 中，消息队列是一种常用于通信的数据结构，消息队列可以在 Task 与 Task 间、中断和 Task 间传送信息，实现接收来自任务或中断的不固定长度的消息，并根据 OpenHarmony LiteOS 内核提供不同函数接口选择传递消息是否存放在自己空间。Task 能够从队列中读取消息，当队列中的消息为空时，读取消息的 Task 将被阻塞，用户可以指定 Task 阻塞的时间 uwTimeOut，在这段时间中，如果队列的消息一直为空，该 Task 将保持阻塞状态以等待消息到来。当队列中有新消息时，阻塞的 Task 会被唤醒；当 Task 等待的时间超过了指定的阻塞时间时，即使队列中依然没有消息，Task 也会自动从阻塞态转为就绪态。消息队列是一种异步的通信方式，其特性如下：

- 消息以先进先出方式排队，支持异步读写工作方式。
- 读队列和写队列都支持超时机制。
- 写入消息类型由通信双方约定，允许不同长度(不超过消息节点最大值)的任意类型消息。
- 消息支持后进先出方式排队(LIFO)。
- 一个任务能够从任意一个消息队列读取和写入消息。
- 多个任务能够从同一个消息队列读取和写入消息。

OpenHarmony LiteOS 内核的消息队列控制块定义如下：

```
typedef struct {
        UINT8 *queueHandle;                          /*队列句柄*/
        UINT16 queueState;                           /*队列状态，启用/未启用*/
        UINT16 queueLen;                             /*队列长度*/
        UINT16 queueSize;                            /*队列节点的大小*/
        UINT32 queueID;                              /*队列 ID*/
        UINT16 queueHead;                            /*队头*/
        UINT16 queueTail;                            /*队尾*/
        UINT16 readWriteableCnt[OS_QUEUE_N_RW];       /*可读和可写资源的数量，第一个元素
                                                       是可读，第二个元素是可写*/
        LOS_DL_LIST readWriteList[OS_QUEUE_N_RW];     /*独写的双向链表，第一个是读双向
                                                       链表，第二个是写双向链表*/
        LOS_DL_LIST memList;                         /*内存元素双向链表*/
} LosQueueCB;
```

OpenHarmony LiteOS 内核的消息队列典型流程为：利用函数 LOS_QueueCreate 创建消息队列→得到消息队列的 ID 值→利用操作函数 LOS_QueueWrite 写消息队列→利用操作函数 LOS_QueueRead 读消息队列→利用操作函数 LOS_QueueDelete 删除消息队列。

在 OpenHarmony LiteOS 中消息队列应用的场景并不多见，OpenHarmony 提供消息队列机制，更多是为了兼容第三方代码所需要的基于 Linux 的 mbox 等机制。

2.3.5 事件通信机制

OpenHarmony LiteOS 内核中，事件是一种简单的实现 Task 间通信的机制，可用于实现 Task 间的同步，但事件通信只能是事件类型的通信，无数据传输。在多个 Task 运行环境下，Task 与 Task、Task 与中断之间往往需要同步操作，一个事件的发生会告知等待中的 Task，即形成一个 Task 与 Task、中断与 Task 间的同步。

OpenHarmony LiteOS 内核中，事件通信的主要特点是：事件相互独立，事件集合用 32 位无符号整型变量来表示，其中每一位表示一种事件类型(0 表示该事件类型未发生，1 表示该事件类型已经发生)，一共 31 种事件类型(第 25 位保留)；事件无排队性，即多次向任务设置同一事件(如果任务还未来得及读走)，等效于只设置一次；允许多个任务对同一事件进行读写操作，支持事件等待超时机制。

OpenHarmony 系统通过事件控制块对事件进行操作，事件控制块中包含了一个 32 位的 uwEventID 变量，变量的每一位表示一个事件。此外，还存在一个事件链表 stEventList，用于记录所有在等待此事件的任务。事件控制块的定义如下：

```
typedef struct tagEvent {
        UINT32 uwEventID;                    /*事件定义掩码，每一位代表一个事件*/
        LOS_DL_LIST stEventList;             /*事件控制块双向链表*/
} EVENT_CB_S,    *PEVENT_CB_S;
```

下面以两个 Task 使用事件通信的实例来介绍事件使用过程，实例的部分代码如下：

```
UINT32 LED_Task_Handle;                  /*定义 Task ID 变量*/
UINT32 Key_Task_Handle;                  /*定义 Task ID 变量*/
static EVENT_CB_S EventGroup_CB;         /*定义事件标志组的控制块*/
#define KEY1_EVENT    (0x01 << 0)        /*设置事件掩码的位 0*/
#define KEY2_EVENT    (0x01 << 1)        /*设置事件掩码的位 1*/
static UINT32 AppTaskCreate(void);
static UINT32 Creat_Key_Task(void);
static void LED_Task(void);
static void Key_Task(void);
int main(void)
{
    UINT32 uwRet = LOS_OK;               /*定义一个任务创建的返回值，默认为创建成功*/
    uwRet = LOS_KernelInit();            /*LiteOS 内核初始化*/
    if (uwRet != LOS_OK)
    {
        printf("LiteOS 核心初始化失败！失败代码 0x%X\n",uwRet);
```

```
            return LOS_NOK;
    }
    uwRet = AppTaskCreate();
    if (uwRet != LOS_OK)
    {
        printf("AppTaskCreate 创建任务失败！失败代码 0x%X\n",uwRet);
        return LOS_NOK;
    }
    LOS_Start();
    while (1);
}
static UINT32 AppTaskCreate(void)
{
    UINT32 uwRet = LOS_OK;
    uwRet = LOS_EventInit(&EventGroup_CB);                /*创建一个事件标志组*/
    if (uwRet != LOS_OK)
    {
        printf("EventGroup_CB 事件标志组创建失败！失败代码 0x%X\n",uwRet);
        return uwRet;
    }
uwRet = Creat_Key_Task();
    if (uwRet != LOS_OK)
    {
        printf("Key_Task 任务创建失败！失败代码 0x%X\n",uwRet);
        return uwRet;
    }
    return LOS_OK;
}
static UINT32 Creat_Key_Task()
{
    UINT32 uwRet = LOS_OK;
    TSK_INIT_PARAM_S task_init_param;
    task_init_param.usTaskPrio = 4;
    task_init_param.pcName = "Key_Task";
    task_init_param.pfnTaskEntry = (TSK_ENTRY_FUNC)Key_Task;
    task_init_param.uwStackSize = 1024;
    uwRet = LOS_TaskCreate(&Key_Task_Handle, &task_init_param);
    return uwRet;
}
```

```
static void Key_Task(void)
{
    UINT32 uwRet = LOS_OK;
    while (1)
    {
        if ( Key_Scan(KEY1_GPIO_PORT,KEY1_GPIO_PIN) == KEY_ON )
        {
            printf ( "KEY1 被按下\n" );
            LOS_EventWrite(&EventGroup_CB,KEY1_EVENT);          /*触发一个事件 1*/
        }
        if ( Key_Scan(KEY2_GPIO_PORT,KEY2_GPIO_PIN) == KEY_ON ) {
            printf ( "KEY2 被按下\n" );
            LOS_EventWrite(&EventGroup_CB,KEY2_EVENT);          /*触发一个事件 2*/
        }
        LOS_TaskDelay(20);
    }
}
```

以上实例代码反映了事件使用过程。在 LiteOS 中创建了两个 Task,一个是写事件 Task,一个是读事件 Task,两个 Task 独立运行,写事件 Task 通过检测按键的按下情况写入不同的事件,读事件 Task 则读取这两个事件的标志位,并且判断两个事件是否都发生,若是则输出相应信息。等待事件 Task 的等待时间是 LOS_WAIT_FOREVER,一直在等待事件的发生,等到事件之后清除对应的事件标记位。在 Led_Task 和 Key_Task 函数中,分别对事件 EventGroup_CB 进行了 LOS_EventRead 和 LOS_EventWrite 两个操作,以实现两个 Task 间同步协调。

2.3.6　信号通信机制

信号的全称为软中断信号,也称为软中断,它实质上是在软件层次上对中断机制的一种模拟,也是 IPC 机制中唯一的异步通信机制,用来通知进程有异步事件发生。进程或内核均可使用信号通知一个进程有某种事件发生。需要注意的是,信号只是用来通知某进程发生了什么事件,并不给该进程传递任何数据。信号事件的发生有两种来源,即硬件来源和软件来源。当进程收到信号后,通常有 3 种不同处理方法。

- 忽略信号:进程忽略接收到的信号,不做任何处理,像未发生过一样。
- 捕获信号:类似于中断的处理程序,进程本身可以在系统中为需要处理的信号定义信号处理函数。一旦相应信号发生,执行对应的信号处理函数。
- 默认操作:信号由内核的默认处理程序处理。

OpenHarmony LiteOS-A 内核支持信号通信机制。其支持的信号见表 2-4。

表 2-4   OpenHarmony LiteOS-A 内核支持的信号

信号名称	信号值	信号含义	缺省行为
SIGHUP	1	挂起进程	结束
SIGINT	2	Terminal 中断	结束
SIGQUIT	3	Terminal 退出	结束并 coredump
SIGILL	4	非法指令	结束并 coredump
SIGTRAP	5	跟踪断点	结束并 coredump
SIGABRT	6	进程中止	结束并 coredump
SIGIOT	SIGABRT	同 SIGABRT	结束
SIGBUS	7	总线错误中断	结束并 coredump
SIGFPE	8	浮点数计算错误导致的错误，如除 0	结束并 coredump
SIGKILL	9	杀死进程信号	结束
SIGUSR1	10	用户定义信号	结束
SIGSEGV	11	段错误，一般是内存地址溢出	结束并 coredump
SIGUSR2	12	用户定义信号	结束
SIGPIPE	13	管道错误	结束
SIGALRM	14	定时时钟信号	结束
SIGTERM	15	进程结束	结束
SIGSTKFLT	16	栈错误(OpenHarmony 未启用)	结束
SIGCHLD	17	当前进程的子进程停止	忽略
SIGCONT	18	停止后继续进程	继续
SIGSTOP	19	停止执行(无法被进程捕获/忽略)	停止
SIGTSTP	20	停止 SIGSTOP 信号	停止
SIGTTIN	21	后台进程尝试读	停止
SIGTTOU	22	后台进程尝试写	停止
SIGURG	23	Socket 中含有带外数据	忽略
SIGXCPU	24	CPU 时间超限	结束并 coredump
SIGXFSZ	25	文件大小超限	结束并 coredump
SIGVTALRM	26	虚拟定时器超时	结束
SIGPROF	27	Profiling 定时器超时	结束
SIGWINCH	28	Terminal 尺寸变化	忽略
SIGIO	29	进程订阅的文件描述符上可 IO 操作	结束
SIGPWR	30	电源失效信号	结束
SIGSYS	31	未启用的 syscall	结束并 coredump
SIGUNUSED	SIGSYS	未启用的 syscall	结束并 coredump

OpenHarmony LiteOS-A 内核信号控制块定义如下：

```
typedef struct {
    sigset_t sigFlag;
    sigset_t sigPendFlag;
    sigset_t sigprocmask;                       /*信号阻塞*/
    sq_queue_t sigactionq;
    LOS_DL_LIST waitList;
    sigset_t sigwaitmask;                       /*等待挂起信号*/
    siginfo_t sigunbinfo;                       /*任务解除阻塞时发出信号信息*/
    sig_switch_context context;
} sig_cb;
```

一个完整的信号使用周期从信号发送到相应的处理函数执行完毕，整个过程分为以下 4 个阶段：

- 信号诞生：指触发信号的事件发生，如检测到硬件异常、定时器超时，以及调用信号发送函数 Oskill( )等。
- 信号在进程中注册：将信号值加入进程的未决信号集中，并将信号所携带的信息保存到未决信号信息链中。只要信号在进程的未决信号集中，表明进程已经知道这些信号的存在，但还没来得及处理，或者该信号被阻塞。
- 信号在进程中注销：在目标进程执行过程中，会检测是否有信号等待处理。若存在未决信号等待处理且该信号没有被阻塞，则在运行相应的信号处理函数前，进程会把信号在未决信号信息链中占有的结构卸掉。
- 信号处理函数执行完毕：进程注销信号后，立即执行相应的信号处理函数，执行完毕后，信号的本次发送对进程的影响彻底结束。

2.3.7 自旋锁通信机制

自旋锁(spinlock)是现代操作系统内核最常见的锁机制，一般用于防止出现多核 CPU 并发时不同线程同时使用共享资源的情况。线程通过获取锁进入临界区，实现对临界资源的访问。只要进程临界区的线程还未完成对临界资源的访问，其他线程都不能获取锁。那么其他请求获取锁的线程该怎么办？一种简单的解决方式是：请求获取锁的线程在进入区循环地读取锁的状态，直到获取到锁。这种类型的锁称为自旋锁。

操作系统内核经常使用自旋锁。如果自旋锁保持的时间很长会很浪费，因为它们可能会阻止其他线程运行并需要重新调度。若线程持有锁的时间越长，则持有该锁的线程被操作系统调度程序中断的风险越大。

自旋锁和多核处理器具有匹配性。一方面，多核避免了自旋锁的多线程死锁风险，因为处理器的多个核都被锁住的可能性很小；另一方面，多核处理器不同核之间的互斥处理，可以通过自旋锁来实现。

LiteOS-A 内核支持自旋锁通信机制，其实现代码如下：

```
FUNCTION(ArchSpinLock)
    mov       r1, #1          /*将立即数 1 加载到寄存器 r1*/
1:
    ldrex     r2, [r0]        /*加载[r0]所指定的内存地址单元的值到寄存器，独占相关内存*/
    cmp       r2, #0          /*将寄存器 r2 中的值与立即数 0 进行比较，按照结果更新条件标志*/
    wfene                     /*将当前 CPU 置于休眠状态，直到事件寄存器被赋值*/
    strexeq r2, r1, [r0]      /*将寄存器 r1 中的值写入[r0]所指定的内存地址单元，若写入成功，
                                则 r2 的值为 0，否则 r2 不为 0*/
    cmpeq     r2,  #0         /*将寄存器 r2 中的值与立即数 0 进行比较，看是否相等*/
    bne       1b              /*若不相等则跳转*/
    dmb                       /*保证仅当所有在它前面的存储器访问操作都执行完毕后，才提交
                                (commit)在它后面的存储器访问操作*/
    bx        lr              /*跳转到指令中所指定的目标地址*/
```

此代码采用 ARM 汇编指令实现，ldrex 和 strexeq 两条指令实现自旋锁，若执行 ldrex 指令，则将内存中指定地址单元的值加载到寄存器，并将该内存地址标记为排他，其他 CPU 仍可以同时调用 ldrex 操作访问同一内存地址单元并加载内存单元的值。若多个处理器同时执行 strexeq，则只有一个处理器能成功。成功的返回 0，不成功的返回 1。对于那些执行指令 strexeq 不成功的处理器，它们必须再次按顺序执行 ldrex 和 strexeq 两条指令，以获得对内存指定地址单元的"独占"访问权限，这样 ldrex 和 strexeq 就形成了一个独占区。

第 3 章 内存管理

本章主要介绍内存管理的实践背景知识，主要内容有内存管理的原理和实现技术、LiteOS-M 的内存管理、LiteOS-A 的内存管理、OpenHarmony 虚拟内存管理等，并分析 OpenHarmony 内核相关静态内存、动态内存和虚拟内存管理机制。学习本章内容应重点掌握 LiteOS-M 的内存管理、LiteOS-A 的内存管理，理解静态内存、动态内存、虚拟内存等工作机制。

3.1　内存管理的原理和实现技术

现代操作系统的基本特征之一是多进程并发，而所有并发的进程要想被 CPU 调度执行必须加载到内存，这也使得内存管理成了影响操作系统性能的关键。从宏观上来说，内存管理的首要任务便是解决并发进程的内存共享问题，主要目标是确保并发进程实现安全高效的内存共享、高效内存寻址，提高内存利用率。

为了实现操作系统的目标，现代操作系统采用了众多的内存管理技术，主要包括：① 引入分段/分页机制，实现了细粒度的动态内存分配和管理，内存碎片减少，提高了内存利用率；② 引入内存虚拟技术，使进程对内存地址的访问从直接地址访问转换为间接地址访问，将进程地址空间有效隔离，实现了安全高效的内存共享，同时也突破物理内存容量的限制，利用外存对物理内存进行扩充；③ 引入 TLB(地址转换旁路缓存)和多级页表等机制，实现了高效内存寻址。下面针对内存管理的关键技术展开介绍。

3.1.1　内存管理涉及的基本概念

1. 程序的编译、链接、装入和执行

用户程序大都是利用高级程序设计语言或汇编语言编写的源程序，源程序要在系统中运行，必须先将它装入内存，然后再将其转变为一个可以执行的程序，通常都要经过以下几个步骤：

- 编译：由编译程序(compiler)对用户源程序进行编译，形成若干个目标模块(object module)。
- 链接：由链接程序(linker)将编译后形成的一组目标模块以及它们所需要的库函数链

接在一起，形成一个完整的装入模块(load module)。

· 装入：由装入程序(loader)根据指定的内存块首地址，修改和调整装入模块中的每个逻辑地址，将逻辑地址绑定到物理地址，使之成为可执行二进制代码。

2. 逻辑地址和物理地址

逻辑地址是指用户(目标)程序使用的地址空间中的每个地址单元，由于逻辑地址通常相对于程序的起始地址，因此也称为相对地址；物理地址是指内存物理地址空间中的每个地址单元，也称为绝对地址，可直接寻址。

3. 静态内存分配和动态内存分配

用户进程所需内存空间是在装入时分配的，在进程的整个运行期间，一直占用且不能再申请新的内存空间，也不允许用户进程在内存中"移动"，称为静态内存分配。与静态内存分配不同，动态内存分配允许运行中的进程继续申请附加的内存空间，允许用户进程在内存中"移动"，系统也可以根据需要将用户进程从内存调至外存对换区，或从外存对换区调至内存。

4. 静态重定位和动态重定位

当目标程序的地址空间与内存的物理空间不一致时，进行地址调整以便目标程序能够运行的过程称为重定位，即目标程序地址空间中的逻辑地址转换为内存空间的物理地址。装入程序实现可重定位目标程序的装入和地址转换，将目标程序装入内存指定区域，并将所有目标程序的逻辑地址修改成内存物理地址，称静态重定位。静态重定位的地址转换工作在进程执行前一次全部完成，进程执行期间不再进行地址修改，也不允许进程在内存中"移动"。动态重定位由装入程序实现可重定位目标程序的装入，将其装入内存指定区域，装入内存的起始地址被置入专用寄存器——重定位寄存器，进程执行过程中，当CPU引用内存地址(访问进程指令代码和数据)时，由硬件截取该逻辑地址，并将它发送至重定位寄存器，并与重定位寄存器的值相加，以实现地址转换，地址转换在进程执行时才完成。

3.1.2 物理内存管理的原理和实现技术

1. 单一连续分配

在单道程序环境下，存储器的管理方式是把内存分为系统区和用户区两部分。系统区仅提供给操作系统使用，它通常放在内存的低址部分。而在用户区内存中，仅装有一道用户程序，即整个内存的用户空间由该程序独占。

2. 静态分区分配

内存的用户空间可划分为若干个固定大小的分区，分区大小可以相等(指所有的内存分区大小相等)，也可以不相等，但划分后分区大小固定不变，每个分区装入一个进程。

3. 动态分区分配

内存动态分区分配是指内存不预先划分，当目标程序装入时，根据其需求和内存空间的使用情况决定如何分配。若有足够的空间，则按需分割一部分分区给该作业，否则令其等待内存资源。动态分区分配的主要内存分配算法有首次适应(First Fit，FF)算法、循环首次适应(Next Fit，NF)算法、最佳适应(Best Fit，BF)算法、最坏适应(Worst Fit，WF)算法、快速适应(quick fit)算法、伙伴系统(buddy system)和哈希算法等。

4. 紧凑技术

连续分配方式的一个重要特点是，一个系统或用户程序必须被装入一片连续的内存空间中。当一台计算机运行了一段时间后，它的内存空间将被分割成许多小的分区，而缺乏大的空闲空间。即使这些分散的许多小分区的容量总和大于要装入的程序，但由于这些分区不相邻，也无法把该程序装入内存。可将已经在内存中的进程分区紧挨到一起，使分散的空闲区汇集成片，这就是内存紧凑。

5. 对换技术

对换技术也称为交换技术，由于早期计算机的内存都非常小，为了使该系统能分时运行多个用户程序而引入了对换技术。系统把所有的用户作业存放在磁盘上，每次只能调入一个作业进入内存，当该作业的一个时间片用完时，将它调至外存的后备队列上等待，再从后备队列上将另一个作业调入内存。这就是最早出现的分时系统中所用的对换技术，现在已经很少使用。

6. 覆盖技术

覆盖是依据程序逻辑结构，将程序划分为若干功能相对独立的模块，不会同时执行的模块共享同一块内存区域，必要部分(常用功能模块)的代码和数据常驻内存，可选部分(不常用功能模块)放在其他程序模块中，只在需要用到时装入内存，这样就可以实现不存在调用关系的模块可相互覆盖，共用同一块内存区域，最终在较小的可用内存中运行较大的程序。

7. 分段存储管理

通常，用户把自己的作业按照逻辑关系划分为若干个段，各段大小可以不同，每个段都从 0 开始编址，并有自己的名字和长度，用户作业的逻辑地址是由段名(段号)和段内偏移量(段内地址)决定的，这不仅可以方便程序员编程，也可使程序非常直观，更具可读性。内存分配以段为单位，一个作业的地址空间可分配在若干个互不连续的内存区域。为了实现进程从逻辑地址到物理地址的变换功能，在系统中设置了段表寄存器，用于存放段表始址和段表长度。在进行地址变换时，系统将逻辑地址中的段号与段表长度进行比较。若段号大于段表长度，表示段号太大，访问越界，则产生越界中断信号。若未越界，则根据段表的始址和该段的段号，计算出该段对应段表项的位置，从中读出该段在内存的起始地址。然后，检查段内地址 d 是否超过该段的段长 SL。若超过，即 d>SL，则同样发出越界中断信号。若未越界，则将该段的基址 d 与段内地址相加，即可得到要访问的内存物理地址。

8. 分页存储管理

分页存储管理是把内存物理地址空间划分为大小相同的基本分配单位，即物理页面(page frame，页帧)，页帧号从 0 开始依次编号，把目标程序的逻辑地址空间也划分为相同大小的基本分配单位，即逻辑页面(page，页面)，页面号从 0 开始依次编号。页帧和页面的大小必须是相同的。采用分页存储管理允许目标程序存放到内存物理地址空间若干不相邻的空闲页帧中，既可免去移动信息工作，又可充分利用内存空间，消除动态分区分配中的"碎片"问题，从而提高内存空间的利用率。

分页存储管理的地址转换涉及页表和快表两个结构体及逻辑地址。逻辑地址由页面号和页内位移两部分组成。页表是操作系统为进程建立的，每个进程一个页表，用来记录目标程序逻辑地址和目标程序装入内存物理地址空间对应关系的对照表，其目标是把页面映射为页帧。快表是为提高分页式地址访问速度，在地址变换机制中增加的小容量联想存储器，用来存放部分页表项。要实现目标程序的逻辑地址到物理地址空间的绝对地址的转换，将"页帧号"和"页面(或页帧)大小"的积再加上页内位移，即可得到绝对地址。

9. 段页式存储管理

段页式存储管理的基本原理是分段和分页原理的结合，即先将目标程序分成若干个段，再把每个段分成若干个页，并为每一个段赋予一个段名。为了实现从逻辑地址到物理地址的变换，系统中需要同时配置段表和页表。段表的内容与分段系统略有不同，它不再是内存始址和段长，而是页表始址和页表长度。

在段页式存储系统中，为了便于实现地址变换，须配置一个段表寄存器，用于存放段表始址和段长 TL。进行地址变换时，首先利用段号 S，将它与段长 TL 进行比较。若 S<TL，表示未越界，则利用段表始址和段号来求出该段所对应的段表项在段表中的位置，从中得到该段的页表始址，并利用逻辑地址中的段内页号 P 来获得对应页的页表项位置，从中读出该页所在的物理页面号 b，再利用物理页面号 b 和页内位移地址来构成物理地址。

3.1.3 虚拟内存管理的原理和实现技术

1. 程序局部性原理

程序局部性原理是指程序在执行时将呈现出局部性规律，即在一较短的时间内，程序的执行仅局限于某个部分，相应地，它所访问的存储空间也局限于某个区域。具体原因为：① 程序执行时，除了少部分的转移和过程调用指令外，在大多数情况下仍是顺序执行的；② 过程调用将会使程序的执行轨迹由一部分区域转至另一部分区域，但经研究可知，过程调用的深度在大多数情况下都不超过 5，也就是说，程序将会在一段时间内都局限在这些过程的范围内运行；③ 程序中存在许多循环结构，这些虽然只由少数指令构成，但是它们将多次执行；④ 程序中还包括许多对数据结构的处理，如对数组进行操作，它们往往都局限于很小的范围内。程序局部性原理还表现在两个方面：一方面是时间局限性，若程序中的某条指令一旦执行，则不久以后该指令可能再次执行，若某数据被访问过，则不久以后该数据可能再次被访问，产生时间局限性的典型原因是在程序中存在着大量的循环操作；另一方面是空间局限性，一旦程序访问了某个存储单元，在不久之后，其附近的存储单元也将被访问，即程序在一段时间内所访问的地址，可能集中在一定的范围之内，其典型情况便是程序的顺序执行。

2. 虚拟存储器

基于程序局部性原理，应用程序在运行之前，没有必要全部装入内存，仅需将那些当前要运行的少数页面或段先装入内存便可运行，其余部分暂留在外存上。程序在运行时，如果它所要访问的页(段)已调入内存，便可继续执行下去；但如果程序所要访问的页(段)尚未调入内存(称为缺页或缺段)，此时程序应利用操作系统所提供的请求调页(段)功能，将它们调入内存，以使进程能继续执行下去。若此时内存已满，无法再装入新的页(段)，则还须再利用页(段)的置换功能，将内存中暂时不用的页(段)调至外存上，腾出足够的内存空间后，再将要访问的页(段)调入内存，使程序继续执行下去。

3. 虚拟页式内存管理

虚拟页式内存管理方式是在页式存储管理的基础上，增加请求调页和页面置换功能。当目标程序要装载到内存运行时，只装入部分页面，就启动程序运行，进程在运行中发现有需要的代码或数据不在内存时，则向系统发出缺页异常请求，操作系统在处理缺页异常时，将外存中相应的页面调入内存，使得进程能继续运行，当内存空间已满，而又需要装入新页面时，根据某种算法淘汰某个页面，以便装入新的页面。

虚拟页式内存管理在选择某一个页面淘汰时，必须考虑页面的相关信息。例如，进程的页表中记录的哪些页面已经在内存，存放在什么位置；哪些页面不在内存，它们的副本在外存中的什么位置；页表页面是否被修改过，是否被访问过，是否被锁住等标志。淘汰页面时使用这些信息进行相关处理，若要淘汰的页面在内存期间被修改过，则要将其先送回外存，这个过程称为页面替换。页面替换算法主要包括如下几种：

(1) 最佳(optimal)置换算法：所选择的被淘汰页面，将是以后永不使用的，或许是在最长(未来)时间内不再被访问的页面。采用最佳置换算法，通常可保证获得最低的缺页率。但由于人们目前还无法预知一个进程在内存的若干个页面中，哪一个页面是未来最长时间内不再被访问的，因而该算法是无法实现的，但可以利用该算法去评价其他算法。

(2) 先进先出置换算法：总是淘汰最先进入内存的页面，即选择在内存中驻留时间最久的页面予以淘汰。该算法实现简单，只需把一个进程已调入内存的页面，按先后次序链接成一个队列，并设置一个指针，称为替换指针，使它总是指向最久的页面。但该算法与进程实际运行的规律不相适应，因为在进程中，有些页面经常被访问，如含有全局变量、常用函数、例程等页面，先进先出置换算法并不能保证这些页面不被淘汰。

(3) 最近最久未使用(LRU)置换算法：根据页面调入内存后的使用情况进行决策。由于无法预测各页面将来的使用情况，只能利用"最近的过去"作为"最近的将来"的近似，因此，LRU 置换算法是选择最近最久未使用的页面予以淘汰。该算法赋予每个页面一个访问字段，用来记录一个页面自上次被访问以来所经历的时间 t，当需淘汰一个页面时，选择现有页面中 t 值最大的，即最近最久未使用的页面予以淘汰。

(4) Clock 置换算法：只需为每页设置一位访问位，再将内存中的所有页面都通过链接指针链接成一个循环队列。当某页被访问时，其访问位被置 1。当利用 Clock 置换算法选择一页淘汰时，只需检查页的访问位。若为 0，则选择该页换出；若为 1，则重新将它置 0，暂不换出，而给该页第二次驻留内存的机会，再按照 Clock 置换算法检查下一个页面。当检查到队列中的最后一个页面时，若其访问位仍为 1，则再返回到队首去检查第一个页面。

(5) 改进型 Clock 置换算法：在改进型 Clock 算法中，除须考虑页面的使用情况外，还须再增加一个因素，即置换代价，当选择页面换出时，既要是未使用过的页面，又要是未被修改过的页面。该置换算法把同时满足这两个条件的页面作为首选淘汰的页面。

(6) 最少使用(Least Frequently Used，LFU)置换算法：在采用最少使用置换算法时，应为在内存中的每个页面设置一个移位寄存器，用来记录该页面被访问的频率。该置换算法选择在最近时期使用最少的页面作为淘汰页。

4. 虚拟段式内存管理

把目标程序的所有分段副本存放在外存中，当目标程序被调度投入运行时，首先把当前需要的一段或几段装入内存，在执行过程中访问到不在内存的段时，再把它们动态地装入。段表需要记录哪些段已在内存，存放在什么位置，段长是多少；哪些段不在内存，它们的副本在外存什么位置；段在内存期间是否被修改过，是否能移动，是否可扩充，能否共享等标志。当被访问的段不在内存时，系统产生缺段异常。操作系统处理异常时，首先在内存中查找是否有足够大的空间分区存放该段，若有则调入该段到空闲区，否则，检查所有空闲区的大小。若所有空闲区大小仍不能满足需要，则必须淘汰内存中一个或几个段，再进行"移动"，然后调入该段进入内存继续执行。

LiteOS-M 和 LiteOS-A 内核支持动态分区、静态分区以及虚拟内存管理功能，下面分别进行讲述。

3.2　LiteOS-M 的内存管理

3.2.1　LiteOS-M 动态内存管理

LiteOS-M 内核支持最佳适应(Best Fit，BF)动态内存分配算法。最佳适应算法主要思想是从全部的空闲区域中找出大小最小、存储空间利用率最高的分配方式。为此，需要把空闲内存块从大到小依次排列，从表头查找一个最为合适的空闲区进行分配。其结构主要由 3 个部分组成，如图 3-1 所示。

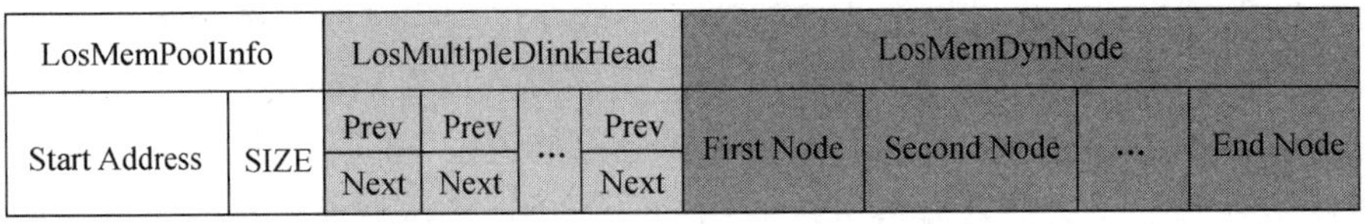

LosMemPoolInfo		LosMultlpleDlinkHead				LosMemDynNode			
Start Address	SIZE	Prev Next	Prev Next	...	Prev Next	First Node	Second Node	...	End Node

图 3-1　最佳适应动态内存分配结构

第一部分 LosMemPoolInfo，包括动态内存池的起始地址及总大小两个数据。

第二部分 LosMultlpleDlinkHead，是一个以双向链表为元素的数组，每个双向链表都存储了具有一定大小的空闲区内存节点，所有空闲区内存节点的控制头都会按照空闲区内存大小被从小到大依次分类挂在这个数组的双向链表中。例如，若内存允许的最小节点为 2^{min} 字节，则数组的第一个双向链表存储的是所有大小 size 为 $2^{min} < size < 2^{min+1}$ 的空闲内存区节点，第二个双向链表存储的是所有大小 size 为 $2^{min+1} < size < 2^{min+2}$ 的空闲区内存节点，以此类推，第 n 个双向链表存储的是所有大小 size 为 $2^{min+n-1} < size < 2^{min+n}$ 的空闲区内存节点。当 Task 申请内存时，会从这个数组检索最合适大小的空闲区内存节点进行分配。当释放内存时，会将该释放的内存区间作为空闲区内存节点存储至这个数组以便下次再使用。

第三部分 LosMemDynNode，是用于存放各空闲区节点的实际区域，占用较大的内存池空间。其每个节点都是一个结构体，定义如下：

```
typedef struct {
    union {
```

```
        LOS_DL_LIST freeNodeInfo;                /*作为空闲区内存节点时挂载在第二部分*/
        struct {
                UINT32 magic;
                UINT32 taskId : 16;
            };                                    /*作为已分配内存时保存魔术字和申请者的 TaskID*/
        };
        struct tagLosMemDynNode *preNode;         /*指向前驱节点*/
        UINT32 sizeAndFlag;                       /*记录为是否已分配以及尺寸信息*/
} LosMemCtlNode;
typedef struct tagLosMemDynNode {
                LosMemCtlNode    selfNode;
}LosMemDynNode;
```

3.2.2　LiteOS-M 静态内存管理

　　LiteOS-M 内核还支持静态内存管理机制，称作 MemoryBox 机制。运行中的 Task 可申请预留一块特定大小的静态内存池，静态内存池由一个控制块和若干相同大小的内存块构成。控制块位于内存池头部，用于内存块管理。内存块的申请和释放以块大小为粒度。

　　静态内存池信息结构体的定义如下：

```
typedef struct tagMEMBOX_NODE {
    struct tagMEMBOX_NODE *pstNext;      /*静态内存池中空闲节点指针，指向下一个空闲节点*/
    } LOS_MEMBOX_NODE;
    typedef struct {
        UINT32 uwBlkSize;                /*静态内存池的内存块大小*/
        UINT32 uwBlkNum;                 /*静态内存池的内存块总数量*/
        UINT32 uwBlkCnt;                 /*静态内存池的已分配的内存块总数量*/
#ifdef LOSCFG_KERNEL_MEMBOX_STATIC
        LOS_MEMBOX_NODE stFreeList;      /*静态内存池的空闲内存块单向链表*/
#endif
} LOS_MEMBOX_INFO;
```

LiteOS-M 静态内存池的结构如图 3-2 所示。

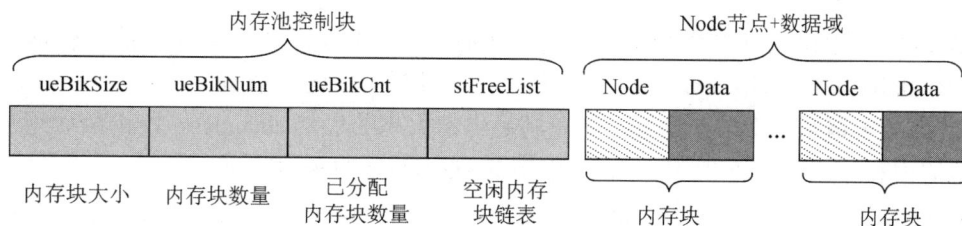

图 3-2　LiteOS-M 静态内存池的结构

静态内存分配算法的主要接口函数见表 3-1。

表 3-1　静态内存分配算法的主要接口函数

功能分类	接　口　名	描　　　述
初始化静态内存	LOS_MemboxInit	初始化一个静态内存池，设定其起始地址、总大小及每个块大小
清除静态内存内容	LOS_MemboxClr	清零静态内存块
申请一块静态内存	LOS_MemboxAlloc	申请一块静态内存块
释放内存	LOS_MemboxFree	释放一个静态内存块
分析静态内存池状态	LOS_MemboxStatisticsGet	获取静态内存池的统计信息

3.3　LiteOS-A 的内存管理

LiteOS-A 内核也支持静态内存分配算法和动态内存分配算法。其中动态内存分配算法除了支持最佳适应算法以外，还支持 bestfit_little 算法。此算法是在最佳适应算法的基础上加入 slab 机制形成的分配算法。为了尽可能减少产生内存碎片，LiteOS-A 内核在最佳适应算法基础上，通过加入 slab 机制用于限定分配固定大小的内存块。

LiteOS-A 内核动态内存管理的 slab 机制支持配置 slab class 数目及每个 class 的最大空间，其内存分配结构如图 3-3 所示。

内存池头部				slab class 区域	内存池区域
节点头指针	节点尾指针	内存池总大小	slab class 控制结构 OsSlab Mem	slab class 机制管理的内存，LosHeapNode 链表进行管理，同时被 OsSlabMem 数据控制	除掉 slab class 以外的剩余内存池部分，按照最佳适应算法进行分配管理

图 3-3　bestfit_little 动态内存分配结构

下面以 4 个 slab class 为例来介绍 slab 机制的工作过程。

(1) 从内存池中按照最佳适应算法分配 4 个 slab class，每个 slab class 的最大空间为 512 字节。第一个 slab class 被分为 32 个 16 字节的 slab 块，第二个 slab class 被分为 16 个 32 字节的 slab 块，第三个 slab class 被分为 8 个 64 字节的 slab 块，第四个 slab class 被分为 4 个 128 字节的 slab 块。

(2) 内存初始化。首先初始化内存池，然后在初始化后的内存池中按照最佳适应算法申请 4 个 slab class，接着逐个按照 slab 内存管理机制初始化 4 个 slab class。

(3) 内存申请。每次申请内存，先在满足申请大小的最佳 slab class 中申请(如用户申请 20 字节的内存，就在 slab 块大小为 32 字节的 slab class 中申请)。

(4) 内存分配与回收。若用户内存申请成功，则将 slab 内存块整块返回给用户，释放内存时也整块进行回收。

对于比较特殊的情况，例如，若满足条件的 slab class 中已无可以分配的内存块，则从内存池中按照最佳适应算法申请，而不会继续从有着更大 slab 块空间的 slab class 中申请；又如，当释放内存时，先检查释放的内存块是否属于 slab class，若是则将其还回对应的 slab class 中，否则放回内存池中。

3.4 OpenHarmony 虚拟内存管理

3.4.1 OpenHarmony 虚拟内存管理基本原理

虚拟内存的特性依赖于硬件提供的内存管理单元(MMU)。MMU 是一种计算机硬件单元，它控制了所有的内存访问，主要执行从虚拟内存地址到物理地址的转换，能有效地执行虚拟内存管理，同时处理内存保护、Cache 控制、总线仲裁等功能。图 3-4 简单描述了 MMU、CPU、虚拟内存、物理内存间的逻辑关系。

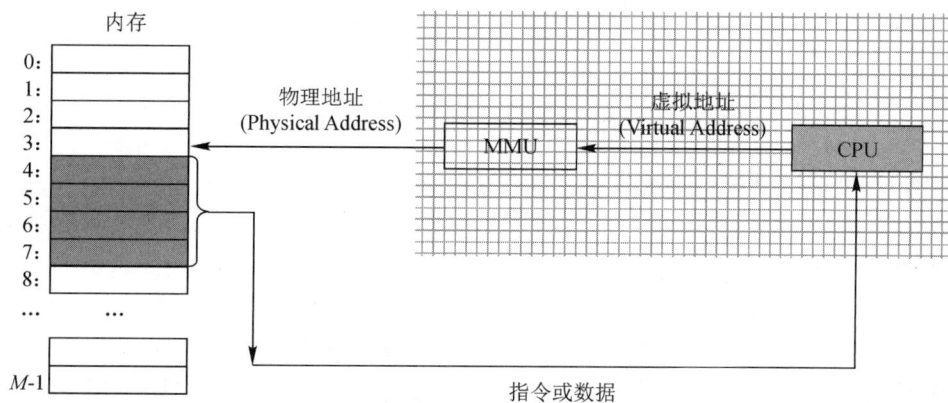

图 3-4 MMU、CPU 和内存之间的关系

OpenHarmony 访问虚拟内存过程中完成的工作包括：① 构建地址映射页表，包括内核页表和用户进程页表；② 明确页表的尺度、粒度等设置；③ 对 MMU 进行配置；④ 在内存分配和内存释放的过程中，维护地址映射页表。所有的内存访问都会被 MMU 拦截，其中快表(TLB)位于 MMU 中，MMU 通过查表的方式来进行地址转换。

OpenHarmony 虚拟内存管理中，虚拟地址空间是连续的，但是其映射的物理内存并不一定是连续的。如图 3-5 所示，CPU 访问虚拟地址空间的代码或数据时，如果 CPU 访问的虚拟地址所在的页，如虚拟页面 0 号，已经与具体的物理页 2 号做映射，CPU 通过找到进程对应的页表条目，根据页表条目中的物理地址信息访问物理内存中的内容并返回；如果 CPU 访问的虚拟地址所在的页，如虚拟页面 7 号，没有与具体的物理页做映射，系统会触发缺页异常，申请一个物理页，把相应的信息拷贝到物理页中，并且把物理页的起始地址更新到页表条目中。此时，CPU 重新执行访问虚拟内存的指令便能够访问到具体的代码或数据。

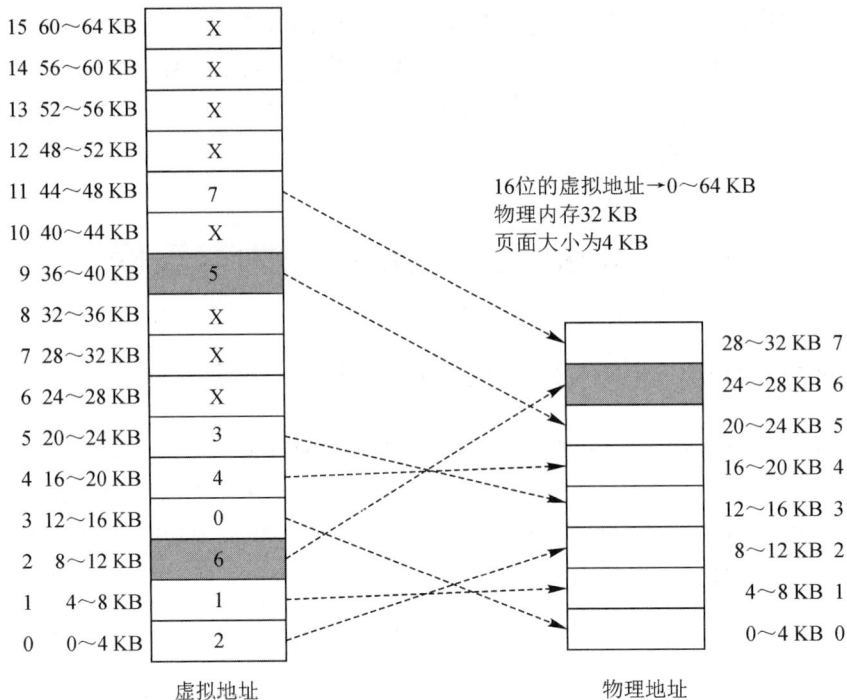

图 3-5   OpenHarmony 的虚拟内存映射关系

OpenHarmony 的虚拟内存运行过程如下:

(1) 用户程序加载启动时,会将代码段、数据段映射进虚拟内存空间,此时并没有物理页做实际的映射。

(2) 程序执行时,CPU 访问虚拟地址,通过 MMU 查找是否有对应的物理内存,若该虚拟地址无对应的物理地址则触发缺页异常,内核申请物理内存并将虚实映射关系及对应的属性配置信息写进页表,并把页表条目缓存至 TLB,接着 CPU 可直接通过转换关系访问实际的物理内存。

(3) 若 CPU 访问已缓存至 TLB 的页表条目,无须再访问保存在内存中的页表,可加快查找速度。

3.4.2   LiteOS-A 的虚拟内存技术

LiteOS-A 是一个 32 位的操作系统,因此虚拟地址空间的总规模是 32 位的地址空间,即 4 GB 大小。LiteOS-A 将这 4 GB 进行拆分,其中 1 GB 留给内核页表,其余 3 GB 留给进程使用。1 GB 的内核页表会被所有的进程共享。图 3-6 为 LiteOS-A 的整体页表布局图。

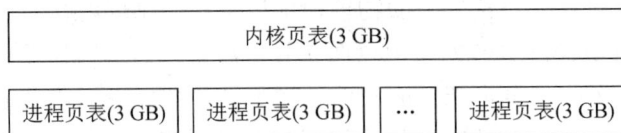

图 3-6   LiteOS-A 的整体页表布局图

上述配置是通过如下代码来实现的：

```
VOID OsArchMmuInitPerCPU(VOID)
{
    UINT32  n = _builtin_clz(KERNEL_ASPACE_BASE) + 1;        /*n=2*/
    UINT32 ttbcr = MMU_DESCRIPTOR_TTBCR_PD0 | n;
    OsArmWriteTtbr1(OsArmReadTtbr0( ));
    ISB;
    OsArmWriteTtbcr(ttbcr);
    ISB;
    OsArmWriteTtbr0(0);
    ISB;
}
```

这样设置以后 0～0x40000000 之间的虚拟内存归属于内核，0x40000000 之后的内存归属于不同的进程。

LiteOS-A 内核页表初始化在 OsSysMemInit 函数中完成，初始化的主要过程为：初始化内核固有空间→初始化内核堆空间→初始化内核页空间控制块→建立内核映射表→初始化共享内存。内核页表的初始化完成后，形成了虚拟内存与物理内存之间的映射，建立映射后的内核空间分配大致如图 3-7 所示。

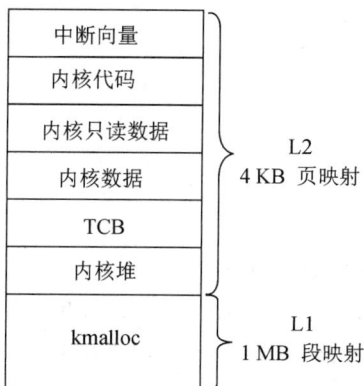

图 3-7　LiteOS-A 的内核空间分配

LiteOS-A 内核的空间分配遵循如下原则：
- 使用 kmalloc 申请的空间采用直接映射的方式，即采用 1 MB 段映射。
- 除 kmalloc 使用的空间外，都是采用固定对应关系的二级页表映射，即 4 KB 页映射。
- 内核级进程统一使用内核内存映射关系，所有的内核态进程共享。

LiteOS-A 对用户进程页表初始化和映射是在创建新的进程的过程中通过 OsInitPCB 函数进行的，并将初始化后的信息保存在进程 PCB 的 vmSpace 成员变量中。用户态页表的初始化过程为：申请 vmSpace 内存→申请连续的 4 KB 物理空间→初始化 vmSpace→计算得到 vmSpace 的地址映射关系→保存数据到 PCB。

LiteOS-A 对用户态进程页表的初始化只分配 4KB 的空间，在进程运行的过程中，还会不断地申请新的内存，新分配的内存也要进行虚拟内存的管理并维护页表。

当进程申请更多内存时，需要对物理页框进行调度，这会带来一定的时间开销。同时有些进程申请完内存之后并不会立即访问或者只访问其中的一部分，若直接为其分配完整的物理页框则可能会浪费有限的物理内存，同时带来不必要的分配开销。为了解决这些问题，LiteOS-A 引入晚分配晚映射机制。其具体工作过程如下：

- 当用户进程申请更多的内存时，操作系统只会更新对应的虚拟内存表，而不会立即为进程分配对应的物理块，因此在 TLB 和页表中也并不存在对应的映射关系。

- 只有当进程访问到该申请的内存块时，操作系统通过 MMU 触发缺页中断，才会为该虚拟内存块分配对应的物理内存，同时建立对应的映射关系。具体操作为：当程序访问新分配的虚拟地址所在的页面时，就会触发 pagefault 中断，从而进入相应的中断处理程序；中断处理程序查找页表，显示该页未分配，内核会先分配一块物理内存，进行虚拟内存和物理内存的映射，并更新页表。

- 当用户请求更多内存时，内核仅更新堆虚拟内存表并快速返回一个值给用户进程。此时，实际上并没有分配新的物理内存页，页表上也没有建立对应的物理映射。该过程对用户进程是透明的，用户进程可以继续向下执行，而不需要等待操作系统为其分配物理页框。

LiteOS-A 的晚分配晚映射机制如图 3-8 所示，晚分配晚映射机制实现的源码如下：

```
newPage = LOS_PhysPageAlloc();
if (newPage == NULL)
{
    status = LOS_ERRNO_VM_NO_MEMORY;
    goto CHECK_FAILED;
}
newPaddr = VM_PAGE_TO_PHYS(newPage);
(VOID)memset_s(OsVmPageToVaddr(newPage), PAGE_SIZE, 0, PAGE_SIZE);
status = LOS_ArchMmuQuery(&space->archMmu, vaddr, &oldPaddr, NULL);
if (status >= 0)
{
    LOS_ArchMmuUnmap(&space->archMmu, vaddr, 1);
    OsPhysSharePageCopy(oldPaddr, &newPaddr, newPage);
    if (newPaddr == oldPaddr)
    {
        LOS_PhysPageFree(newPage);
        newPage = NULL;
    }
    status = LOS_ArchMmuMap(&space->archMmu, vaddr, newPaddr, 1, region->regionFlags);
    if (status < 0)
```

```
        {
            VM_ERR("failed to map replacement page, status:%d", status);
            status = LOS_ERRNO_VM_MAP_FAILED;
            goto VMM_MAP_FAILED;
        }
        status = LOS_OK;
        goto DONE;
    }
    else {
        LOS_AtomicInc(&newPage->refCounts);
        status = LOS_ArchMmuMap(&space->archMmu, vaddr, newPaddr, 1, region->regionFlags);
        if (status < 0)
        {
            VM_ERR("failed to map page, status:%d", status);
            status = LOS_ERRNO_VM_MAP_FAILED;
            goto VMM_MAP_FAILED;
        }
    }
}
```

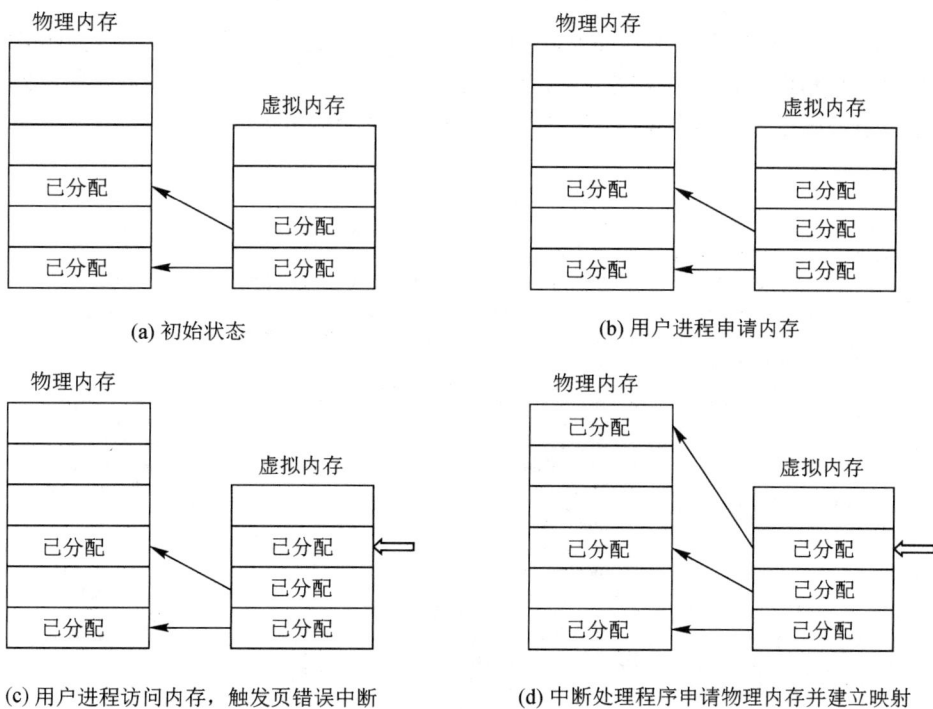

(a) 初始状态　　(b) 用户进程申请内存

(c) 用户进程访问内存，触发页错误中断　　(d) 中断处理程序申请物理内存并建立映射

图 3-8　LiteOS-A 的晚分配晚映射机制

以上是 LiteOS-A 的虚拟内存管理机制，LiteOS-M 不支持。

3.4.3   LiteOS-A 的虚拟内存地址规划

现代计算机操作系统会对内存地址进行一定的规划，不同的硬件会分配不同的地址空间。LiteOS-A 对虚拟地址空间也作出一定的规划，其虚拟地址空间分布如图 3-9 所示。

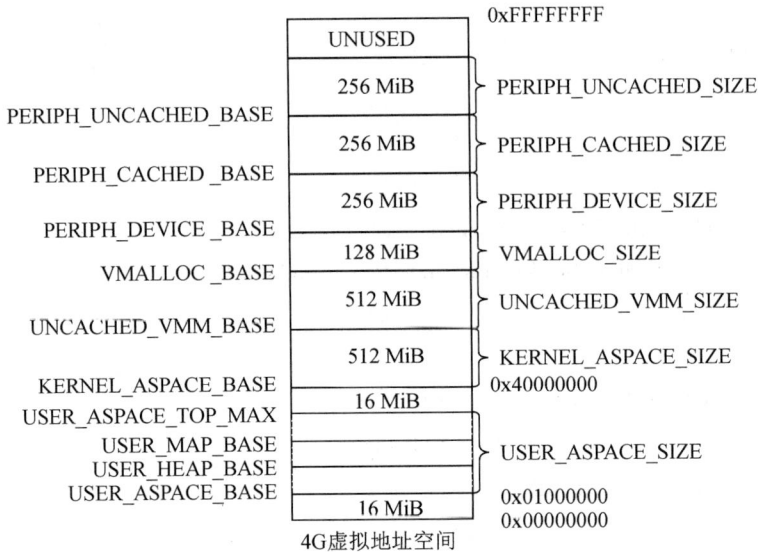

图 3-9   LiteOS-A 的虚拟地址空间分布

OpenHarmony 鸿蒙轻内核 LiteOS-A 是 32 位系统，虚拟进程空间大小为 4 GiB，分用户虚拟进程空间和内核虚拟进程空间，每个用户进程都会创建属于自己的进程空间，内核会初始化 2 个进程空间。内核初始化完成后地址映射关系如图 3-10 所示。

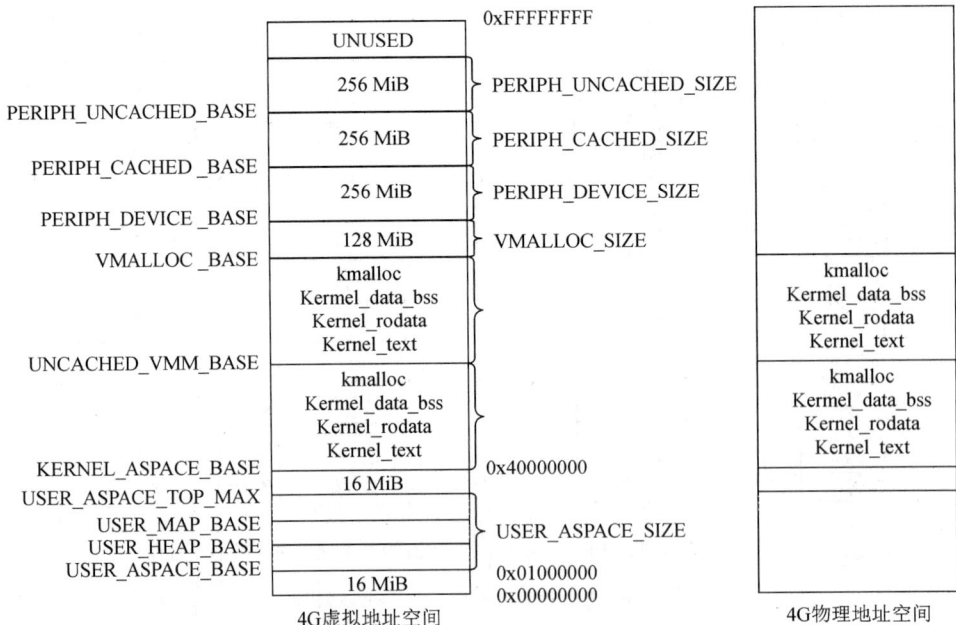

图 3-10   LiteOS-A 的内核虚拟地址空间与物理地址空间的映射关系

从 3-10 可知，内核空间、UNCACHED_VMM 空间、外设相关空间为固定映射，从固定的虚拟地址区域映射到固定的物理地址区域。内核空间中，有各个段的映射，包括 Kernel_text、Kernel_rodata、Kermel_data_bss，还有 kmalloc 区域，这片区域又包含了多个小的区域，都用于内存分配，包括内核堆空间、用于物理页分配的区域。用户空间为动态映射，创建用户进程时，从 kmalloc 物理区域中的页映射到用户空间中分配的虚拟地址空间。vmalloc 空间为动态映射，从 kmalloc 物理区域中的页映射到 vmalloc 中分配的虚拟地址空间。

第 4 章　文件管理

本章主要介绍文件管理的实践背景知识，主要内容有文件管理系统、OpenHarmony 中的虚拟文件系统 VFS、NFS 文件系统、RAMFS 文件系统等。学习本章内容应重点掌握文件管理的数据结构、NFS 文件系统和 RAMFS 文件系统的工作机制，理解 OpenHarmony 中虚拟文件系统 VFS 的运作机制。

4.1　文件管理系统

4.1.1　文件系统中的基本概念

1. 文件和文件系统

文件是由文件名标识的一组信息的有序集合，从普通用户的视角看，文件是一个字节序列的集合，其每个字节都可以被读取或写入。文件是对存储设备的一种抽象机制，也就是数据的逻辑存储单位，其中数据包括数字、字符或二进制等类型。

文件系统是操作系统中负责存取和管理信息的模块，它用统一方法管理用户和系统信息的存储、检索、更新、共享和保护，并为用户提供一整套方便有效的文件使用和操作方法。大多数计算机系统都有文件系统。

文件系统的主要功能有：

- 提供文件的物理组织方法；
- 提供文件的存取及其他使用方法；
- 提供文件的逻辑组织方法；
- 实现文件的共享和保护；
- 实现文件的存储空间管理；
- 提供与输入输出系统的统一接口等。

2. 文件分类和属性

文件可按用途、数据类型、存放时限、保护级别、设备类型、逻辑结构和物理结构进行分类。文件的属性用于文件的管理控制和安全保护，主要包括名称、类型、位置、大小、保护、创建者、创建时间、最近修改时间等，它们虽然不是文件的信息内容，但是对于文件系统的管理和控制是十分重要的。

3. 文件控制块和文件目录

文件控制块(File Control Block，FCB)是文件系统给每个文件建立的唯一管理文件的数据结构，一个文件由 FCB 和文件信息内容两部分组成。FCB 一般包括文件标识和控制信息、文件逻辑结构信息、文件物理结构信息、文件使用信息、文件管理信息等。

文件目录是 FCB 的有序集合，即由许多的目录项组成。目录项主要有两种类型，一种是用于描述子目录的属性、创建时间、修改时间等信息的项目，另一种是 FCB。通常文件目录以文件形式保存在磁盘上，这种只包含目录项的文件叫作目录文件。文件目录可组织成多级目录结构和树形目录结构。其中树形目录结构包含根目录、子目录、当前目录、相对路径名和绝对路径名等概念。

另外，文件的存取方式包括顺序存取、直接存取和索引存取。文件操作函数包括创建文件、打开文件、关闭文件、读文件、写文件、删除文件和控制文件等。

4.1.2 文件管理的数据结构

文件系统既要存储文件所包含的数据，又要管理存储文件系统本身所需要的信息，因此必须约定好各个逻辑块哪些用于存放文件的数据，哪些用于存放文件系统本身的信息。下面以典型的存储设备——磁盘为例介绍类 UNIX 文件管理过程中的数据结构。

1. 磁盘布局

文件是对设备的一种抽象，是对磁盘设备多层次抽象的结果。

第一层抽象，从磁盘到磁盘分区。一个物理磁盘可划分成多个分区，每个分区可从逻辑上看作一个独立的磁盘，可以驻留或安装一个独立的文件系统。

第二层抽象，从磁盘分区到扇区。扇区是磁盘上的基本存储单元，每个扇区大小为512B，对每个扇区进行编号，使每个磁盘成为一系列扇区的集合。

第三层抽象，从扇区到簇。不同磁盘的扇区大小可能不同，通过系统软件屏蔽并向高层软件提供统一的数据块尺寸，将若干扇区合并为一个逻辑块，即簇，再按簇进行编号，这样高层软件就只和大小都相同的簇交互，而不受物理扇区大小的影响。

第四层抽象，从簇到文件系统分区。内核将簇序列分成超级块、索引节点区和数据块区等，再加上各种组织、控制和管理信息的软件便形成文件和文件系统。扇区序列分为以下三个部分：

- 超级块：占用 1#块，存放文件系统结构和管理信息。
- 索引节点区：2#～$(i+1)$#，存放索引节点表。索引节点记录文件属性，每个索引节点都有相同的大小和唯一的编号，文件系统中的每个文件在该表中都有一个索引节点。
- 数据块区：$(i+2)$#～n#，文件的内容保存在这个区域块中。

文件系统的内部结构如图 4-1 所示。

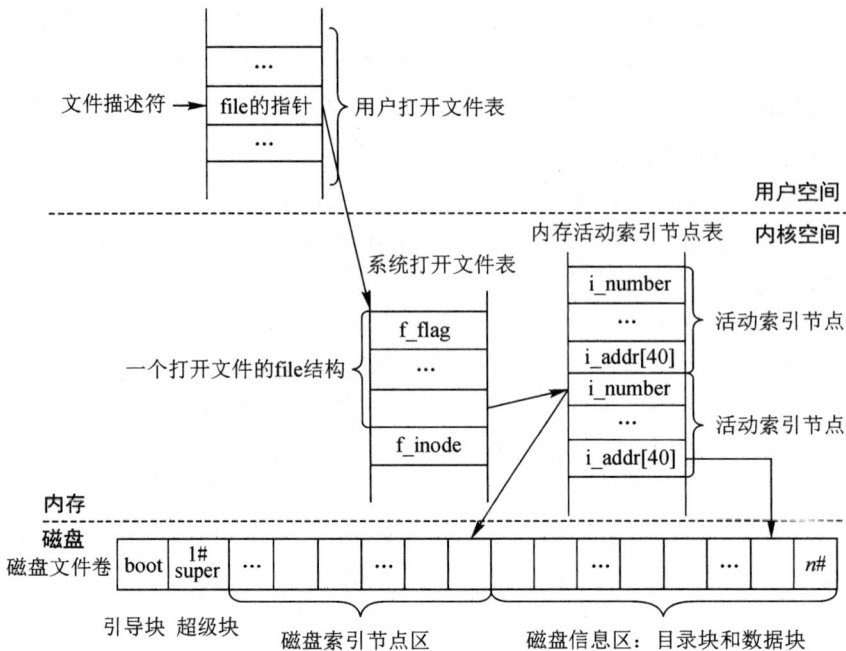

图 4-1　文件系统的内部结构

2. 内存中文件管理的数据结构

如图 4-1 所示,在操作系统内存中用于管理文件的数据结构包括系统打开文件表、用户打开文件表和内存活动索引节点表 3 种。

1) 系统打开文件表

这是为解决多用户进程共享文件而设置的系统数据结构。当打开一个文件时,通过系统打开文件表的表项把用户打开文件表的表项与文件活动索引节点链接起来,以实现数据的访问和信息的共享。

2) 用户打开文件表

进程的 PCB 结构中建立了一张用户打开文件表或称文件描述符表,表项的序号为文件描述符,该项记录了系统打开文件表的一个入口指针,通过此指针系统打开文件表的表项链接到打开文件的活动索引节点。

3) 内存活动索引节点表

为解决频繁访问磁盘索引节点表的效率问题,系统开辟了内存区,正在使用的文件的索引节点被调入内存活动索引节点中,以加快文件访问速度。

4.1.3　OpenHarmony 中的文件系统

OpenHarmony 的文件系统与类 UNIX 的文件系统非常接近,有一套完整的文件数据管理解决方案,提供安全、易用的文件访问能力和完善的文件存储管理能力。具体体现为:分布式文件系统和云接入文件系统访问框架,用户可以像使用本地文件一样使用分布式和云端文件;支持公共数据、跨应用、跨设备的系统级文件分享能力;提供完整文件 JS 接口,支持基础文件访问能力；提供本地文件、分布式文件扩展接口；提供数据备份恢复框架能力，支持系统和应用数据备份克隆等场景；提供应用空间清理和统计、配额管控等空间管理能力；提供挂载管理、外卡管理、设备管理及多用户管理等存储管理能力。

OpenHarmony 中的文件系统架构如图 4-2 所示。

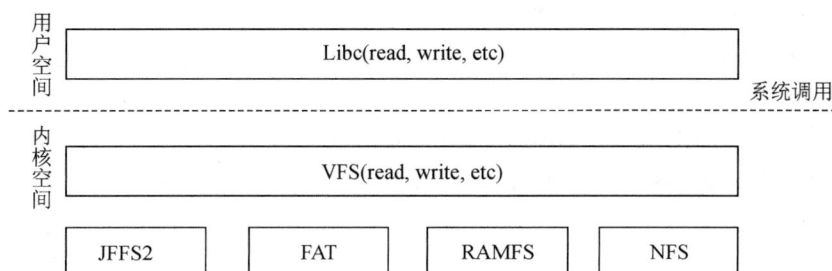

图 4-2 OpenHarmony 中的文件系统架构

由图 4-2 可知，由于不同类型的文件系统接口不统一，若系统中有多个文件系统类型，访问不同的文件系统就需要使用不同的非标准接口。OpenHarmony 的文件系统中添加了 VFS 层，它提供统一的抽象接口，屏蔽了底层文件系统的差异，使得访问文件系统的系统调用不用关心底层的存储介质和文件系统类型，提高了开发效率。OpenHarmony 内核中，VFS 框架是通过内存中的树结构来实现的，设备注册和文件系统挂载后会根据路径在树中生成相应的节点。

OpenHarmony 文件系统对外提供的是基于 POSIX 标准文件统一调用的接口，包含一系列的 Libc 标准函数库。Libc 是一套标准的 C 语言库，是基于 Linux 系统调用 API 开发的。在与 Linux 的配合过程中，Linux 内核控制对硬件、内存、文件系统的访问以及对访问这些资源的权限进行管理。Libc 库的函数通过系统调用进入内核态，调用 VFS 提供的相关函数功能。

需要注意的是，图 4-2 文件系统架构中，只有 LiteOS-A 内核包含 VFS+各个具体文件系统，而 LiteOS-M 内核并不包含。

4.2 OpenHarmony 中的虚拟文件系统(VFS)

VFS(Virtual File System，虚拟文件系统)不是一个实际的文件系统，而是一个异构文件系统之上的软件黏合层，为用户提供统一的类 UNIX 文件操作接口。通过 VFS 层，可以使用标准的 UNIX 文件操作函数(如 open、read、write 等)来实现对不同介质上不同文件系统的访问。

4.2.1 VFS 的基础数据结构

在 OpenHarmony LiteOS-A 中，VFS 的实现是基于 NuttX 的开源码，并针对 LiteOS-A 的特殊性做了一些有限的修改来完成的。LiteOS-A 中初始化 VFS 的代码段如下：

```
void los_vfs_init(void)
{
    ...
    spin_lock_init(&g_diskSpinlock);
    spin_lock_init(&g_diskFatBlockSpinlock);
    files_initlist(&tg_filelist);
    fs_initialize( );
    if ((err = inode_reserve("/",&g_root_inode)) < 0) {
        PRINT_ERR("los_vfs_init failed error %d \n",-err);
        return;
    }
    g_root_inode->i_mode |= S_IFDIR | S_IRWXU | S_IRGRP | S_IXGRP | S_IROTH | S_IXOTH;
    if ((" err " =" inode_reserve(\"/dev\",dev)) < 0) {" ))
    PRINT_ERR("los_vfs_init failed error %d \n",-err);
    return;
    dev->i_mode |= S_IFDIR | S_IRWXU | S_IRGRP | S_IXGRP | S_IROTH | S_IXOTH;
    retval = init_filc_mapping( );
    ...
}
```

以上源码中涉及的两个函数 files_initlist 和 fs_initialize 都是 VFS 提供的初始化函数，主要用于初始化文件系统中的数据结构。

1. inode 节点

LiteOS-A 创建了文件系统的两个 inode 节点，分别是 "/" 和 "/dev"。"/" 是文件系统的总根目录，"/dev" 是所有设备的伪文件链接根。LiteOS-A 对 inode 的定义如下：

```
struct inode
{
    FAR struct inode *i_peer;          /*指向同级节点的指针*/
    FAR struct inode *i_child;         /*指向下级节点的指针*/
    int16_t      i_crefs;              /*inode 节点引用数*/
    uint16_t  i_flags;                 /* inode 标志位*/
    unsigned long    mountflags;       /*挂载标志*/
    union inode_ops_u u;               /*inode 操作指令结构*/
    #ifdef LOSCFG_FILE_MODE
    unsigned int   i_uid;
    unsigned int   i_gid;
    mode_t i_mode;     /*LiteOS 特有的，包括用户 ID、组 ID 和存取模式标志位，如 0666*/
    #endif
    FAR void    *i_private;            /*每个 inode 特有的驱动私有数据*/
```

MOUNT_STATE e_status;	/*挂载状态*/
Char i_name[1];	/*inode 名字，变长*/
}	

2. file

VFS 中的 file 结构是打开文件的底层表示形式。文件描述符实际上是指向这个结构体的索引。该结构体将文件描述符与文件状态和一组 inode 相关的驱动操作关联起来。LiteOS-A 对 file 的定义如下：

```
struct file
{    unsigned int          f_magicnum;          /*文件魔法数*/
     int                   f_oflags;            /*文件打开模式标志位*/
     FAR struct inode      *f_inode;            /*inode 驱动接口*/
     loff_t                f_pos;               /*文件偏移*/
     unsigned long         f_refcount;          /*文件引用数*/
     char                  *f_path;             /*文件全路径名*/
     void                  *f_priv;             /*文件驱动的私有数据*/
     const char            *f_relpath;          /*真实路径*/
     struct page_mapping   *f_mapping;          /*文件所映射的内存区域*/
     void                  *f_dir;              /*当打开目录时的目录结构*/
};
```

3. stat

VFS 中的 stat 结构体包含了与文件状态相关的几乎所有信息。应用层通过 stat 函数得到文件的 stat 结构体，并通过访问 stat 结构体的成员获取文件的各个属性和状态信息。LiteOS-A 对 stat 的定义如下：

```
struct stat {
     dev_t    st_dev;               /*包含文件的设备号*/
     int      _st_dev_padding;      /*占位变量*/
     long     _st_ino_truncated;    /*已放弃不用*/
     mode_t   st_mode;              /*文件对应的模式、文件、目录等*/
     nlink_t  st_nlink;             /*文件的硬连接数*/
     uid_t    st_uid;               /*所有者用户 ID*/
     gid_t    st_gid;               /*所有者组 ID*/
     dcv_t    st_rdev;              /*若为设备文件，则存放设备编号*/
     int      st_rdev_padding;      /*占位变量*/
     off_t    st_size;              /*以字节计算的文件大小*/
     blksize_t st_blksize;          /*IO 操作的块大小*/
     blkcnt_t  st_blocks;           /*文件所占用的磁盘块数量*/
```

```
    struct {
    long    tv_sec;
    long    tv_nsec;
    } _st_atim32, _st_ntim32, _st_ctim32;        /*文件时间的快速访问变量*/
    ino_t    st_ino;                             /*inode 节点号*/
    struct timespec    st_atim;                  /*最后访问文件时间*/
    struct timespec    st_mtim;                  /*最后修改文件时间*/
    struct timespec    st_ctim;                  /*最后改变文件状态时间*/
};
```

4.2.2　查找文件节点

VFS 框架通过内存中的树结构来实现，每个树节点是一个 inode 结构体。内存中 VFS 框架的 inode 树节点有以下三种类型：

- 虚拟节点：作为 VFS 框架的虚拟文件，保持树的连续性，如/usr、/usr/bin。
- 设备节点：在 /dev 目录下，对应一个设备，如/dev/mmc0blk0。
- 挂载点：挂载具体文件系统，如/vs/sd、/mnt。

文件系统的树形结构如图 4-3 所示。

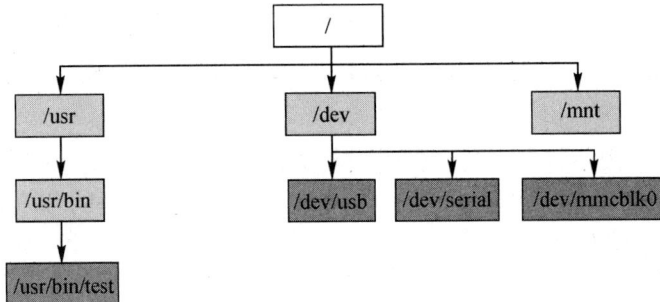

图 4-3　文件系统的树形结构

VFS 中的 inode 树节点并不等同于具体的文件系统。其结构要比 FAT 等真实文件系统要简单，没有类似区块号、扇区等物理存储方面的信息。在挂载文件系统时，VFS 的挂载点 inode 节点会对应到相应物理文件系统的根 inode 节点上。例如，挂载 SDCARD 到/mnt/sdcard 后，SDCARD 物理文件系统的根节点会对应到/mnt/sdcard 关联的 inode 节点。

VFS 最主要的两个功能是统一调用(标准)和查找节点。统一调用(标准)可以使用标准的 UNIX 文件操作函数(如 open、read、write 等)来实现对不同文件系统的访问，而查找节点并进行 IO 的过程如图 4-4 所示。

图 4-4 展示了查找节点并进行 IO 的过程：

(1) LiteOS-A 在每个 PCB 中保存有 files 文件信息，files 文件信息结构体中包含名为 fdt 的成员变量，fdt 成员变量指向文件描述符表(fd_table_s)，表中包括当前进程打开的文件描述符；

(2) 文件描述符表(fd_table_s)中打开的文件描述符与 VFS 提供的 tg_filelist 中的文件描述符一一对应，tg_filelist 是一个包含文件信息的数组，数组的下标即为文件描述符；

(3) 通过 tg_filelist 中的文件描述符在 VFS 中找到对应的 file 结构体，file 结构体同 VFS 的 inode 节点一一对应；

(4) VFS 树形结构的每个节点都是一个 inode 结构体，设备注册和文件系统挂载后会根据其路径在树中生成相应的节点。找到 inode 节点后，下一步就是对具体的物理文件进行 IO 操作。

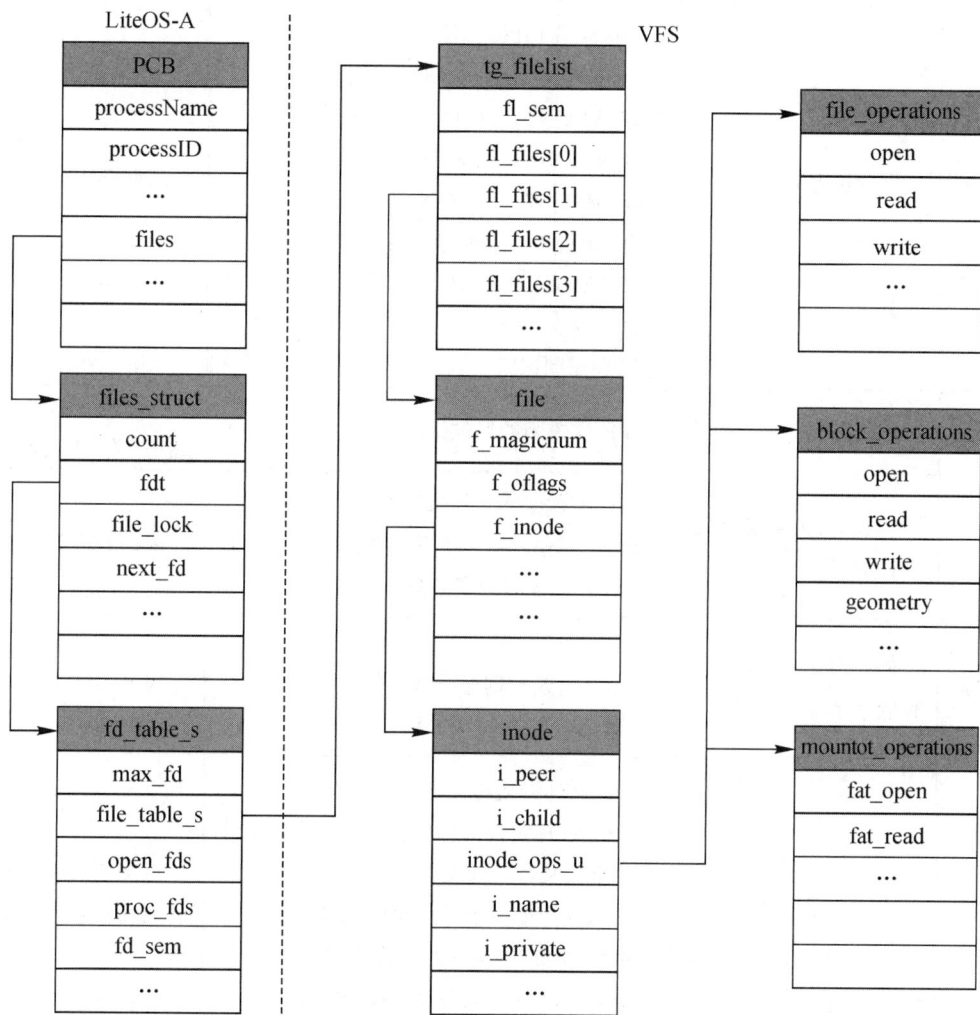

图 4-4 用 VFS 查找文件节点及 IO 过程

对具体的物理文件进行 IO 操作分为以下三种不同的情况：

(1) 直接访问文件。对于支持 VFS 内嵌的文件系统，可以通过注册的函数直接访问文件。

(2) 访问块设备文件。块设备上也有 inode 信息，VFS 通过 inode 节点的对应关系访问块设备。

(3) 访问挂载文件。对于挂载文件，VFS 通过调用挂载时注册的各个文件操作函数来访问具体的物理文件，这些具体的访问需要相应设备的驱动程序来提供。

4.2.3　VFS 中常用的文件操作 API

4.2.2 小节提到 VFS 最主要的两个功能是统一调用(标准)和查找节点。统一调用(标准)为 OS 提供标准的 API 接口，LiteOS-A 内核支持的 API 接口函数见表 4-1。

表 4-1　LiteOS-A 内核支持的 VFS 函数

函数名	说　明	参数及含义	返回值
open	打开指定的文件	path：路径名 oflags：打开标志位 O_RDONLY　0x0000　只读 O_WRONLY　0x0001　只写 O_WRONLY　0x0002　读写 O_APPEND　0x0008　追加 O_CREAT　0x0100　创建并打开文件 O_TRUNC　0x0200　打开并清空文件 O_EXCL　0x0400　尝试打开，若文件已经存在则报错	文件描述符
close	关闭打开的文件	fd：欲关闭的文件描述符	关闭结果为 0 代表成功，为 −1 代表错误
read	从文件中读取指定数目的字节	fd：欲读取的文件描述符 buf：保存读取结果的缓存区 nbytes：读取的字节数	读到的字节数
write	向文件写入指定数目的字节	fd：欲写入的文件描述符 buf：写入数据缓存区 nbytes：写入的字节数	写入的字节数
iseek	重定位文件操作指针	fd：文件描述符 offset：重定位的偏移量，正数为向文件尾移动，负数为向文件头移动 whence：如何进行重定位，取值如下 SEEK_SET　从开始重定位 SEEK_CUR　从当前位置开始重定位 SEEK_END　从结尾重定位	重定位结果为 0 代表成功，为 −1 代表错误
ioctl	针对文件描述符的特定 IO 操作。ioctl 是非常重要的文件操作函数，尤其是针对特定硬件的伪文件描述符	fd：文件描述符 req：命令码 arg：可变参数	结果为 0 代表成功，为 −1 代表错误

续表一

函数名	说　明	参数及含义	返回值
fcntl	一组针对文件描述符的操作	fd：文件描述符 cmd：命令码，取值如下 F_DUPFD　若复制文件描述符执行成功，则返回新复制的文件描述符，新文件描述符要大于 arg 参数 F_GETFD　取得文件描述符标志位 F_SETFD　设置文件描述符标志位暂不支持 F_GETFL　取得文件状态标志位和文件存取模式 F_SETFL　设置文件状态标志位 F_GETLK　取得文件锁定的状态 F_SETLK　设置文件锁定的状态 F_SETLKW　与 F_SETLK　作用相同，但是当无法建立锁定时，此调用会一直等到锁定动作成功为止 arg：可变参数	
fsync	同步文件到物理存储	fd：文件描述符	结果为 0 代表成功，为 -1 代表错误
dup	复制文件描述符	fd：文件描述符	复制出来的新文件描述符
dup2	指定复制文件描述符	fdl：原文件描述符 fd2：目标文件描述符	成功情况下返回值为 fd2
truncate	截取文件	path：文件名 length：保留的文件长度	结果为 0 代表成功，为 -1 代表错误
stat	获取文件信息	path：文件名 buf：用于存放文件信息结构体的指针。文件信息结构体的内容见后续介绍	结果为 0 代表成功，为 -1 代表错误
rename	修改文件名	oldpath：旧文件名 newpath：新文件名	结果为 0 代表成功，为 -1 代表错误
rmdir	删除目录	pathname：目录名	结果为 0 代表成功，为 -1 代表错误
select	轮询等待 IO，是对 poll 函数的封装，在对效率要求严格的场合，应该使用 poll	nfds：下述三组中任何一个描述符的最大值 readfds：监视已就绪事件的描述符集合 writefds：监视写就绪事件的描述符集合 exceptfds：监视错误事件的描述符集合 timeout：若上述事件均未发生，则在此时间后返回，负值代表一直等待	0 代表超时，-1 代表错误，> 0 代表监视到的文件描述符总数

续表二

函数名	说　明	参数及含义	返回值
poll	轮询等待 IO	fds：要监视的文件描述符的集合 nfds：集合中的条目数 timeout：指定 poll 阻塞的时间上限(以毫秒为单位)，负值代表一直等待	0 代表超时，−1 代表错误
pread	从文件的指定位置读取指定数目的字节，与 read 的区别是不改变文件指针的位置	fd：欲读取的文件描述符 buf：保存读取结果的缓存区 nbytes：读取的字节数 offset：读取位置偏移	读到的字节数，0 代表读到了文件尾，−1 代表错误
pwrite	向文件的指定位置写入指定数目的字节，与 write 的区别是不改变文件指针的位置	fd：欲写入的文件描述符 buf：保存写入内容的缓存区 nbytes：写入的字节数 offset：写入位置偏移	写入的字节数，0 代表什么都没有写入，−1 代表错误
sendfile	在两个文件描述符之间复制文件	infd：输入文件描述符 outfd：输出文件描述符 offset：若 offset 不为 NULL，则它指向一个变量，该变量保存文件偏移量，sendfile 将从该变量开始从 infd 中读取数据。当 sendfile 返回时，此变量将设置为读取的最后一个字节之后的字节的偏移量。若 offset 为 NULL，则将从 infd 中读取数据，从当前文件偏移开始，并且该文件偏移将会进行更新 count：复制的字节数	写入 outfd 的字节数。−1 代表错误
getfilep	获取文件描述符对应的信息	fd：文件描述符 filep：存放文件对应信息的位置	0 代表成功，负值代表失败
unlink	注销一个文件所在的挂载点	pathname：文件路径名	结果为 0 代表成功，为 −1 代表错误
mount	挂载一个设备到文件系统	source：将要挂载的文件系统，通常是一个设备名 target：文件系统所要挂载的目标位置 filesystemtype：文件系统的类型，可以是 ext2、fat、proc、nfs 等 mountflags：指定文件系统的挂载标志位，常用的取值如下 　MS RDONLY　只读	

函数名	说　明	参数及含义	返回值
mount	挂载一个设备到文件系统	MS_NOSUID　执行此文件系统文件时不赋予用户 ID MS_NODEV　此文件系统不允许访问设备 MS_NOEXEC　此文件系统内文件不允许执行 MS_SYNCHRONOUS　文件系统写同步 MS_REMOUNT　重新挂载 MS_MANDLOCK　允许在文件上执行强制锁 MS_DIRSYNC　目录写同步 MS_NOATIME　不更新文件访问时间 MS_NODIRATIME　不更新目录访问时间 MS_BIND 以 BIND　方式挂载 MS MOVE　转移挂载 MS_REC　与 MS_BIND 合用，以 BIND 方式挂载所有子目录 MS_SILENT　静默挂载，不打印日志 MS_POSIXACL　使用 POSIX 访问控制 MS_UNBINDABLE　可取消绑定模式 MS_PRIVATE　私有挂载，在其他文件系统不可见 MS_SLAVE　从属挂载 MS_SHARED　挂载进共享组 MS_RELATIME　只有访问时间更新时才会修改 MS_KERNMOUNT　内核挂载，用于/proc MS_I_VERSION　更新 inode 的 I_version 字段 MS_STRICTATIME　强制更新访问时间 MS_LAZYTIME　延缓文件时间更新，不立即更新 MS_NOREMOTELOCK　未启用 MS_NOSEC　未启用 MS_BORN　未启用 MS_ACTIVE　未启用 MS_NOUSER　未启用 data：某些文件系统特有的一些附加参数	结果为 0 代表成功，为 −1 代表错误

函数名	说　明	参数及含义	返回值
unmount	解除一个挂载设备	target：要解除挂载的目标位置	结果为 0 代表成功，为 -1 代表错误
opendir	打开一个目录	path：目录路径	函数返回指向目录流的指针。错误时，将返回 NULL
closedir	关闭一个目录	dirp：用 opendir 打开的目录结构	结果为 0 代表成功，为 -1 代表错误
readdir	读取记录内容	dirp：用 opendir 打开的目录结构	返回一个指向 dirent 结构的指针，若发生错误或到达文件末尾，则返回 NULL
rewinddir	回到目录起始	dirp：用 opendir 打开的目录结构	无
seekdir	移动到目录中的指定位置	dirp：用 opendir 打开的目录结构 offset：偏移量	无
telldir	返回目录的当前位置	dirp：用 opendir 打开的目录结构	返回目录的当前偏移量，-1 代表错误

4.3　网络文件系统(NFS)

NFS(Network File System，网络文件系统)最大的功能是可以通过网络让不同的机器、不同的操作系统彼此分享其他用户的文件。因此，用户可以简单地将它看作是一个文件系统服务，在一定程度上相当于 Windows 环境下的共享文件夹。NFS 的结构如图 4-5 所示。

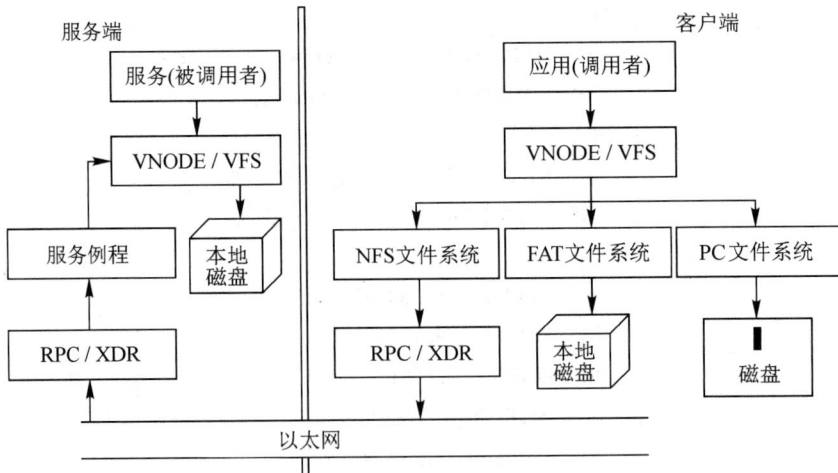

图 4-5　NFS 的结构

LiteOS-A 内核中内嵌了对 NFS 的支持,提供了一个 NFS 的客户端,以访问其他的 NFS 服务器。NFS 客户端用户能够将网络远程的 NFS 服务端分享的目录挂载到本地端的机器中运行程序和共享文件,但不占用当前的系统资源,所以,在本地端的机器看来,远程服务端的目录就好像是自己的一个磁盘一样。

值得注意的是,当前 NFS 支持 TCP 和 UDP 两种传输层协议,默认使用 TCP。NFS 客户端仅支持 NFS v3 部分规范要求。可直接通过 mount 命令访问搭建好的 NFS 服务器,并绑定 NFS 目录。mount 命令的格式如下:

mount <SERVER_IP:SERVER_PATH><CLIENT_PATH> nfs

上述命令中"SERVER_IP"表示服务器的 IP 地址;"SERVER_PATH"表示服务器端 NFS 共享目录路径;"CLIENT_PATH"表示设备上的 NFS 路径。

4.4 RAM 文件系统(RAMFS)

RAMFS 是一个可动态调整大小的基于 RAM 的文件系统。RAMFS 没有后备存储源,向 RAMFS 中的文件写操作也会分配目录项和页缓存,但是数据并不写回到任何其他存储介质上,掉电后数据会丢失。

RAMFS 把所有的文件都放在 RAM 中,所以读写操作发生在 RAM 中,可以用 RAMFS 来存储一些临时性或经常要修改的数据,如/tmp 和/var 目录,这样既避免了对存储器的读写损耗,也提高了数据读写速度。

LiteOS-A 内核的 RAMFS 是一个简单的文件系统,它是基于 RAM 的动态文件系统的一种缓冲机制。RAMFS 基于虚拟文件系统(VFS),不能格式化,只能挂载一次,一次挂载成功后,后面不能继续挂载到其他目录。

RAMFS 支持的操作有 open、close、read、write、seek、opendir、closedir、readdir、readdir_r、rewinddir、sync、statfs、remove、unlink、mkdir、rmdir、rename、stat、stat64、seek64、mmap、mount、umount。

使用 LiteOS-A 的 RAMFS 有两种方式,一种是通过命令行的方式创建,具体代码如下:

```
OHOS# mount 0 /ramfs ramfs        /*RAMFS 文件系统的挂载*/
OHOS # umount /ramfs              /*RAMFS 文件系统的卸载*/
```

另一种是通过编写代码的方式创建,即在 LiteOS-A 内核中运行 RAMFS 的初始化代码。其初始化示例代码如下:

```
void ram_fs_init(void) {
    int swRet;
    swRet = mount(NULL, RAMFS_DIR, "ramfs", 0, NULL);
    if (swRet !=0 ) {
        dprintf("mount ramfs err %d \n", swRet);
        return;
    }
```

```
        dprintf("Mount ramfs finished. \n");
}
void ram_fs_uninit(void) {
        int swRet;
        swRet = umount(RAMFS_DIR);
        if (swRet   != 0){
                dprintf("Umount ramfs err %d \n", swRet);
                return;
        }
        dprintf("Umount ramfs finished. \n");
}
```

第5章　设备管理

本章主要介绍设备管理的实践背景知识，主要内容有 OpenHarmony 设备驱动框架和设备驱动模型、OpenHarmony 的中断、OpenHarmony 设备驱动的实现、OpenHarmony 设备驱动的安装与设备的使用等。学习本章内容应重点掌握设备驱动程序的组织结构和程序代码、设备驱动的实现方法步骤、设备驱动的安装与设备的使用方法。

5.1　OpenHarmony 设备驱动框架和设备驱动模型

5.1.1　OpenHarmony 设备驱动框架

OpenHarmony 采用多内核(Linux 内核或者 LiteOS 内核)设计，支持系统不同资源容量的设备部署。当相同的硬件部署不同的内核时，如何能够让设备驱动程序在不同内核间平滑迁移，消除驱动代码移植适配和维护的负担，是 OpenHarmony 驱动子系统需要解决的重要问题。

正是基于以上的业务和场景需求，OpenHarmony 驱动子系统开发实现了全新驱动程序框架 HDF(HarmonyOS Driver Foundation)。HDF 整体的框架结构如图 5-1 所示。

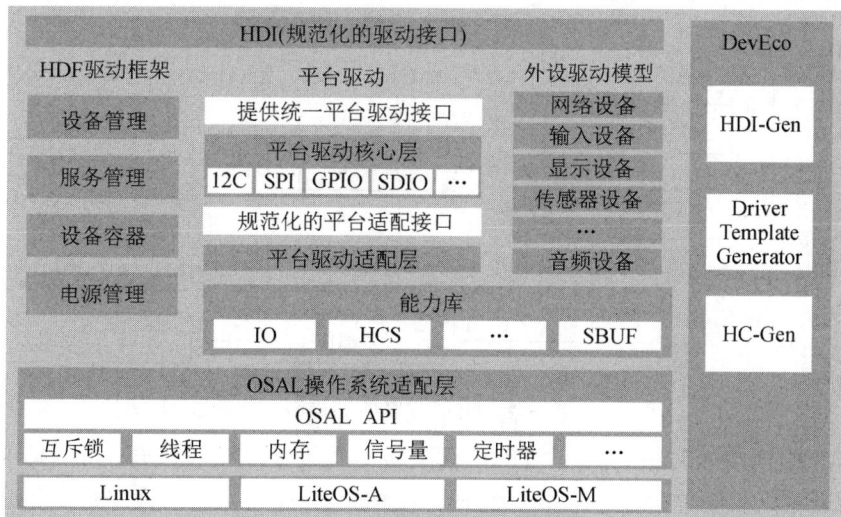

图 5-1　HDF 整体的框架结构

HDF 为驱动开发者提供驱动框架,包括驱动加载、驱动服务管理和驱动消息机制。HDF 构建统一的驱动架构平台,为驱动开发者提供更精准、更高效的开发环境,力求做到一次开发,多系统部署。从图 5-1 自上往下看,主要包括以下部分:

• HDI(Hardware Device Interface,硬件设备接口)层:通过规范化的设备接口标准,为系统提供统一、稳定的硬件设备操作接口。

• HDF 驱动框架:提供统一的硬件资源管理、驱动加载管理、设备节点管理、设备电源管理以及驱动服务模型等功能。

• 平台驱动:为外设驱动提供 Board 硬件操作统一接口,同时对 Board 硬件操作进行统一的适配接口抽象,以便于不同平台迁移。

• 外设驱动模型:面向外设驱动,提供常见的驱动模型,提供标准化的器件驱动;提供驱动模型抽象,屏蔽驱动与不同系统组件间的交互。

• 操作系统抽象层(Operating System Abstraction Layer,OSAL):提供统一封装的内核操作相关接口,屏蔽不同系统操作差异。

由 HDF 驱动框架构成的 OpenHarmony 驱动子系统的关键特性和能力如下:

• 弹性化的框架能力:通过构建弹性化的框架能力,可支持从百千级到百兆级容量的终端产品形态部署。

• 规范化的驱动接口:定义了常见驱动接口,为驱动开发者和使用者提供丰富、稳定的接口。

• 组件化的驱动模型:为开发者提供更精细化的驱动管理,开发者可以对驱动进行组件化拆分。

• 归一化的配置界面:提供统一的配置界面,构建跨平台的配置转换和生成工具。

5.1.2 OpenHarmony 设备驱动模型

HDF 以组件化的驱动模型作为核心设计思路,为开发者提供更精细化的驱动管理,让驱动开发和部署更加规范。HDF 设备驱动模型如图 5-2 所示。

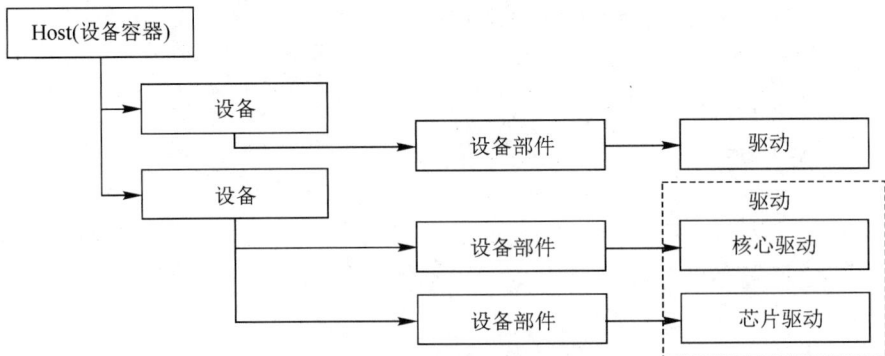

图 5-2 HDF 设备驱动模型

在图 5-2 中,OpenHarmony 的 HDF 框架将一类设备驱动放在同一个 Host(设备容器)中,用于管理一组设备的启动、加载等过程。在划分 Host 时,驱动程序是部署在一个 Host 中还是部署在不同 Host 中,主要根据驱动程序之间是否存在耦合性;设备对应一个真实的物理设备。设备部件是设备的一个部件，每个设备至少有一个设备部件。每个设备部件可以发布一个设备服务；驱动即驱动程序，每个设备部件唯一对应一个驱动，实现和硬件的功能交互。

5.2 OpenHarmony 的中断

5.2.1 中断机制

中断机制是现代计算机操作系统的重要组成部分之一，每当应用程序执行系统调用要求获得操作系统服务、I/O 通道及设备报告传输情况,或产生形形色色的内部和外部事件时,都需要通过中断机制产生中断信号，启动内核工作。中断是指程序执行过程中，遇到急需处理的事件时，暂时中止 CPU 上现行程序的运行，转去执行相应的事件处理程序，等待处理完成后再回到原程序被中断处或调度其他程序执行的过程。

按照中断事件的来源和实现手段，中断源可分为硬中断和软中断。硬中断又分为外中断和内中断，外中断是指来自 CPU 之外的中断信号，一般称外中断为中断。内中断又称异常，是指来自 CPU 内部，在程序执行中，发现的与当前指令关联的、不正常的或错误的事件。

通过中断机制，当外设不需要 CPU 介入时，CPU 可以执行其他任务，而当外设需要 CPU 时通过产生中断信号使 CPU 立即中断当前任务来响应中断请求。这样可以使 CPU 避免把大量时间耗费在等待、查询外设状态的操作上，因此将大幅提高系统实时性以及执行效率。

与中断相关的硬件可以划分为三类，即设备、中断控制器、CPU。
- 设备：中断源，当设备需要请求 CPU 时，产生一个中断信号，该信号连接至中断控制器。
- 中断控制器：中断控制器是 CPU 众多外设中的一个，它一方面接收其他外设中断引脚的输入，另一方面发出中断信号给 CPU。通过编程中断控制器可实现对中断源的优先级、触发方式、打开和关闭源等设置操作。
- CPU：CPU 会响应中断源的请求，中断当前正在执行的任务，转而执行中断处理程序。

通常在响应一个特定中断时，内核会执行中断处理程序(或称为中断服务例程)。产生中断的每个设备都有一个相应的中断处理程序，如时钟中断处理程序、键盘中断处理程序。由于一个正在运行的计算机系统可能随时发生中断，因此中断处理程序也就随时可能被执行。

设备的中断处理程序是其设备驱动程序的一部分，而设备驱动程序是对设备进行管理的内核代码。如果一个设备使用中断，那么相应的驱动程序就需要通过编程注册一个中断处理程序；如果该设备卸载驱动程序，那么需要通过编程注销相应中断处理程序，并释放中断线。

5.2.2 OpenHarmony 的中断处理机制

中断和异常都会改变 CPU 的执行流程。两者之间的区别在于，中断自 CPU 之外用于处理外部事件(串行端口、键盘)。异常来自 CPU 内部，用于处理指令错误(除以零，未定义的操作码)。异常分为三种，分别是错误异常、陷阱异常和中止异常。在发出故障指示之前，处理器会检测到故障并进行处理。陷阱也可以称为用户定义的中断。

OpenHarmony 的 LiteOS-M 和 LiteOS-A 内核都有对异常和中断的处理机制。

1. 异常的处理机制

由于 LiteOS-M 内核支持的处理器主要涉及 Cortex-M 和 RISC-V 两类芯片，为了兼容这两类体系架构的芯片，LiteOS-M 内核剥离了对于异常的处理，把芯片相关的部分留给厂商来实现。LiteOS-M 内核只实现了一些异常处理函数。LiteOS-M 实现的异常处理函数见表 5-1。

表 5-1　LiteOS-M 实现的异常处理函数

异常编号	异常名	异常处理函数	功　　能
1	Resct	由 vendor 定义	复位异常
2	NMI	OsExcNMI	来自 NMI(Non Maskable Interrupt)引脚的不可屏蔽中断
3	HardFault	OsExcHardFault	硬件异常
4～10	Reserved	N/A	N/A
11	SVCall	OsExcSvcCall	系统服务调用异常，用于用户程序访问系统调用
12～13	Reserved	N/A	N/A
14	PendSV	OsTaskSchedule	进程调度使用的异常
15	SysTick	N/A	N/A

LiteOS-A 内核与 LiteOS-M 内核的异常处理不同，对异常向量表的定义放在 LiteOS-A 内核代码中。LiteOS-A 内核对于 Cortex-a 架构处理器的异常向量表定义见表 5-2。

表 5-2　Cortex-a 架构处理器的异常向量表

异常编号	异常名	异常处理函数	功　　能
1	Reset	reset_vector	复位异常
2	Undefined instruction	_osExceptUndefInstrHdl	当一个或多个处理器无法识别当前执行指令时发生
3	Software Interrupt	_osExceptSwiHdl	系统服务调用异常，用于用户程序访问系统调用
4	Prefetch Abort	_osExceptPrefetchAbortHdl	指令预读异常中断
5	Data Abort	_osExceptDataAbortHdl	数据访问异常中断
6	Reserved	_osExceptAddrAbortHdl	地址访问异常中断
7	IRQ	OsIrqHandler	外部硬件中断
8	FIQ	_osExceptFiqHdl	外部快速中断

2. 中断的处理机制

当有中断请求产生时，CPU 暂停当前的任务，转而去响应外设请求。根据需要，用户通过中断申请，注册中断处理程序，可以指定 CPU 响应中断请求时所执行的具体操作。LiteOS 内核支持的中断特性包括：① 中断共享，且可配置；② 中断嵌套，即高优先级的中断可抢占低优先级的中断，且可配置；③ 使用独立中断栈，可配置；④ 可配置支持的中断优先级个数；⑤ 可配置支持的中断数。

LiteOS 内核的中断模块为用户提供的功能见表 5-3。

表 5-3　中断模块的功能

功　能	接　口　名	描　述
创建	HalHwiCreate	中断创建，注册中断号、中断触发模式、中断优先级、中断处理程序。中断被触发时，会调用该中断处理程序
删除	HalHwiDelete	根据指定的中断号，删除中断
打开	LOS_IntUnLock	开中断，使能当前处理器所有中断响应
关闭	LOS_IntLock	关中断，关闭当前处理器所有中断响应
恢复	LOS_IntRestore	恢复到使用 LOS_IntLock、LOS_IntUnLock 操作之前的中断状态
使能指定中断	LOS_HwiDisable	中断屏蔽(通过设置寄存器，禁止 CPU 响应该中断)
屏蔽指定中断	LOS_HwiEnable	中断使能(通过设置寄存器，允许 CPU 响应该中断)
设置中断优先级	LOS_HwiSetPriority	设置中断优先级
触发中断	LOS_HwiTrigger	触发中断(通过写中断控制器的相关寄存器模拟外部中断)
清除中断寄存器状态	LOS_HwiClear	清除中断号对应的中断寄存器的状态位，此接口依赖中断控制器版本，非必须
核间中断	LOS_HwiSendIpi	向指定核发送核间中断，此接口依赖中断控制器版本和 CPU 架构，该函数仅在 SMP 模式下支持
设置中断亲和性	LOS_HwiSetAffinity	设置中断的亲和性，即设置中断在固定核响应(该函数仅在 SMP 模式下支持)

LiteOS-A 所实现的中断处理函数见表 5-4。

表 5-4　LiteOS-A 管理的中断

中　断　号	中断处理函数	作　用
CNTPSIRQ: 29	OsTickEntry	OS 时间片处理
CNTPNSIRQ: 30		
TIMER4: 35	OsTickHandler	OS 时间片处理
LOS_MP_IPI WAKEUP	OsMpWakeHandler	用于一个 CPU 核唤醒另外一个核
LOS_MP_IPI SCHEDULE	OsMpScheduleHandler	唤醒另外一个核并触发进程调度
LOS_MP_IPI_HALT	OsMpHaltHandler	关闭另外一个核

5.3　OpenHarmony 设备驱动的实现

5.3.1　设备驱动程序

在现代操作系统中，设备驱动程序集成在内核中，实际上是处理或操作设备控制器的软件，它是常驻内存的低级硬件处理程序的共享库，是内核中具有高特权级的下层硬件处理例程，是对设备的抽象处理。设备驱动程序封装了如何控制这些设备的技术细节，并通过特定的接口导出一个规范的操作集合；内核使用规范的设备接口通过文件系统接口把设备操作导出到用户空间程序中。

1. 设备驱动程序与外界的接口

各种类型的设备驱动程序，不管是字符设备还是块设备都为内核提供相同的调用接口，这样内核才能以相同的方式处理不同的设备。不同类型的设备驱动程序维护各自的数据结构，以便定义统一的接口并实现驱动程序的可装载性和动态性。

2. 设备驱动程序的组织结构

设备驱动程序有一个比较标准的组织结构，由以下三部分组成：

• 自动配置和初始化子程序：主要负责检测所要驱动的硬件设备是否存在以及是否能正常工作，若正常则对其相关软件状态进行初始化。

• 服务于 I/O 请求的子程序：主要由系统调用这部分进行操作，系统认为这部分程序在执行时的进程和进行调用的进程属于一个进程，只是由用户态变成了内核态，可以在其中调用与进程运行环境有关的函数。

• 中断服务子程序：设备在 I/O 请求结束时或其他状态改变时产生中断。任何一个进程运行时都可产生中断，中断服务子程序被调用时并不依赖于任何进程的状态，因而不能调用与进程运行环境有关的函数。

3. 设备驱动程序的代码

设备驱动程序是一些函数和数据结构的集合，这些函数和数据结构是为实现设备管理的一个简单接口。操作系统内核使用这个接口来请求驱动程序对设备进行 I/O 操作，还可以把设备驱动程序看成一个抽象数据类型，它为计算机中的每个硬件设备都建立了一个通用函数接口。由于一个设备驱动程序就是一个模块，内核内部用一个文件结构来识别设备驱动程序，使用文件操作的方式来访问设备驱动程序中的函数。

5.3.2　OpenHarmony 设备驱动程序

通常采用 C 语言加面向对象编程方式编程 HDF 程序语言。在编写 HDF 驱动程序时，涉及的基类如下。

1. HdfObject 类

HdfObject 类是 HDF 的公共基类，类似于 Java 编程语言中的 Object 类。其代码如下：

```
struct HdfObject {
    int32_t objectId;     /*基类标识号*/
};
```

HdfObject 类的定义中有一个成员 objectId，HDF 通过 objectId 实现了一套构造对象的机制，具体代码如下：

```
#ifndef HDF_OBJECT_MANAGER_H
#define HDF_OBJECT_MANAGER_H
#include <stdio.h>
#include "hdf_object.h"
enum {
        HDF_OBJECT_ID_DEVMGR_SERVICE = 0,
        HDF_OBJECT_ID_DEVSVC_MANAGER,
        HDF_OBJECT_ID_DEVHOST_SERVICE,
        HDF_OBJECT_ID_DRIVER_INSTALLER,
        HDF_OBJECT_ID_DRIVER_LOADER,
        HDF_OBJECT_ID_DEVICE,
        HDF_OBJECT_ID_DEVICE_TOKEN,
        HDF_OBJECT_ID_DEVICE_SERVICE,
        HDF_OBJECT_ID_REMOTE_SERVICE,
        HDF_OBJECT_ID_MAX
};
struct HdfObjectCreator {
        struct HdfObject *(*Create)(void);
        void (*Release)(struct HdfObject *);
};
const struct HdfObjectCreator *HdfObjectManagerGetCreators(int objectId);
struct HdfObject *HdfObjectManagerGetObject(int ObjectId);
void HdfObjectManagerFreeObject(struct HdfObject *object);
#endif        /*HDF 对象管理机制*/

 struct HdfObject *HdfObjectManagerGetObject(int objectId)
{
    struct HdfObject *object = NULL;
    const struct HdfObjectCreator *targetCreator = HdfObjectManagerGetCreators(objectId);
    if ((targetCreator != NULL) && (targetCreator->Create != NULL))
    {
```

```
            object = targetCreator->Create();
            if (object != NULL) {
                object->objectId = objectId;
            }
        }
    return object;
}
void HdfObjectManagerFreeObject(struct HdfObject *object)
{
    const struct HdfObjectCreator *targetCreator = NULL;
    if (object == NULL)
    {
        return;
    }
    targetCreator = HdfObjectManagerGetCreators(object->objectId);
    if ((targetCreator == NULL) || (targetCreator->Release == NULL))
    {
        return;
    }
    targetCreator->Release(object);
}
```

通过上述代码，HDF 实现了一套动态构造对象的机制。

2. IdevicIoService 基类

IdevicIoService 基类继承 HdfObject，是所有驱动服务的接口类，它提供了 3 个标准的操作方法，即 Open、Disparch 和 Release。具体代码如下：

```
struct IDeviceIoService {
    /*驱动服务基类*/
    struct HdfObject object;
    /*在用户级应用程序启用驱动程序时调用。若操作成功，则返回 0；否则，返回负值*/
    int32_t (*Open)(struct HdfDeviceIoClient *client);
    /*在用户级应用程序启用驱动服务分发消息时调用。若操作成功，则返回 0；否则，返回负值*/
    int32_t (*Dispatch)(struct HdfDeviceIoClient *client, int cmdId, struct HdfSBuf *data, struct HdfSBuf *reply);
    /*释放服务函数，在用户级应用程序不再需要驱动服务时调用*/
    void (*Release)(struct HdfDeviceIoClient *client);
};
```

3. HdfDriverEntry 类

HdfDriverEntry 类是编写驱动程序必须实现的接口,因为它是所有驱动程序入口的虚基类。具体代码如下:

```
struct HdfDriverEntry {
    /*驱动版本号*/
    int32_t moduleVersion;
    /*驱动服务模块名称，与 HCS 配置文件中的名称保持一致*/
    const char *moduleName;
    /*把对外提供服务的接口绑定到驱动程序上，deviceObject 指向为驱动服务的 Node 节点/
    int32_t (*Bind)(struct HdfDeviceObject *deviceObject);
    /*初始化驱动程序，会被驱动加载过程自动调用*/
    int32_t (*Init)(struct HdfDeviceObject *deviceObject);
    /*释放驱动程序，在加载驱动出错或驱动卸载的过程中自动调用*/
    void (*Release)(struct HdfDeviceObject *deviceObject);
};
```

5.4　OpenHarmony 设备驱动的安装与设备的使用

5.4.1　设备驱动程序编译链接及配置

1. 设备驱动程序编译链接

在设备驱动程序代码编译链接时，OpenHarmony 采用了特定的方式，即将每个设备驱动入口模块链接到镜像文件的特定位置，在镜像文件特定区段存放 HDF 驱动的入口，使设备驱动程序的入口位于编译生成的系统二进制文件的特定位置，操作系统就可以通过直接定位的方式获得驱动程序的入口变量，并通过此变量获得驱动程序对象的地址，从而加载对应的驱动程序。

2. 设备驱动程序配置

OpenHarmony 同时支持编写设备驱动代码和编写配置文件两种方式来编写设计设备驱动程序。因此，编写设备相关的资源等配置信息并将其加入操作系统镜像文件的特定位置，就可以通过定位的方式获得驱动程序的入口变量，进而获得驱动程序对象的地址，从而加载对应的驱动程序。HCS(HDF Configuration Source)文件是 OpenHarmony 配置设备相关资源信息的文件。HCS 文件样例代码如下:

```
root {
    device_info {
        match_attr = "hdf_manager";
        template host {
            hostName = "";
```

```
            priority = 100;
            template device {
                template deviceNode {
                    policy = 0;
                    priority = 100;
                    preload = 0;
                    permission = 0664;
                    moduleName = "";
                    serviceName = "";
                    deviceMatchAttr = "";
                }
            }
        }
        platform :: host {
            hostName = "platform_host";
            priority = 50;
            device_gpio :: device {
                device0 :: deviceNode {
                    policy = 1;
                    priority = 10;
                    permission = 0644;
                    moduleName = "HDF_PLATFORM_GPIO";
                    serviceName = "HDF_PLATFORM_GPIO";
                    deviceMatchAttr = "hisilicon_hi35xx_pl061";
                }
            }
            device_watchdog :: device {
                device0 :: deviceNode {
                    policy = 1;
                    priority = 20;
                    permission = 0644;
                    moduleName = "HDF_PLATFORM_WATCHDOG";
                    serviceName = "HDF_PLATFORM_WATCHDOG_0";
                    deviceMatchAttr = "hisilicon_hi35xx_watchdog_0";
                }
            }
            device_rtc :: device {
                device0 :: deviceNode {
                    policy = 1;
```

```
                    priority = 30;
                    permission = 0644;
                    moduleName = "HDF_PLATFORM_RTC";
                    serviceName = "HDF_PLATFORM_RTC";
                    deviceMatchAttr = "hisilicon_hi35xx_rtc";
                }
            }
            device_uart :: device {
                device0 :: deviceNode {
                    policy = 1;
                    priority = 40;
                    permission = 0644;
                    moduleName = "HDF_PLATFORM_UART";
                    serviceName = "HDF_PLATFORM_UART_0";
                    deviceMatchAttr = "hisilicon_hi35xx_uart_0";
                }
                device1 :: deviceNode {
                    policy = 1;
                    permission = 0644;
                    priority = 40;
                    moduleName = "HDF_PLATFORM_UART";
                    serviceName = "HDF_PLATFORM_UART_1";
                    deviceMatchAttr = "hisilicon_hi35xx_uart_1";
                }
                ...
            }
            ...
        }
    }
```

上述代码是 hisilicon_hi35xx 开发板的设备驱动 HCS 文件。

HCS 是 HDF 驱动框架的配置描述源码，内容以 KeyValue 为主要形式。它实现了配置代码与设备驱动代码解耦，便于开发者进行配置管理。

HCS 配置文件的转换工具 HC-GEN(HDF Configuration Generator)可以将 HDF 配置文件转换为软件可读取的文件格式。转换的文件格式包括以下两种：

• 在弱性能环境中，转换为配置树源码，驱动可直接调用 C 代码获取配置。

• 在高性能环境中，转换为 HCB(HDF Configuration Binary)二进制文件，驱动可使用 HDF 框架提供的配置解析接口获取配置。HCS 经过 HC-GEN 编译生成 HCB 文件，HDF 驱动框架中的 HCS Parser 模块会从 HCB 文件中重建配置树，HDF 驱动模块使用 HCS Parser

提供的配置读取接口获取配置内容。其应用场景如图 5-3 所示。

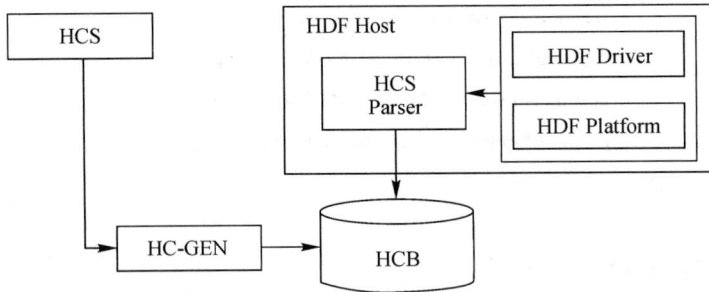

图 5-3　配置使用流程

　　HCS 文本采用了类似 XML 的树形结构，但是并不方便程序直接存取，所以经过 HC-GEN 编译，输出二进制的 HCB 数据。HCB 在编译后打包进内核镜像的.rodata 只读分区，在启动加载时，框架定位到 HCB 数据头，再将二进制数据重新构造为树形数据结构供驱动查询和读取。

5.4.2　加载与注册设备驱动程序

1. 注册驱动服务

启动 HDF 框架并逐一加载设备驱动程序是通过调用 DeviceManagerStart 函数来实现的，其代码如下：

```
int DeviceManagerStart()
{
    struct IDevmgrService *instance = DevmgrServiceGetInstance();

    if (instance == NULL || instance->StartService == NULL) {
        HDF_LOGE("Device manager start failed, service instance is null!");
        return HDF_FAILURE;
    }
    struct HdfIoService *ioService = HdfIoServiceBind(DEV_MGR_NODE, DEV_MGR_NODE_PERM);
    if (ioService != NULL) {
        static struct HdfIoDispatcher dispatcher = {
            .Dispatch = DeviceManagerDispatch,
        };
        ioService->dispatcher = &dispatcher;
        ioService->target = (struct HdfObject *)&instance->object;
    }
    return instance->StartService(instance);
}
```

HDF 框架首先启动 DeviceManager 服务，对外提供驱动管理的服务接口。具体步骤如下：

首先，DeviceManager 服务会按照 HCS 的配置信息，依次启动各个 Host，并调用 IDriverInstaller 接口的 StartDeviceHost 函数安装各个 Host，进而调用 IDevHostService 启动 Host 服务。

其次，依次初始化各个 Host 中的具体 Device。主要调用 DevHostServiceClntInstallDriver 接口，通过 IDevHostService 的 AddDevice 方法，即 DevHostServiceAddDevice 函数来完成初始化。

再次，加载每个驱动节点，获得驱动的入口函数。每个 Device 的构造函数调用 HdfDeviceAttach，通过 IDeviceNode->LaunchNode 函数来加载每个驱动节点。而 LaunchNode 函数会通过 GetDriverEntry 函数来获得驱动的入口函数。

加载驱动程序的具体流程如图 5-4 所示。

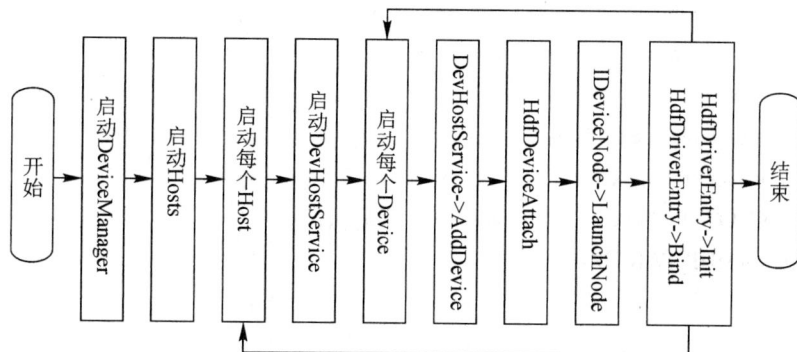

图 5-4　加载驱动程序的流程图

最后，获得驱动的入口地址后，HDF 框架会按照定义依次调用驱动的 Init 函数和 Bind 函数，从而完成一个具体设备驱动程序的加载。

2. 内核抽象层

为了在驱动架构以及驱动的开发过程中屏蔽不同操作系统的内核差异，HDF 架构提供了一个内核抽象层 OSAL。OSAL 对一些内核功能函数进行封装，驱动框架以及驱动代码在编写过程中使用 OSAL 中封装好的函数，而不直接调用内核系统函数。OSAL 为驱动程序提供了内存、任务、定时器、互斥锁、信号量等基础库相关接口，使驱动相关的实现不再依赖于具体的内核或 POSIX 接口，是实现驱动可迁移的基石。OpenHarmony 的 HDF 驱动框架已经在 LiteOS-M、LiteOS-A、Linux 内核完成适配，可直接使用。下面以互斥锁初始化函数为例，介绍内核抽象层的工作机制。

在编写驱动程序时，如果需要申请互斥锁，就要使用 OpenHarmony 内核的 LOS_MuxInit 进行互斥锁的初始化。其源码如下：

```
int32_t OsalMutexInit(struct OsalMutex *mutex)
{
    uint32_t ret;
    LosMux *mux = NULL;
```

```
    if (mutex == NULL) {
        HDF_LOGE("%s invalid param", __func__);
        return HDF_ERR_INVALID_PARAM;
    }
    mux = (LosMux *)OsalMemCalloc(sizeof(LosMux));
    if (mux == NULL) {
        HDF_LOGE("%s malloc fail", __func__);
        mutex->realMutex = NULL;
        return HDF_ERR_MALLOC_FAIL;
    }
    ret = LOS_MuxInit(mux, NULL);
    if (ret == LOS_OK) {
        mutex->realMutex = (void *)mux;
    } else {
        mutex->realMutex = NULL;
        OsalMemFree(mux);
        HDF_LOGE("%s create fail %d %d", __func__, ret, __LINE__);
        return HDF_FAILURE;
    }

    return HDF_SUCCESS;
}
```

上述代码中 OsalMutexInit 就是调用的 LiteOS 所提供的 LOS_MuxInit 函数。

通过这样的封装，就达到了屏蔽操作系统内核差异的目的，用 Osal 开头的系列函数编写的驱动程序，可以运行在不同架构的操作系统内核上。

3. 注册 VFS

在类 UNIX 操作系统中，对于设备驱动程序的访问，通常的做法是利用文件系统来访问驱动程序。OpenHarmony 内核的 HDF 架构也兼容了这一做法，在 VFS 中可为相应的设备驱动程序注册文件访问的接口。实现的源码如下：

```
Struct HdfIoServiceAdapter(const char *serviceName, mode_t mode)
{
…
  If (OsalMutesInit(&vnodeAdpter->mutex)!=HDF_SUCCESS){
      HDF_LOGE("vnode_adapter out of mutex");
      Goto error;
  }
  Static const struct file_operations_vfs fileOps = {
      .open = HdfVNodeAdapterOpen,
```

```
        .ioctl = HdfVNodeAdapterIoctl,

        .poll = HdfVNodeAdapterPoll,

        .close = HdfVNodeAdapterClose,

    };

    Int ret = register_driver(vnodeAdapter->vNodePath, &fileOps, mode, vnodeAdapter);

    }
```

上述代码为设备驱动程序注册了 4 个标准的文件操作，也是最常用的文件 IO 操作。注册了相关操作后，如果用户采用文件的方式来调用设备驱动程序，就会被链接到 HDF 的相关函数来处理。

4. 用户态使用驱动程序 HDI

HDI(硬件设备接口)是 HDF 驱动框架为开发者提供的硬件规范化描述性接口。HDI 是对硬件功能的较高层次抽象接口，各类外设完成 HDI 接口定义后便会在 HDI 的兼容性规则下进行变更，从而保证接口的稳定性。具体的驱动实现不需要再重复定义 HDI 接口，只需要按需实现即可接入系统功能。

HDI 与系统服务之间以及驱动程序之间的关系如图 5-5 所示。

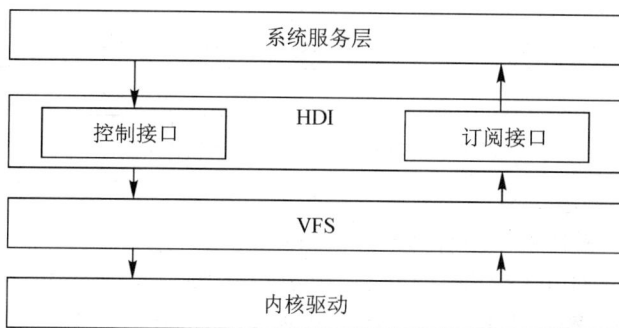

图 5-5 HDI 与系统服务之间以及驱动程序之间的关系

5.4.3 设备的使用

下面以 GPIO 模块以及驱动程序为例，介绍设备的使用方法。

1. GPIO 简介

GPIO(General-Purpose Input/Output，通用型输入输出)控制器通过分组的方式管理所有 GPIO 引脚，每组 GPIO 有一个或多个寄存器与之关联，通过读写寄存器完成对 GPIO 引脚的操作。GPIO 又称为 I/O 口，I 表示输入(in)，O 表示输出(out)。可以通过软件来控制其输入和输出，即 I/O 控制。

- GPIO 输入：输入是检测各个引脚上的电平状态，高电平或者低电平状态。
- GPIO 输出：当需要控制引脚电平的高低时需要用到输出功能。

在 HDF 框架中，当同类型设备对象较多时(可能同时存在十几个同类型配置器)，若采用独立服务模式，则需要配置更多的设备节点，且相关服务会占据更多的内存资源。相反，采用统一服务模式可以使用一个设备服务作为管理器，统一处理所有同类型对象的外部访问，实现便捷管理和节约资源的目的。

2. GPIO 统一服务模式各分层作用

GPIO 统一服务模式的结构如图 5-6 所示。

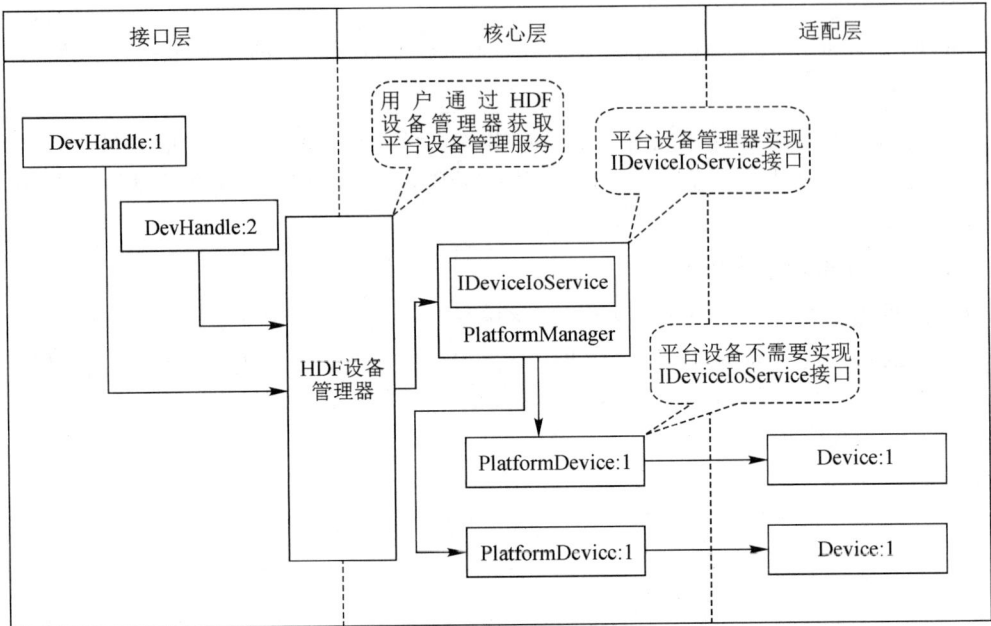

图 5-6　GPIO 统一服务模式的结构

图 5-6 中各层的作用如下：

- 接口层：提供操作 GPIO 引脚的标准方法。
- 核心层：提供 GPIO 引脚资源匹配，GPIO 引脚控制器的添加、移除以及管理的能力，通过钩子函数与适配层交互，供芯片厂家快速接入 HDF 框架。
- 适配层：由驱动适配者将钩子函数的功能实例化，实现与硬件相关的具体功能。

为了保证上层在调用 GPIO 接口时能够正确地操作 GPIO 引脚，核心层在 //drivers/hdf_core/framework /support/platform/include/gpio/gpio_core.h 中定义了钩子函数，驱动适配者需要在适配层实现这些函数的具体功能，并与钩子函数挂接，从而完成适配层与核心层的交互。GPIO 钩子函数和驱动接口的定义如下：

```
/*钩子函数*/
struct GpioCntlr {
    struct IDeviceIoService service;
    struct HdfDeviceObject *device;
    void *priv;
    struct GpioMethod *ops;
};
struct GpioMethod {
    int32_t (*request)(struct GpioCntlr *cntlr, uint16_t gpio);        /*请求 GPIO 引脚*/
```

```
            int32_t (*release)(struct GpioCntlr *cntlr, uint16_t gpio);
            int32_t (*write)(struct GpioCntlr *cntlr, uint16_t gpio, uint16_t val);        /* GPIO 引脚写入电平值*/
            int32_t (*read)(struct GpioCntlr *cntlr, uint16_t gpio, uint16_t *val);        /* GPIO 引脚读取电平值*/
            int32_t (*setDir)(struct GpioCntlr *cntlr, uint16_t gpio, uint16_t dir);       /*设置 GPIO 引脚方向*/
            int32_t (*getDir)(struct GpioCntlr *cntlr, uint16_t gpio, uint16_t *dir);      /*读 GPIO 引脚 O/I*/
            int32_t (*toIrq)(struct GpioCntlr *cntlr, uint16_t gpio, uint16_t *irq);
        int32_t (*setIrq)(struct GpioCntlr *cntlr, uint16_t gpio, uint16_t mode, GpioIrqFunc func, void *arg);
                                                                         /*将 GPIO 引脚设置为中断模式*/
            int32_t (*unsetIrq)(struct GpioCntlr *cntlr, uint16_t gpio);          /*取消 GPIO 中断设置*/
            int32_t (*enableIrq)(struct GpioCntlr *cntlr, uint16_t gpio);         /*使能 GPIO 引脚中断*/
            int32_t (*disableIrq)(struct GpioCntlr *cntlr, uint16_t gpio);        /*禁止 GPIO 引脚中断*/
        };
        /*驱动接口*/
        /*写 GPIO 引脚电平值*/
        int32_t GpioCntlrWrite(struct GpioCntlr *cntlr, uint16_t gpio, uint16_t val);
        /*读 GPIO 引脚电平值*/
        int32_t GpioCntlrRead(struct GpioCntlr *cntlr, uint16_t gpio, uint16_t *val);
        /*设置 GPIO 引脚方向*/
        int32_t GpioCntlrSetDir(struct GpioCntlr *cntlr, uint16_t gpio, uint16_t dir);
        /*获取 GPIO 引脚方向*/
        int32_t GpioCntlrGetDir(struct GpioCntlr *cntlr, uint16_t gpio, uint16_t *dir);
        int32_t GpioCntlrToIrq(struct GpioCntlr *cntlr, uint16_t gpio, uint16_t *irq);
        /*设置 GPIO 引脚对应的中断服务函数*/
        int32_t GpioCntlrSetIrq(struct GpioCntlr *cntlr, uint16_t gpio, uint16_t mode, GpioIrqFunc func, void *arg);
        /*取消 GPIO 引脚对应的中断服务函数*/
        int32_t GpioCntlrUnsetIrq(struct GpioCntlr *cntlr, uint16_t gpio);
        /*使能 GPIO 引脚中断*/
        int32_t GpioCntlrEnableIrq(struct GpioCntlr *cntlr, uint16_t gpio);
        /*禁止 GPIO 引脚中断*/
        int32_t GpioCntlrDisableIrq(struct GpioCntlr *cntlr, uint16_t gpio);
```

3. GPIO 使用流程

GPIO 标准 API 通过 GPIO 引脚号来操作指定引脚，使用 GPIO 的一般流程如下：

(1) 确定 GPIO 引脚号，可以根据 SOC 芯片规则进行计算，通过引脚别名获取引脚号。

(2) 设置 GPIO 引脚方向，在进行 GPIO 引脚读写前，需要先通过 GpioSetDir 函数设置 GPIO 引脚方向。

(3) 读写 GPIO 引脚电平值，使用 GpioRead 和 GpioWrite 函数对 GPIO 引脚写入电平值。

(4) 设置 GPIO 引脚中断，若为一个 GPIO 引脚设置中断响应程序，则可以通过调用 GpioSetIrq 来设置对应的中断响应程序。同一时间，只能为某个 GPIO 引脚设置一个中断服务函数，若重复调用 GpioSetIrq 函数，则之前设置的中断服务函数会被取代。

(5) 使能 GPIO 引脚中断，在中断服务程序设置完成后，还需要先通过 GpioEnableIrq 函数使能 GPIO 引脚的中断。

4. 设备驱动程序实例

用 Hi3861 开发板进行 GPIO 开发，实现 LED 灯的亮与灭交替。

使用 GPIO 前，需要完成 GPIO 引脚初始化，明确引脚用途，并创建任务，使 LED 周期性亮灭，达到闪烁的效果。其源码如下：

```
void leddemo(void)
{
    GpioInit();                                    /*初始化 GPIO 设备，使用 GPIO 引脚前调用*/
    /*设置 GPIO_9 功能为 IO*/
    IoSetFunc(WIFI_IOT_IO_NAME_GPIO_9, WIFI_IOT_IO_FUNC_GPIO_9_GPIO);
    /*设置 GPIO_9 为输出*/
    GpioSetDir(WIFI_IOT_IO_NAME_GPIO_9, WIFI_IOT_GPIO_DIR_OUT);
    while (1)
    {
        /*设置 GPIO_9 输出值为低电平，即值为 0*/
        GpioSetOutputVal(WIFI_IOT_IO_NAME_GPIO_9, WIFI_IOT_GPIO_VALUE0);
        printf("led 点亮\n");                      /*在终端打印 LED 状态*/
        usleep(4000000);                           /*等待 4 s*/
        /*设置 GPIO_9 输出值为高电平，LED 熄灭*/
        GpioSetOutputVal(WIFI_IOT_IO_NAME_GPIO_9, WIFI_IOT_GPIO_VALUE1);
        printf("led 熄灭\n");
        sleep(3);
    }
}
```

第二篇　计算机操作系统上机实验

第 6 章　OpenHarmony 系统基本操作实验

本章主要介绍 OpenHarmony 系统基本操作实验，主要内容有实验准备、OpenHarmony 系统构建实验等。通过本章内容的学习和实践，学生应能利用恰当的软件技术和方法，设计 OpenHarmony LiteOS-M 内核的编译与调试系统。

6.1　实 验 准 备

1. 实验预习

做 OpenHarmony 系统构建实验，预习第 1 章的内容。

2. 实验安排

根据教学计划可选择安排 1～2 次实验，2～4 学时。

6.2　OpenHarmony 系统构建实验

1. 实验目的

(1) 熟悉 Linux 系统，Visual Studio Code、Qemu 等软件的安装及使用方法；熟练使用 Linux 系统字符界面的常用命令。

(2) 掌握 WSL2 虚拟机的安装及使用方法。

(3) 掌握在 Linux 系统环境下编译、调试 OpenHarmony LiteOS-M 内核源码的全过程。

2. 实验内容

(1) 学习 Visual Studio Code、Ubuntu20.04、Qemu RISC-V 以及 WSL2 的安装及使用。

(2) 学习 OpenHarmony LiteOS-M 内核源码的编译与调试。

3. 实验操作

1) 安装及使用 Visual Studio Code

(1) 下载并安装 Visual Studio Code 安装包，下载地址为 https://visualstudio.microsoft.com/ zh-hans/或 https://code.visualstudio.com/。

(2) 尝试用 Visual Studio Code 新建一个 C 语言源文件，并对源文件进行编辑、保存。

2) 安装 WSL2

(1) 在 Windows 中使用管理员权限打开 PowerShell 窗口，输入以下命令：

C:\...\> dism.exe /online /enable-feature /featurename:Microsoft-Windows-Subsystem-Linux /all /norestart↵

(2) 重启系统，Windows 系统默认启用 WSL1，然后在 PowerShell 中输入以下命令：

C:\...\>dism.exe /online /enable-feature /featurename:VirtualMachinePlatform /all /norestart↵

(3) 再次重启系统，并在 PowerShell 中输入以下命令：

C:\...\> wsl --set-default-version 2↵

3) 安装 Ubuntu 及其必要工具

(1) 在 Windows 系统的 Microsoft Store 中找到 Ubuntu 并进行安装。

(2) 完成安装后，启动 Ubuntu 系统，即打开 WSL 窗口，安装 vim 编辑器，输入以下命令：

$ sudo apt-get install vim↵

(3) 修改 Ubuntu 系统软件源文件，输入以下命令：

$ sudo cp /etc/apt/sources.list /etc/apt/sources.list.bak↵　#备份软件源文件 sources.list

$ sudo vim /etc/apt/sources.list↵　　　　　　　　　#编辑软件源文件 sources.list

(4) 在 vim 编辑器中，将软件源文件 sources.list 中的"http://archive.ubuntu.com/"替换为"http://mirrors.aliyun.com/"，然后保存该软件源文件 sources.list。

(5) 执行以下命令更新 Ubuntu：

$ sudo apt-get update↵

(6) 执行以下命令安装 make 工具：

$ sudo apt-get install make ↵

$ sudo apt-get install autoconf automake ↵

(7) 执行以下命令安装其他必要工具：

$ sudo apt-get install build-essential ↵

$ sudo apt-get install pkg-config ↵

$ sudo apt-get install zlib1g-dev libglib2.0-0 libglib2.0-dev libsdl1.2-dev ↵

$ sudo apt-get install libpixman-1-dev libfdt-dev libtool librbd-dev libaio-dev flex bison ↵

(8) 执行以下命令，将 shell 切换回 bash：

$ sudo dpkg-reconfigure dash↵　#将 shell 切换回 bash，在命令执行过程中选择"no"

(9) 安装配置开源分布式版本控制系统 git 工具，输入以下命令：

$ sudo apt-get install -y git↵　#配置 git 可参考 https://zhuanlan.zhihu.com/p/26594877

4) 下载 OpenHarmony LiteOS-M 内核源码

下载地址为 https://gitee.com/riscv-mcu/kernel_liteos_m/repository/archive/dev_nuclei.zip，将下载所得压缩包 kernel_liteos_m-dev_nuclei.zip 解压缩到内核源目录(如 d:\nuclei)，为了方便使用，将目录 kernel_liteos_m-dev_nuclei 改名为 liteos_m，则内核工作目录为

d:\nuclei\liteos_m。

下载第三方组件 bounds_checking_function，下载地址如下：https://github.com/openharmony/third_party_bounds_checking_function/archive/refs/heads/master.zip，将下载所得压缩包 third_party_bounds_checking_function-master.zip 解压后放到 liteos_m 的 third_party 子目录下。

5）安装工具链 GCC

(1) 在 Ubuntu 系统环境下，输入如下代码，下载工具链 GCC：

$ cd /opt ↵

$ sudo wget   https://www.nucleisys.com/upload/files/toochain/gcc/nuclei_riscv_newlibc_prebuilt_linux64_2022.01.tar.bz2 ↵   #下载压缩包

$ sudo tar -jxvf nuclei_riscv_newlibc_prebuilt_linux64_2022.01.tar.bz2↵   #解压缩

$ sudo rm nuclei_riscv_newlibc_prebuilt_linux64_2022.01.tar.bz2↵   #删除压缩包

(2) 配置环境变量，并更新环境，输入以下命令：

$ cd /etc

$ sudo vim profile↵

(3) 按 I 键进入编辑状态，并将"PATH=$PATH:/opt/gcc/bin/"添加到 profile 最后。然后按 Esc 键退出编辑状态，输入 wq，保存编辑内容。

(4) 输入以下命令，更新环境：

$ sudo source /etc/profile↵

6）安装 Qemu RISC-V

在 Ubuntu 系统环境下，输入如下代码，下载 Qemu RISC-V：

$ cd /opt ↵

$ sudo wget https://www.nucleisys.com/upload/files/toochain/qemu/nuclei-qemu-2022.08-linux-x64.tar.gz↵   #下载压缩包

$ sudo tar -jxvf nuclei-qemu-2022.08-linux-x64.tar.gz↵   #解压缩

$ sudo rm nuclei-qemu-2022.08-linux-x64.tar.gz ↵   #删除压缩包

7）编译运行 OpenHarmony LiteOS-M 内核

(1) 在 Ubuntu 系统环境下，输入以下命令进入内核源码目录，如 /mnt/d/nuclei/liteos_m/targets/ riscv_nuclei_gd32vf103_soc_gcc/GCC，并编译内核：

$ cd /mnt/d/nuclei/liteos_m/targets/riscv_nuclei_gd32vf103_soc_gcc/GCC↵ #进入目录

$ sudo make all ↵   #编译内核源码

(2) 输入以下命令，用 QEMU RISC-V 启动 OpenHarmony LiteOS-M 内核：

$ cd build↵   #进入 build 目录

$ /opt/qemu/bin/qemu-system-riscv32 -M gd32vf103v_rvstar -kernel Nuclei-rvstar-gd32vf103-soc.elf -serial stdio -nodefaults -nographic ↵   #用 QEMU 启动内核

此时可以看到内核正常运行

8）修改并重新编译 OpenHarmony LiteOS-M 内核源码

(1) 在 Windows 中启动 Visual Studio Code，打开 liteos_m 所在目录，如

d:\Nuclei\liteos_m，修改子目录 targets/riscv_nuclei_gd32vf103_soc_gcc/Src/下 main.c 文件中主函数"int main(void)"代码(如下所示)注释加粗的两行代码，保存 main.c 文件。

```
int main(void)
{
    /*初始化用户代码*/
    gd_rvstar_key_init(WAKEUP_KEY_GPIO_PORT, KEY_MODE_EXTI);
    user_key_exti_config();
    RunTaskSample();
    while (1) {
    }
}
```

(2) 输入以下命令，重新编译运行内核源码，并用 QEMU RISC-V 重新启动：

$ cd /mnt/d/nuclei/liteos_m/targets/riscv_nuclei_gd32vf103_soc_gcc/GCC↵　#进入目录

$ sudo make all ↵　　　　　　　　　　　　　　　　#编译内核源码

$ cd build↵　　　　　　　　　　　　　　　　　　　#进入 build 目录

$ /opt/qemu/bin/qemu-system-riscv32 -M gd32vf103v_rvstar -kernel Nuclei-rvstar-gd32vf103-soc.elf -serial stdio -nodefaults -nographic ↵　#用 QEMU 启动内核，此时可以看到内核的运行结果。

9) gdb 调试内核

(1) 在一个 WSL 窗口启动 Ubuntu 系统，在已编译好的内核 elf 文件 Nuclei-rvstar-gd32vf103-soc.elf 所在目录输入以下命令：

$ /opt/qemu/bin/qemu-system-riscv32 -M gd32vf103v_rvstar -kernel Nuclei-rvstar-gd32vf103-soc.elf -serial stdio -nodefaults -nographic -s --S ↵ #用 QEMU 启动内核

(2) 在另一个 WSL 窗口启动 Ubuntu 系统，在构建内核的目录/mnt/d/nuclei/liteos_m/targets/riscv_nuclei_gd32vf103_soc_gcc/GCC)输入以下命令：

$ riscv-nuclei-elf-gdb build/Nuclei-rvstar-gd32vf103-soc.elf↵

(3) 在 gdb 中依次输入相关参数，进行内核调试。

4. 实验报告

撰写实验报告时需要包含以下内容：

(1) 实验目的与实验内容。

(2) OpenHarmony LiteOS-M 内核编译、调试过程及结果分析。

第 7 章　进程管理实验

本章主要介绍进程管理实验，主要内容有实验准备、OpenHarmony 的任务创建实验、OpenHarmony 的任务创建源码分析实验等。通过本章内容的学习和实践，学生应重点掌握进程的创建、进程控制相关 API、函数功能的实现，学会分析有关进程创建、控制的实现过程，深刻理解进程管理的实质。

7.1　实 验 准 备

1. 实验预习

(1) 做 OpenHarmony 的任务创建实验，预习第 2.1 节。

(2) 做 OpenHarmony 的任务创建源码分析实验，预习第 2.1 节。

2. 实验安排

根据教学计划可选择安排 1～2 次实验，2～4 学时。

7.2　OpenHarmony 的任务创建实验

1. 实验目的

(1) 加深对进程和线程概念的理解，理解进程和程序的区别。

(2) 熟悉 OpenHarmony 任务创建的 API 编程方法。

(3) 通过有关 OpenHarmony 任务创建的应用实例，深刻理解进程运行的实质。

(4) 进一步熟悉在类 Linux 系统环境下 C 语言程序的开发方法，阅读、调试 C 程序并编写简单的 OpenHarmony 任务创建程序。

2. 实验内容

基于 OpenHarmony LiteOS-M 内核源码，在 Visual Studio Code 环境下编写一段完整的 HelloWorld 程序，通过 OpenHarmony 的任务入口函数构建、创建 OpenHarmony 任务及任务运行，最后在屏幕上输出"HelloWorld！"。

3. 实验操作

(1) 构建 OpenHarmony 的任务入口函数 HelloWorldEntry。OpenHarmony 任务初始化时需要利用 TSK_INIT_PARAM_S 结构体中的一些信息。其中，任务入口函数 pfnTaskEntry 是结构体中重要成员之一，当任务第一次启动进入运行状态时，任务入口函数会被执行。

构建的任务入口函数 HelloWorldEntry 的源码如下：

```
VOID HelloWorldEntry(VOID)
{
    while (1) {
        printf("Hello World!\n");
        LOS_TaskDelay(4000);        /*延迟 4 s*/
    }
}
```

（2）定义创建 OpenHarmony 任务的函数 TaskHelloWorld()。首先，定义 TSK_INIT_ PARAM_S 结构体变量 stTask，并设置结构体中任务入口函数、堆栈大小、任务名称以及优先级等各成员的初始值来完成任务的初始化。然后，调用内核函数 LOS_TaskCreate()创建任务。其中函数 TaskHelloWorld()的源码如下：

```
VOID TaskHelloWorld(VOID)
{
    UINT32 uwRet;
    UINT32 taskID1;
    TSK_INIT_PARAM_S stTask = {0};        /*定义 TSK_INIT_PARAM_S 结构体变量*/
    stTask.pfnTaskEntry = (TSK_ENTRY_FUNC)HelloWorldEntry;        /*任务入口函数*/
    stTask.uwStackSize = 0x0800;                /*堆栈大小*/
    stTask.pcName = "HelloWorld";            /*任务名称*/
    stTask.usTaskPrio = 8;                    /*任务优先级为8，最高优先级为0，最低优先级为31*/
    uwRet = LOS_TaskCreate(&taskID1, &stTask);    /*taskID1 为任务 ID，stTask 为任务初始状态*/
    if (uwRet != LOS_OK) {
        printf("Task HelloWorld creatation failed\n");
    }
}
```

（3）编写 main() 函数完成 OpenHarmony 任务启动运行。首先调用内核函数 LOS_KernelInit()初始化用户代码的内核空间，然后执行任务函数 TaskHelloWorld()，最后调用内核函数 LOS_Start()启动任务的调度。其中 main()函数源码如下：

```
int main(void)
{
    UINT32 ret;
    ret = LOS_KernelInit();
    if (ret == LOS_OK) {
        TaskHelloWorld();
        LOS_Start();
    }
```

```
        while (1) {

        }

    }
```

(4) 在 Visual Studio Code 环境下编写一段完整的 HelloWorld 程序，并编译 OpenHarmony 内核，将编译后的内核在 QEMU RISC-V 中重新启动，屏幕上显示"HelloWorld！"。

4. 实验报告

撰写实验报告时需包含以下内容：

(1) 实验目的与实验内容。

(2) 实验中的程序功能与运行结果分析。

7.3　OpenHarmony 的任务创建源码分析实验

1. 实验目的

(1) 深刻理解进程和线程控制块、状态及状态转换过程。

(2) 进一步学习 C 语言编程技术方法，熟悉设计开发进程管理功能的编程方法。

2. 实验内容

基于 OpenHarmony LiteOS-M 内核文件 los_task.h 和 los_task.c，分析 LiteOS-M 任务的 TCB 数据结构、任务状态、全局变量及其导致任务状态转换的函数的源码。

3. 实验操作

(1) 从 OpenHarmony LiteOS-M 内核文件 los_task.h 中找出任务初始化参数结构体 TSK_INIT_PARAM_S 和任务控制块(TCB)结构体数据结构源码，分析其作用及每个成员的意义。

(2) 从 OpenHarmony LiteOS-M 内核文件 los_task.h 中找出任务状态定义的源码，分析每类任务状态的意义、转换条件及转换后的状态。

(3) OpenHarmony LiteOS-M 内核文件 los_task.c 中定义了有关任务的全局变量，分析每个任务全局变量的作用及引用的主要函数。其任务全局变量定义的源码如下：

```
LITE_OS_SEC_BSS   LosTaskCB                    *g_taskCBArray = NULL;

LITE_OS_SEC_BSS   LosTask                      g_losTask;

LITE_OS_SEC_BSS   UINT16                       g_losTaskLock;

LITE_OS_SEC_BSS   UINT32                       g_taskMaxNum;

LITE_OS_SEC_BSS   UINT32                       g_idleTaskID;

LITE_OS_SEC_BSS   UINT32                       g_swtmrTaskID;

LITE_OS_SEC_DATA_INIT LOS_DL_LIST              g_losFreeTask;

LITE_OS_SEC_DATA_INIT LOS_DL_LIST              g_taskRecyleList;

LITE_OS_SEC_BSS   BOOL                         g_taskScheduled = FALSE;
```

(4) OpenHarmony LiteOS-M 内核文件 los_task.c 中给出了任务管理涉及的关键函数，

如 OsTaskInit()、 OsNewTaskInit()、 LOS_TaskCreate Only()、 LOS_TaskResume()、LOS_TaskSuspend()、LOS_TaskDelete()、LOS_TaskYield()，详细分析这些函数的功能、主要过程及其对任务状态怎么改变，并对每行代码进行注释。

① OsTaskInit()函数的源码如下：

```
/********************************************************************
函数：OsTaskInit
描述：任务初始化函数
输入：无
输出：无
返回：任务初始化成功时返回 LOS_OK 或失败时出现错误代码
********************************************************************/
LITE_OS_SEC_TEXT_INIT UINT32 OsTaskInit(VOID)
{
    UINT32 size;
    UINT32 index;
    size = (g_taskMaxNum + 1) * sizeof(LosTaskCB);
    g_taskCBArray = (LosTaskCB *)LOS_MemAlloc(m_aucSysMem0, size);
    if (g_taskCBArray == NULL) {
        return LOS_ERRNO_TSK_NO_MEMORY;
    }
    /*为全部任务控制块分配空间*/
    (VOID)memset_s(g_taskCBArray, size, 0, size);
    LOS_ListInit(&g_losFreeTask);
    LOS_ListInit(&g_taskRecyleList);
    for (index = 0; index <= LOSCFG_BASE_CORE_TSK_LIMIT; index++) {
        g_taskCBArray[index].taskStatus = OS_TASK_STATUS_UNUSED;
        g_taskCBArray[index].taskID = index;
        LOS_ListTailInsert(&g_losFreeTask, &g_taskCBArray[index].pendList);
    }
    /*当前任务控制块清零*/
    (VOID)memset_s((VOID *)(&g_losTask), sizeof(g_losTask), 0, sizeof(g_losTask));
    g_losTask.runTask = &g_taskCBArray[g_taskMaxNum];
    g_losTask.runTask->taskID = index;
    g_losTask.runTask->taskStatus = (OS_TASK_STATUS_UNUSED | OS_TASK_STATUS_RUNNING);
    g_losTask.runTask->priority = OS_TASK_PRIORITY_LOWEST + 1;
    g_idleTaskID = OS_INVALID;
    return OsSchedInit();
}
```

② OsNewTaskInit()函数的源码如下：

```
LITE_OS_SEC_TEXT_INIT  UINT32  OsNewTaskInit(LosTaskCB  *taskCB,  TSK_INIT_PARAM_S
*taskInitParam, VOID *topOfStack)
{
    taskCB->stackPointer      = HalTskStackInit(taskCB->taskID, taskInitParam->uwStackSize,
topOfStack);
    taskCB->arg               = taskInitParam->uwArg;
    taskCB->topOfStack        = (UINT32)(UINTPTR)topOfStack;
    taskCB->stackSize         = taskInitParam->uwStackSize;
    taskCB->taskSem           = NULL;
    taskCB->taskMux           = NULL;
    taskCB->taskStatus        = OS_TASK_STATUS_SUSPEND;
    taskCB->priority          = taskInitParam->usTaskPrio;
    taskCB->timeSlice         = 0;
    taskCB->waitTimes         = 0;
    taskCB->taskEntry         = taskInitParam->pfnTaskEntry;
    taskCB->event.uwEventID    = OS_NULL_INT;
    taskCB->eventMask         = 0;
    taskCB->taskName          = taskInitParam->pcName;
    taskCB->msg               = NULL;
    SET_SORTLIST_VALUE(&taskCB->sortList, OS_SORT_LINK_INVALID_TIME);
    return LOS_OK;
}
```

③ LOS_TaskCreate Only()函数的源码如下：

```
/************************************************************************
函数：LOS_TaskCreate Only
描述：创建一个任务并挂起
输入：taskInitParam——任务初始化参数
输出：taskID——任务标识
返回：任务初始化成功时返回 LOS_OK 或失败时出现错误代码
************************************************************************/
LITE_OS_SEC_TEXT_INIT UINT32 LOS_TaskCreateOnly(UINT32 *taskID, TSK_INIT_PARAM_S
*taskInitParam)
{
    UINTPTR intSave;
    VOID    *topOfStack = NULL;
    LosTaskCB *taskCB = NULL;
    UINT32 retVal;
```

```
        if (taskID == NULL)
        {
            return LOS_ERRNO_TSK_ID_INVALID;
        }

        retVal = OsTaskInitParamCheck(taskInitParam);
        if (retVal != LOS_OK)
        {
            return retVal;
        }

        OsRecyleFinishedTask();

        intSave = LOS_IntLock();
        if (LOS_ListEmpty(&g_losFreeTask))
        {
            retVal = LOS_ERRNO_TSK_TCB_UNAVAILABLE;
            OS_GOTO_ERREND();
        }

        taskCB = OS_TCB_FROM_PENDLIST(LOS_DL_LIST_FIRST(&g_losFreeTask));
        LOS_ListDelete(LOS_DL_LIST_FIRST(&g_losFreeTask));

        LOS_IntRestore(intSave);

#if (LOSCFG_EXC_HRADWARE_STACK_PROTECTION == 1)
        UINTPTR stackPtr = (UINTPTR)LOS_MemAllocAlign(OS_TASK_STACK_ADDR, taskInitParam->uwStackSize +
            OS_TASK_STACK_PROTECT_SIZE, OS_TASK_STACK_PROTECT_SIZE);
        topOfStack = (VOID *)(stackPtr + OS_TASK_STACK_PROTECT_SIZE);
#else
        topOfStack = (VOID *)LOS_MemAllocAlign(OS_TASK_STACK_ADDR, taskInitParam->uwStackSize,
            LOSCFG_STACK_POINT_ALIGN_SIZE);
#endif
        if (topOfStack == NULL)
        {
            intSave = LOS_IntLock();
            LOS_ListAdd(&g_losFreeTask, &taskCB->pendList);
            LOS_IntRestore(intSave);
```

```
            return LOS_ERRNO_TSK_NO_MEMORY;
    }

    retVal = OsNewTaskInit(taskCB, taskInitParam, topOfStack);
    if (retVal != LOS_OK)
    {
        return retVal;
    }

    *taskID = taskCB->taskID;
    OsHookCall(LOS_HOOK_TYPE_TASK_CREATE, taskCB);
    return retVal;

LOS_ERREND:
    LOS_IntRestore(intSave);
    return retVal;
}
```

④ LOS_TaskResume()函数的源码如下：

```
/********************************************************************
函数：LOS_TaskResume
描述：激活挂起任务
输入：taskID——任务标识
输出：无
返回：任务初始化成功时返回 LOS_OK 或失败时出现错误代码
********************************************************************/
LITE_OS_SEC_TEXT_INIT UINT32 LOS_TaskResume(UINT32 taskID)
{
    UINTPTR intSave;
    LosTaskCB *taskCB = NULL;
    UINT16 tempStatus;
    UINT32 retErr = OS_ERROR;

    if (taskID > LOSCFG_BASE_CORE_TSK_LIMIT) {
        return LOS_ERRNO_TSK_ID_INVALID;
    }

    taskCB = OS_TCB_FROM_TID(taskID);
    intSave = LOS_IntLock();
    tempStatus = taskCB->taskStatus;
```

```
            if (tempStatus & OS_TASK_STATUS_UNUSED)
            {
                retErr = LOS_ERRNO_TSK_NOT_CREATED;
                OS_GOTO_ERREND();
            }
            else if (!(tempStatus & OS_TASK_STATUS_SUSPEND))
            {
                retErr = LOS_ERRNO_TSK_NOT_SUSPENDED;
                OS_GOTO_ERREND();
            }

            taskCB->taskStatus &= (~OS_TASK_STATUS_SUSPEND);
            if (!(taskCB->taskStatus & OS_CHECK_TASK_BLOCK))
            {
                OsSchedTaskEnQueue(taskCB);
                if (g_taskScheduled)
                {
                    LOS_IntRestore(intSave);
                    LOS_Schedule();
                    return LOS_OK;
                }
            }
            LOS_IntRestore(intSave);
            return LOS_OK;
    LOS_ERREND:
            LOS_IntRestore(intSave);
            return retErr;
}
```

⑤ LOS_TaskSuspend ()函数的源码如下:

```
/*********************************************************************
函数：LOS_TaskSuspend
描述：挂起任务
输入：taskID——任务标识
输出：无
返回：任务初始化成功时返回 LOS_OK 或失败时出现错误代码
*********************************************************************/
LITE_OS_SEC_TEXT_INIT UINT32 LOS_TaskSuspend(UINT32 taskID)
{
```

```
        UINTPTR intSave;
    LosTaskCB *taskCB = NULL;
    UINT16 tempStatus;
    UINT32 retErr;
    retErr = OsCheckTaskIDValid(taskID);
    if (retErr != LOS_OK)
    {
        return retErr;
    }
    taskCB = OS_TCB_FROM_TID(taskID);
    intSave = LOS_IntLock();
    tempStatus = taskCB->taskStatus;
    if (tempStatus & OS_TASK_STATUS_UNUSED) {
        retErr = LOS_ERRNO_TSK_NOT_CREATED;
        OS_GOTO_ERREND();
    }
    if (tempStatus & OS_TASK_STATUS_SUSPEND)
    {
        retErr = LOS_ERRNO_TSK_ALREADY_SUSPENDED;
        OS_GOTO_ERREND();
    }
    if ((tempStatus & OS_TASK_STATUS_RUNNING) && (g_losTaskLock != 0))
    {
        retErr = LOS_ERRNO_TSK_SUSPEND_LOCKED;
        OS_GOTO_ERREND();
    }
    if (tempStatus & OS_TASK_STATUS_READY)
    {
        OsSchedTaskDeQueue(taskCB);
    }
    taskCB->taskStatus |= OS_TASK_STATUS_SUSPEND;
    OsHookCall(LOS_HOOK_TYPE_MOVEDTASKTOSUSPENDEDLIST, taskCB);
    if (taskID == g_losTask.runTask->taskID)
    {
        LOS_IntRestore(intSave);
        LOS_Schedule();
        return LOS_OK;
    }
    LOS_IntRestore(intSave);
```

```
        return LOS_OK;
LOS_ERREND:
    LOS_IntRestore(intSave);
    return retErr;
}
```

⑥　LOS_TaskDelete ()函数的源码如下：

```
/*************************************************************************

函数：LOS_TaskDelete
描述：删除任务
输入：taskID——任务标识
输出：无
返回：任务初始化成功时返回 LOS_OK 或失败时出现错误代码
*************************************************************************/
LITE_OS_SEC_TEXT_INIT UINT32 LOS_TaskDelete(UINT32 taskID)
{
    UINTPTR intSave;
    LosTaskCB *taskCB = OS_TCB_FROM_TID(taskID);
    UINTPTR stackPtr;

    UINT32 ret = OsCheckTaskIDValid(taskID);
    if (ret != LOS_OK) {
        return ret;
    }
    intSave = LOS_IntLock();
    if ((taskCB->taskStatus) & OS_TASK_STATUS_UNUSED)
    {
        LOS_IntRestore(intSave);
        return LOS_ERRNO_TSK_NOT_CREATED;
    }
    /*若任务正在运行且计划程序已锁定，则无法将其删除*/
    if (((taskCB->taskStatus) & OS_TASK_STATUS_RUNNING) && (g_losTaskLock != 0))
    {
        PRINT_INFO("In case of task lock, task deletion is not recommended\n");
        g_losTaskLock = 0;
    }
    OsHookCall(LOS_HOOK_TYPE_TASK_DELETE, taskCB);
    OsSchedTaskExit(taskCB);
    taskCB->event.uwEventID = OS_NULL_INT;
```

```
        taskCB->eventMask = 0;
#if (LOSCFG_BASE_CORE_CPUP == 1)
        /*当匹配 CSEC 规则 6.6(4)时忽略返回代码*/
        (VOID)memset_s((VOID *)&g_cpup[taskCB->taskID], sizeof(OsCpupCB), 0, sizeof(OsCpupCB));
#endif
        if (taskCB->taskStatus & OS_TASK_STATUS_RUNNING)
        {
            taskCB->taskStatus = OS_TASK_STATUS_UNUSED;
            OsRunningTaskDelete(taskID, taskCB);
            LOS_IntRestore(intSave);
            LOS_Schedule();
            return LOS_OK;
        }
        else
        {
            taskCB->taskStatus = OS_TASK_STATUS_UNUSED;
            LOS_ListAdd(&g_losFreeTask, &taskCB->pendList);
            #if (LOSCFG_EXC_HRADWARE_STACK_PROTECTION == 1)
                stackPtr = taskCB->topOfStack - OS_TASK_STACK_PROTECT_SIZE;
            #else
                stackPtr = taskCB->topOfStack;
            #endif
                (VOID)LOS_MemFree(OS_TASK_STACK_ADDR, (VOID *)stackPtr);
            taskCB->topOfStack = (UINT32)NULL;
        }
        LOS_IntRestore(intSave);
        return LOS_OK;
}
```

⑦ LOS_TaskYield()函数的源码如下：

```
/*****************************************************************************
函数：LOS_ TaskYield
描述：调整指定任务的过程顺序
输入：无
输出：无
返回：任务初始化成功时返回 LOS_OK 或失败时出现错误代码
*****************************************************************************/
LITE_OS_SEC_TEXT_MINOR UINT32 LOS_TaskYield(VOID)
{
```

```
        UINTPTR intSave;
        intSave = LOS_IntLock();
        OsSchedYield();
        LOS_IntRestore(intSave);
        LOS_Schedule();
        return LOS_OK;
    }
```

4. 实验报告

撰写实验报告时需包含以下内容：

(1) 实验目的与实验内容。

(2) 分析实验操作(1)中 TSK_INIT_PARAM_S 和 TCB 结构体数据结构的作用及每个成员的意义。

(3) 分析实验操作(2)中每类任务状态的意义、转换条件及转换后的状态。

(4) 分析实验操作(3)中全局变量的作用及引用这些变量的主要相关函数。

(5) 分析实验操作(4)中任务管理的每个关键函数的功能。

第8章　进程调度实验

本章主要介绍进程调度实验，主要内容有实验准备、OpenHarmony 的任务调度实验、OpenHarmony 的任务调度源码分析实验以及基于 OpenHarmony LiteOS-M 内核实现 RR 调度算法实验等。通过本章内容的学习和实践，学生应重点掌握进程调度、进程调度算法的实现，学会分析有关进程调度、进程调度算法的实现过程，深刻理解进程调度的实质。

8.1　实　验　准　备

1. 实验预习

(1) 做 OpenHarmony 的任务调度实验，预习第 2.2 节。

(2) 做 OpenHarmony 的任务调度源码分析实验，预习第 2.2 节。

(3) 做 OpenHarmony LiteOS-M 内核实现 RR 调度算法实验，预习第 2.2 节。

2. 实验安排

根据教学计划可选择安排 1～3 次实验，2～6 学时。

8.2　OpenHarmony 的任务调度实验

1. 实验目的

(1) 加深对进程和线程调度的理解。

(2) 熟悉 OpenHarmony 任务调度的 API 编程方法。

(3) 通过有关 OpenHarmony 任务调度的应用实例，深刻理解进程调度的实质。

(4) 进一步熟悉在类 Linux 系统环境下 C 语言程序的开发方法，阅读、调试 C 程序并编写 OpenHarmony 任务调度程序。

2. 实验内容

基于 OpenHarmony LiteOS-M 内核源码，在 Visual Studio Code 环境下，创建两个不同优先级的任务。高优先级的任务延时 30 ticks 后输出提示信息，然后该任务挂起，继续执行之后输出提示信息。低优先级任务延时 300 ticks 后输出提示信息，然后该任务挂起，执行剩余任务中的高优先级的任务。

3. 实验操作

(1) 分析 OpenHarmony LiteOS-M 内核中任务调度相关函数及其关系。

① OpenHarmony LiteOS-M 内核中 LOS_Start()函数调用 HalStartSchedule()函数来完成启动任务调度。

② HalStartSchedule() 函数首先调用 LOS_IntLock() 函数关中断，然后调用 OsSchedStart()函数开始任务调度。OsSchedStart()函数的实现源码如下：

```
VOID OsSchedStart(VOID)
{   (VOID)LOS_IntLock();
    LosTaskCB *newTask = OsGetTopTask();
    newTask->taskStatus |= OS_TASK_STATUS_RUNNING;
    g_losTask.newTask = newTask;
    g_losTask.runTask = g_losTask.newTask;
    /*初始化调度时间，并启用调度*/
    g_taskScheduled = TRUE;
    OsSchedSetStartTime(OsGetCurrSysTimeCycle());
    newTask->startTime = OsGetCurrSchedTimeCycle();
    OsSchedTaskDeQueue(newTask);
    g_schedResponseTime = OS_SCHED_MAX_RESPONSE_TIME;
    g_schedResponseID = OS_INVALID;
    OsSchedSetNextExpireTime(newTask->startTime,    newTask->taskID,    newTask->startTime +
newTask->timeSlice, TRUE);
    PRINTK("Entering scheduler\n");
}
```

OsSchedStart()函数再调用 OsGetTopTask()函数从就绪队列中选择要运行的任务。OsGetTopTask()函数的实现源码如下：

```
LosTaskCB *OsGetTopTask(VOID)
{
    UINT32 priority;
    LosTaskCB *newTask = NULL;
    if (g_queueBitmap) {
     priority = CLZ(g_queueBitmap);
    newTask  =  LOS_DL_LIST_ENTRY(((LOS_DL_LIST  *)&g_priQueueList[priority])->pstNext,
LosTaskCB, pendList);
    } else {
        newTask = OS_TCB_FROM_TID(g_idleTaskID);
    }
    return newTask;
}
```

③ HalStartSchedule() 函数最后调用 HalStartToRun() 函数启动任务执行。HalStartToRun()函数的实现源码如下：

```
HalStartToRun:
    la      a1, g_losTask
    lw      a0, 4(a1)
    /*返回堆栈指针*/
    lw          sp, TASK_CB_KERNEL_SP(a0)
    /*启用全局中断*/
    lw          t0, 16 * REGBYTES(sp)
    csrw        mstatus, t0
    /*检索发生异常的地址*/
    lw          t0, 17 * REGBYTES(sp)
    csrw        mepc, t0
    /*检索寄存器*/
    POP_ALL_REG
    mret
```

(2) 构建两个不同优先级任务的入口函数 Example_TaskHi()、Example_TaskMi(VOID)。构建的任务入口函数的源码如下：

```
UINT32 Example_TaskHi(VOID)
{
    UINT32 ret;
    printf("Enter TaskHi Handler.\r\n");
    /*延时 30 ticks 后该任务会挂起，执行剩余任务中最高优先级的任务(g_taskMiId 任务)*/
    ret = LOS_TaskDelay(30);
    if (ret != LOS_OK)
    {
        printf("TaskHi Delay Task Failed.\r\n");
        return LOS_NOK;
    }

    /*20 ticks 后，该任务恢复，继续执行*/
    printf("TaskHi LOS_TaskDelay Done.\r\n");

    /*挂起自身任务*/
    ret = LOS_TaskSuspend(g_taskHiId);
    if (ret != LOS_OK)
    {
        printf("Suspend TaskHi Failed.\r\n");
```

```
      return LOS_NOK;
    }
    printf("TaskHi LOS_TaskResume    Succeeded.TaskLHi exited.\r\n");
    return ret;
  }


  /*低优先级任务入口函数*/
  UINT32 Example_TaskMi(VOID)
  {
    UINT32 ret;
    printf("TaskHi LOS_TaskSuspend    Succeeded.Enter TaskMi Handler.\r\n");
    /*延时 300 ticks 后该任务会挂起，执行剩余任务中最高优先级的任务(g_taskLoId 任务)*/
    ret = LOS_TaskDelay(300);
    if (ret != LOS_OK)
    {
      printf("TaskMi Delay Failed.\r\n");
      return LOS_NOK;
    }
    printf("TaskMi Delay Succeeded.\r\n");
    /*恢复被挂起的任务 g_taskHiId*/
    ret = LOS_TaskResume(g_taskHiId);
    if (ret != LOS_OK)
    {
      printf("Resume TaskHi Failed.\r\n");
      return LOS_NOK;
    }

    printf("TaskMi exited.\r\n");

    return ret;
  }
```

（3）编写 main() 函数完成任务启动运行及任务调度。首先，调用内核函数 LOS_KernelInit()初始化用户代码的内核空间。其次，定义每个任务的 TSK_INIT_PARAM_S 结构体变量，并设置结构体中任务入口函数、堆栈大小、任务名称以及优先级等各成员的初始值来完成任务的初始化。再次，调用内核函数 LOS_TaskCreate()创建多个任务。最后，调用 LOS_Start()函数启动任务调度。

（4）在 Visual Studio Code 环境下编写完整的 main.c 程序，并编译 OpenHarmony 内核，将编译后的内核在 QEMU RISC-V 中重新启动，屏幕上显示任务调度的结果。

4. 实验报告

撰写实验报告时应包含以下内容：

(1) 实验目的与实验内容。

(2) 实验中的程序功能与运行结果分析。

8.3 OpenHarmony 的任务调度源码分析实验

1. 实验目的

(1) 熟悉 OpenHarmony 任务调度框架及设计实现方法。

(2) 进一步学习 C 语言编程技术方法，熟悉设计开发进程调度功能的编程方法。

2. 实验内容

基于 OpenHarmony LiteOS-M 内核文件 los_sched.h、los_sched.c 和 los_dispatch.S，分析 LiteOS-M 任务调度的数据结构、全局变量及其算法实现的源码。

3. 实验操作

(1) OpenHarmony LiteOS-M 内核文件 los_sched.c 中给出了任务调度所涉及的主要静态变量和全局变量，分析并描述这些静态变量和全局变量的意义，同时，列举出内核中与每个变量相关的主要函数。任务调度所涉及的主要静态变量和全局变量如下：

```
STATIC SchedScan    g_swtmrScan = NULL;
STATIC SortLinkAttribute *g_taskSortLinkList = NULL;
STATIC LOS_DL_LIST g_priQueueList[OS_PRIORITY_QUEUE_NUM];
STATIC UINT32 g_queueBitmap;
STATIC UINT32 g_schedResponseID = 0;
STATIC UINT64 g_schedResponseTime = OS_SCHED_MAX_RESPONSE_TIME;
STATIC VOID (*SchedRealSleepTimeSet)(UINT64) = NULL;
```

(2) OpenHarmony LiteOS-M 内核文件 los_sched.c 中定义了优先级队列链表与队列位图两个变量，详细分析这两个变量的作用、意义及其相关函数的调用关系。这两个变量定义的源码如下：

```
STATIC LOS_DL_LIST g_priQueueList[OS_PRIORITY_QUEUE_NUM];
STATIC UINT32 g_queueBitmap;
```

(3) OpenHarmony LiteOS-M 内核文件 los_sched.c 中给出了任务调度涉及的关键函数，如 OsSchedTaskDeQueue()、OsSchedTaskEnQueue()、OsSchedTaskWait()、OsSchedTaskWake()、OsSchedTaskExit()、OsSchedInit()、OsSchedStart()、OsSchedTaskSwitch()、OsGetTopTask()，详细分析这些函数的具体功能、主要过程及其对任务状态怎么改变，并对每行代码进行注释。

① OsSchedTaskDeQueue()函数的源码如下：

```
VOID OsSchedTaskDeQueue(LosTaskCB *taskCB)
{
    if (taskCB->taskStatus & OS_TASK_STATUS_READY) {
        if (taskCB->taskID != g_idleTaskID) {
            OsSchedPriQueueDelete(&taskCB->pendList, taskCB->priority);
        }

        taskCB->taskStatus &= ~OS_TASK_STATUS_READY;
    }
}
```

② OsSchedTaskEnQueue()函数的源码如下：

```
VOID OsSchedTaskEnQueue(LosTaskCB *taskCB)
{
    LOS_ASSERT(!(taskCB->taskStatus & OS_TASK_STATUS_READY));

    if (taskCB->taskID != g_idleTaskID) {
        if (taskCB->timeSlice > OS_TIME_SLICE_MIN) {
            OsSchedPriQueueEnHead(&taskCB->pendList, taskCB->priority);
        } else {
            taskCB->timeSlice = OS_SCHED_TIME_SLICES;
            OsSchedPriQueueEnTail(&taskCB->pendList, taskCB->priority);
        }
        OsHookCall(LOS_HOOK_TYPE_MOVEDTASKTOREADYSTATE, taskCB);
    }
    taskCB->taskStatus &= ~(OS_TASK_STATUS_PEND | OS_TASK_STATUS_SUSPEND |
                            OS_TASK_STATUS_DELAY | OS_TASK_STATUS_PEND_TIME);
    taskCB->taskStatus |= OS_TASK_STATUS_READY;
}
```

③ OsSchedTaskWait()函数的源码如下：

```
VOID OsSchedTaskWait(LOS_DL_LIST *list, UINT32 ticks)
{
    LosTaskCB *runTask = g_losTask.runTask;

    runTask->taskStatus |= OS_TASK_STATUS_PEND;
    LOS_ListTailInsert(list, &runTask->pendList);

    if (ticks != LOS_WAIT_FOREVER) {
        runTask->taskStatus |= OS_TASK_STATUS_PEND_TIME;
```

```
            runTask->waitTimes = ticks;
        }
    }
```

④ OsSchedTaskWake()函数的源码如下：

```
VOID OsSchedTaskWake(LosTaskCB *resumedTask)
{
    LOS_ListDelete(&resumedTask->pendList);
    resumedTask->taskStatus &= ~OS_TASK_STATUS_PEND;

    if (resumedTask->taskStatus & OS_TASK_STATUS_PEND_TIME) {
        OsDeleteSortLink(&resumedTask->sortList, OS_SORT_LINK_TASK);
        resumedTask->taskStatus &= ~OS_TASK_STATUS_PEND_TIME;
    }

    if (!(resumedTask->taskStatus & OS_TASK_STATUS_SUSPEND)) {
        OsSchedTaskEnQueue(resumedTask);
    }
}
```

⑤ OsSchedTaskExit()函数的源码如下：

```
VOID OsSchedTaskExit(LosTaskCB *taskCB)
{
    if (taskCB->taskStatus & OS_TASK_STATUS_READY) {
        OsSchedTaskDeQueue(taskCB);
    } else if (taskCB->taskStatus & OS_TASK_STATUS_PEND) {
        LOS_ListDelete(&taskCB->pendList);
        taskCB->taskStatus &= ~OS_TASK_STATUS_PEND;
    }

    if (taskCB->taskStatus & (OS_TASK_STATUS_DELAY | OS_TASK_STATUS_PEND_TIME)) {
        OsDeleteSortLink(&taskCB->sortList, OS_SORT_LINK_TASK);
        taskCB->taskStatus &= ~(OS_TASK_STATUS_DELAY | OS_TASK_STATUS_PEND_TIME);
    }
}
```

⑥ OsSchedInit()函数的源码如下：

```
UINT32 OsSchedInit(VOID)
{
    UINT16 pri;
```

```
        for (pri = 0; pri < OS_PRIORITY_QUEUE_NUM;  pri++) {
            LOS_ListInit(&g_priQueueList[pri]);
        }
        g_queueBitmap = 0;

        g_taskSortLinkList = OsGetSortLinkAttribute(OS_SORT_LINK_TASK);
        if (g_taskSortLinkList == NULL) {
            return LOS_NOK;
        }

        OsSortLinkInit(g_taskSortLinkList);
        g_schedResponseTime = OS_SCHED_MAX_RESPONSE_TIME;

        return LOS_OK;
    }
```

⑦ OsSchedStart()函数的源码如下：

```
    VOID OsSchedStart(VOID)
    {
        (VOID)LOS_IntLock();
        LosTaskCB *newTask = OsGetTopTask();

        newTask->taskStatus |= OS_TASK_STATUS_RUNNING;
        g_losTask.newTask = newTask;
        g_losTask.runTask = g_losTask.newTask;

        g_taskScheduled = 1;
        newTask->startTime = OsGetCurrSchedTimeCycle();
        OsSchedTaskDeQueue(newTask);

        g_schedResponseTime = OS_SCHED_MAX_RESPONSE_TIME;
        g_schedResponseID = OS_INVALID;
    OsSchedSetNextExpireTime(newTask->startTime, newTask->taskID, newTask->startTime + newTask->timeSlice);
        PRINTK("Entering scheduler\n");
    }
```

⑧ OsSchedTaskSwitch()函数的源码如下：

```
    BOOL OsSchedTaskSwitch(VOID)
    {
```

```
        UINT64 endTime;
        BOOL isTaskSwitch = FALSE;
        LosTaskCB *runTask = g_losTask.runTask;
        OsTimeSliceUpdate(runTask, OsGetCurrSchedTimeCycle());

        if (runTask->taskStatus & (OS_TASK_STATUS_PEND_TIME | OS_TASK_STATUS_DELAY)) {
            OsAdd2SortLink(&runTask->sortList, runTask->startTime, runTask->waitTimes, OS_SORT_
    LINK_TASK);
        } else if (!(runTask->taskStatus & (OS_TASK_STATUS_PEND | OS_TASK_STATUS_SUSPEND |
OS_TASK_STATUS_UNUSED))) {
            OsSchedTaskEnQueue(runTask);
        }

        LosTaskCB *newTask = OsGetTopTask();
        g_losTask.newTask = newTask;

        if (runTask != newTask) {
#if (LOSCFG_BASE_CORE_TSK_MONITOR == 1)
            OsTaskSwitchCheck();
#endif
            runTask->taskStatus &= ~OS_TASK_STATUS_RUNNING;
            newTask->taskStatus |= OS_TASK_STATUS_RUNNING;
            newTask->startTime = runTask->startTime;
            isTaskSwitch = TRUE;

            OsHookCall(LOS_HOOK_TYPE_TASK_SWITCHEDIN);
        }

        OsSchedTaskDeQueue(newTask);

        if (newTask->taskID != g_idleTaskID) {
            endTime = newTask->startTime + newTask->timeSlice;
        } else {
            endTime = OS_SCHED_MAX_RESPONSE_TIME;
        }
        OsSchedSetNextExpireTime(newTask->startTime, newTask->taskID, endTime);

        return isTaskSwitch;
    }
```

⑨ OsGetTopTask()函数的源码如下:

```
LosTaskCB *OsGetTopTask(VOID)
{
    UINT32 priority;
    LosTaskCB *newTask = NULL;
    if (g_queueBitmap) {
        priority = CLZ(g_queueBitmap);
        newTask = LOS_DL_LIST_ENTRY(((LOS_DL_LIST *)&g_priQueueList[priority])->pstNext,
LosTaskCB, pendList);
    } else {
        newTask = OS_TCB_FROM_TID(g_idleTaskID);
    }
    return newTask;
}
```

4. 实验报告

撰写实验报告时需包含以下内容:

(1) 实验目的与实验内容。

(2) 分析实验操作(1)中主要的静态变量和全局变量的意义和作用。

(3) 分析实验操作(2)中优先级队列链表与队列位图这两个变量的作用、意义及其相关函数的调用关系。

(4) 分析实验操作(3)中任务调度涉及的关键函数的功能,注释函数中关键代码。

8.4　基于 OpenHarmony LiteOS-M 内核实现 RR 调度算法实验

1. 实验目的

(1) 掌握进程或线程调度过程的设计实现和调度算法的设计实现方法。

(2) 进一步学习 C 语言编程技术方法,掌握 OpenHarmony LiteOS-M 内核任务调度算法的编程方法。

2. 实验内容

基于 OpenHarmony LiteOS-M 内核文件 los_sched.h、los_sched.c 和 los_dispatch.S,实现时间片轮转(Round-Robin,RR)调度算法替换 OpenHarmony LiteOS-M 内核缺省的抢占式优先级调度算法。

3. 实验操作

(1) 在 RR 调度算法中,OpenHarmony LiteOS-M 内核首先需要定义一个时间量(片),所有任务都将以循环方式执行,每个任务将获得 CPU 一个时间片并且运行,如果没有运行完成,就会回到就绪队列等待下一轮被调度。

(2) 按照 RR 调度算法的原理,重新实现 VOID OsSchedTaskEnQueue(LosTaskCB

*taskCB)、VOID OsSchedTaskDeQueue(LosTaskCB *taskCB)和 OsGetTopTask()等函数。

(3) 依据 8.2 节实验操作所描述的方法构建多个任务的入口函数。

(4) 编写 main()函数完成任务启动运行及任务调度。首先，调用内核函数 LOS_KernelInit()初始化用户代码的内核空间。其次，定义每个任务的 TSK_INIT_PARAM_S 结构体变量，并设置结构体中任务入口函数、堆栈大小、任务名称以及优先级等各成员的初始值来完成任务的初始化。再次，调用内核函数 LOS_TaskCreate()创建多个任务。最后，调用 LOS_Start()函数启动任务调度。

(5) 在 Visual Studio Code 环境下编写完整的 main.c 程序，并编译 OpenHarmony 内核，将编译后的内核在 QEMU RISC-V 中重新启动，屏幕上显示基于 RR 调度算法进行任务调度的结果。

4. 实验报告

撰写实验报告时需包含以下内容：

(1) 实验目的与实验内容。

(2) 实验中的程序运行结果分析与思考。

第 9 章　进程同步互斥实验

本章主要介绍进程同步互斥实验，主要内容有实验准备、OpenHarmony 的两个进程同步实验、信号量实现"生产者和消费者问题"实验、OpenHarmony 的信号量工作机制源码分析实验等。通过本章内容的学习和实践，学生应重点掌握进程同步互斥工作机制、信号量工作机制，学会分析有关进程同步、信号量实现进程同步互斥的过程，深刻理解进程同步互斥的实质。

9.1　实 验 准 备

1. 实验预习

(1) 做 OpenHarmony 的两个进程同步实验，预习第 2 章。

(2) 做信号量实现"生产者和消费者问题"实验，预习第 2 章。

(3) 做 OpenHarmony 的信号量工作机制源码分析实验，预习第 2 章。

2. 实验安排

根据教学计划可选择安排 1～2 次实验，2～4 学时。

9.2　OpenHarmony 的两个进程同步实验

1. 实验目的

(1) 理解进程并发执行的过程。

(2) 分析进程竞争资源的现象，学习解决进程同步互斥问题的方法。

(3) 掌握 OpenHarmony 的信号量与互斥锁机制及 API 编程方法。

(4) 通过有关 OpenHarmony 信号量的应用实例，深刻理解进程同步互斥的实质。

(5) 熟悉在类 Linux 系统环境下 C 语言程序的开发方法，阅读、调试 C 程序并编写 OpenHarmony 任务同步互斥程序。

2. 实验内容

基于 OpenHarmony LiteOS-M 内核源码，在 Visual Studio Code 环境下编写代码，创建两个不同优先级的任务和一个信号量，实现两个任务的同步互斥。

3. 实验操作

(1) 构建两个不同优先级任务的入口函数 ExampleSemTask1、ExampleSemTask2，ExampleSemTask2 优先级高于 ExampleSemTask1，两个任务中申请同一信号量，解锁任务调度后两任务阻塞，测试任务 ExampleSem 释放信号量。两个任务通过同一信号量完成如下的同步互斥：

① ExampleSemTask2 得到信号量被调度，然后任务休眠 20 ticks，ExampleSemTask2 延迟，ExampleSemTask1 被唤醒。

② ExampleSemTask1 定时阻塞模式申请信号量，等待时间为 10 ticks，因信号量仍被 ExampleSemTask2 持有，ExampleSemTask1 挂起，10 ticks 后仍未得到信号量，ExampleSemTask1 被唤醒，试图以永久阻塞模式申请信号量，ExampleSemTask1 挂起。

③ 20 ticks 后 ExampleSemTask2 唤醒，释放信号量后，ExampleSemTask1 得到信号量被调度运行，最后释放信号量。

构建的任务入口函数的源码如下：

```
/*信号量结构体 ID*/
static UINT32 g_semId;

VOID ExampleSemTask1(VOID)
{
    UINT32 ret;

    printf("ExampleSemTask1 try to get sem g_semId, timeout 100 ticks.\n");

    /*定时阻塞模式申请信号量，定时时间为 100 ticks*/
    ret = LOS_SemPend(g_semId, 100);

    /*申请到信号量*/
    if (ret == LOS_OK)
    {
        LOS_SemPost(g_semId);
        printf("ExampleSemTask1 got g_semId after 100 ticks pend. Then post it.\n");
        return;
    }
    /*定时时间到，未申请到信号量*/
    if (ret == LOS_ERRNO_SEM_TIMEOUT)
    {
        printf("ExampleSemTask1 timeout and try get sem g_semId wait forever.\n");
```

```
        /*永久阻塞模式申请信号量*/
        ret = LOS_SemPend(g_semId, LOS_WAIT_FOREVER);
        printf("ExampleSemTask1 wait_forever and get sem g_semId.\n");
        if (ret == LOS_OK)
        {
            LOS_SemPost(g_semId);
            Return;
        }
    }
}


VOID ExampleSemTask2(VOID)
{
    UINT32 ret;
    printf("ExampleSemTask2 try to get sem g_semId wait forever.\n");

    /*永久阻塞模式申请信号量*/
    ret = LOS_SemPend(g_semId, LOS_WAIT_FOREVER);

    if (ret == LOS_OK)
    {
        printf("ExampleSemTask2 got sem g_semId. Delay 20 ticks.\n");
    }

    /*任务休眠 20 ticks*/
    LOS_TaskDelay(20);

    printf("ExampleSemTask2 post sem g_semId.\n");
    /*释放信号量*/
    LOS_SemPost(g_semId);
    Return;
}
```

　　(2) 编写 main()函数完成两个任务同步互斥。首先，调用内核函数 LOS_KernelInit()初始化用户代码的内核空间。其次，定义每个任务的 TSK_INIT_PARAM_S 结构体变量，并设置结构体中任务入口函数、堆栈大小、任务名称以及优先级等各成员的初始值来完成任务的初始化。再次，调用内核函数 LOS_TaskCreate()创建两个任务。任务创建完成后，调用解锁任务调度函数 LOS_TaskUnlock()，并调用 LOS_Start()函数启动任务调度。最后，ExampleSemTask1 执行完，释放信号量，400 ticks 后执行删除信号量。

（3）在 Visual Studio Code 环境下编写完整的 main.c 程序，并编译 OpenHarmony 内核，将编译后的内核在 QEMU RISC-V 中重新启动，屏幕上显示两个任务同步的结果。

4. 实验报告

撰写实验报告时需包含以下内容：

（1）实验目的与实验内容。

（2）实验中的程序功能与运行结果分析。

9.3　信号量实现"生产者和消费者问题"实验

1. 实验目的

（1）进一步学习解决进程同步互斥问题的方法。

（2）进一步理解 OpenHarmony 的信号量和互斥锁工作机制。

（3）进一步熟悉在类 Linux 系统环境下 C 语言程序的开发方法，阅读、调试 C 程序并编写 OpenHarmony 任务同步互斥程序。

2. 实验内容

"生产者和消费者问题"是一个经典的进程同步问题，要求生产者、消费者在固定大的缓冲池条件下，生产者每生产一个产品将占用缓冲池中的一个缓冲区，生产者生产的产品库存不能越过缓冲池的存储量，消费者每消费一个产品将增加一个空闲缓冲区，当缓冲池产品为 0 时消费者不能再消费，每个生产者、消费者需互斥地访问缓冲池。

基于 OpenHarmony LiteOS-M 内核源码，在 Visual Studio Code 环境下编写代码，创建生产者和消费者两个任务、多个信号量和互斥锁，实现上述"生产者和消费者问题"中任务同步互斥。

3. 实验操作

（1）确定信号量和互斥锁。根据"生产者和消费者问题"描述，可使用两个资源信号量，一个用来控制消费者即 g_semProduct，另一个用来控制生产者即 g_semFreeBuffer，g_semProduct 表示当前缓冲池产品的数量，g_semFreeBuffer 表示当前缓冲池中空闲缓冲区的数量。使用一个互斥锁实现生产者、消费者互斥访问缓冲池。再定义缓冲池大小和缓冲池这两个变量，并创建互斥锁和信号量。其源码如下：

```
/*缓冲池大小*/
#define BUFFER_SIZE 10
/*缓冲池*/
static UINT32 g_Buffer[BUFFER_SIZE] = {0};
/*缓冲池互斥锁*/
static UINT32 g_muxBuffer;
/*缓冲池中已经有产品的缓冲区数量*/
static UINT32 g_semProduct;
/*缓冲池中空闲缓冲区数量*/
```

```
        static UINT32 g_semFreeBuffer;
    UINT32 InitModel(VOID)
        {
            UINT32 ret;
            /*创建缓冲池互斥锁*/
            ret = LOS_MuxCreate(&g_muxBuffer);
            if (ret != LOS_OK)
            {
                printf("LOS_MuxCreate(&g_muxBuffer) failed!\n");
                return LOS_NOK;
            }

            /*创建缓冲池中产品数信号量，初始值为 0*/
            ret = LOS_SemCreate(0, &g_semProduct);
            if (ret != LOS_OK)
            {
                printf("LOS_SemCreate(0, &g_semProduct) failed!\n");
                return LOS_NOK;
            }
            /*创建缓冲池中空闲缓冲数信号量，初始值为 BUFFER_SIZE*/
            ret = LOS_SemCreate(BUFFER_SIZE, &g_semFreeBuffer);
            if (ret != LOS_OK)
            {
                printf("LOS_SemCreate(BUFFER_SIZE, &g_semFreeBuffer) failed!\n");
                return LOS_NOK;
            }

            return LOS_OK;
        }
```

(2) 构建生产者和消费者两个任务的任务入口函数。

① 对于生产者来说，需要申请的资源为缓冲池中的剩余缓冲区空间，因此，生产者在生产一个产品前需要申请 g_semFreeBuffer 信号量。当此信号量的值大于 0 时，即有可用缓冲区，将生产出产品，并将 g_semFreeBuffer 的值减去 1(因为占用了一个缓冲区)；同时，当生产一个产品后，当前缓冲池中的产品数量增加 1，需要将 g_semProduct 信号量自动加 1。

② 对于消费者来说，需要申请的资源为缓冲池中的产品，因此，消费者在消费一个产品前将申请 g_semProduct 信号量。当此信号量的值大于 0 时，即有可用产品，将消费一个产品，并将 g_semProduct 信号量的值减去 1(因为消费了一个产品)；同时，当消费一个产品后，当前缓冲池的剩余空间增加 1，需要将 g_semFreeBuffer 信号量自动加 1。

③ 生产者和消费者都必须互斥访问缓冲池，都必须申请缓冲池的互斥锁，当互斥锁被某个任务持有时，该互斥锁处于闭锁状态，该任务获得互斥锁的所有权。当该任务释放互斥锁时，该互斥锁处于开锁状态，该任务失去对互斥锁的所有权。当一个任务持有互斥锁时，其他任务将不能再对该互斥锁进行开锁或持有互斥锁。

构建的消费者和生产者任务入口函数的源码如下：

```c
VOID    Produce(VOID)
{
    /*产品 ID*/
    static UINT32 ProductID = 1;
    /*缓冲池的当前产品存放位置*/
    static UINT32 InBuffer = 0;
    UINT32 ret;
    /*当前时间的 tick 数*/
    UINT64 TickCount = 0;
    static UINT32 i = 20;
    while (i--)
    {
        /*延迟*/
        ret = Delay();
        if (ret != LOS_OK)
        {
            printf("Delay() failed!\n");
            return;
        }
        /*申请空闲缓冲区信号量*/
        ret = LOS_SemPend(g_semFreeBuffer, LOS_WAIT_FOREVER);
        /*申请不到空缓冲区*/
        if (ret != LOS_OK)
        {
            printf("LOS_SemPend(g_semFreeBuffer, LOS_WAIT_FOREVER) failed!\n");
            return;
        }

        /*缓冲池加锁*/
        ret = LOS_MuxPend(g_muxBuffer, LOS_WAIT_FOREVER);
        if (ret != LOS_OK)
        {
            printf("LOS_MuxPend(g_muxBuffer, LOS_WAIT_FOREVER) failed!\n");
```

```
            return;
        }
        /*生产产品放入缓冲区*/
        g_Buffer[InBuffer] = ProductID;
        printf("Product %d made.\n", ProductID);
        ProductID++;
        InBuffer = (InBuffer + 1) % BUFFER_SIZE;
        /*缓冲池解锁*/
        ret = LOS_MuxPost(g_muxBuffer);
        if (ret != LOS_OK)
        {
            printf("LOS_MuxPost(g_muxBuffer) failed!\n");
            return;
        }
        /*释放产品信号量*/
        ret = LOS_SemPost(g_semProduct);
        if (ret != LOS_OK)
        {
            printf("LOS_SemPost(g_semProduct) failed!\n");
            return;
        }
    }
}
VOID Consume(VOID)
{
    UINT32 ProductID = 0;
    /*缓冲池的当前产品提取位置*/
    static UINT32 OutBuffer = 0;
    UINT32 ret;
    /*当前时间的 tick 数*/
    UINT64 TickCount = 0;
    static UINT32 i = 20;
    while (i--)
    {
        /*延迟*/
        ret = Delay();
        if (ret != LOS_OK)
        {
            printf("Delay() failed!\n");
```

```
                return;
        }
        /*申请产品信号量*/
        ret = LOS_SemPend(g_semProduct, LOS_WAIT_FOREVER);
        /*申请不到产品*/
        if (ret != LOS_OK)
        {
            printf("LOS_SemPend(g_semProduct, LOS_WAIT_FOREVER) failed!\n");
            return;
        }
        /*缓冲池加锁*/
        ret = LOS_MuxPend(g_muxBuffer, LOS_WAIT_FOREVER);
        if (ret != LOS_OK)
        {
            printf("LOS_MuxPend(g_muxBuffer, LOS_WAIT_FOREVER) failed!\n");
            return;
        }
        /*产品退出缓冲区*/
        ProductID = g_Buffer[OutBuffer];
        printf("Product %d consumed.\n", ProductID);
        /*该缓冲区产品 ID 清零*/
        g_Buffer[OutBuffer] = 0;
        OutBuffer = (OutBuffer + 1) % BUFFER_SIZE;
        /*缓冲池解锁*/
        ret = LOS_MuxPost(g_muxBuffer);
        if (ret != LOS_OK)
        {
            printf("LOS_MuxPost(g_muxBuffer) failed!\n");
            return;
        }
        ret = LOS_SemPost(g_semFreeBuffer);
        /*发送空闲缓冲区信号量*/
        if (ret != LOS_OK)
        {
            printf("LOS_SemPost(g_semFreeBuffer) failed!\n");
            return;
        }
    }
}
```

(3) 创建生产者和消费者任务。首先，定义每个任务的 **TSK_INIT_PARAM_S** 结构体变量，并设置结构体中任务入口函数、堆栈大小、任务名称以及优先级等各成员的初始值来完成任务的初始化。然后，调用内核函数 LOS_TaskCreate()创建多个任务。其源码如下：

```
INT32 CreateTasks()
{
    /*任务 ID*/
    UINT32 ProducerTaskID;
    UINT32 ConsumerTaskID;

    UINT32 ret;

    /*任务初始化参数*/
    TSK_INIT_PARAM_S ProducerTask = {0};
    TSK_INIT_PARAM_S ConsumerTask = {0};

    /*锁任务调度*/
    LOS_TaskLock();

    /*创建生产者任务*/
    ProducerTask.pfnTaskEntry = (TSK_ENTRY_FUNC)Produce;
    ProducerTask.pcName = "Produce";
    ProducerTask.uwStackSize = LOSCFG_BASE_CORE_TSK_DEFAULT_STACK_SIZE;
    ProducerTask.usTaskPrio = TASK_PRIO;
    ret = LOS_TaskCreate(&ProducerTaskID, &ProducerTask);
    if (ret != LOS_OK)
    {
        printf("LOS_TaskCreate(&ProducerTaskID, &ProducerTask) failed!\n");
        return LOS_NOK;
    }

    /*创建消费者任务*/
    ConsumerTask.pfnTaskEntry = (TSK_ENTRY_FUNC)Consume;
    ConsumerTask.pcName = "Consume";
    ConsumerTask.uwStackSize = LOSCFG_BASE_CORE_TSK_DEFAULT_STACK_SIZE;
    ConsumerTask.usTaskPrio = TASK_PRIO;
    ret = LOS_TaskCreate(&ConsumerTaskID, &ConsumerTask);
    if (ret != LOS_OK)
    {
```

```
            printf("LOS_TaskCreate(&ConsumerTaskID, &ConsumerTask) failed.\n");
            return LOS_NOK;
        }


        /*解锁任务调度*/
        LOS_TaskUnlock();
    }
```

(4) 编写 main()函数完成任务启动运行。首先，调用内核函数 LOS_KernelInit()初始化用户代码的内核空间。然后，创建信号量和互斥锁、生产者和消费者任务。最后，调用 LOS_Start()函数启动任务运行，任务运行完成后再删除信号量和互斥锁。其源码如下：

```
UINT32 DeinitModel(VOID)
{
    UINT32 ret;
    /*删除缓冲池互斥锁*/
    ret = LOS_MuxDelete(&g_muxBuffer);
    if (ret != LOS_OK)
    {
        printf("LOS_MuxDelete(&g_muxBuffer) failed!\n");
        return LOS_NOK;
    }


    /*删除产品数信号量*/
    ret = LOS_SemDelete(&g_semProduct);
    if (ret != LOS_OK)
    {
        printf("LOS_SemDelete(&g_semProduct) failed!\n");
        return LOS_NOK;
    }
    /*删除空闲缓冲数信号量*/
    ret = LOS_SemDelete(&g_semFreeBuffer);
    if (ret != LOS_OK)
    {
        printf("LOS_SemDelete(&g_semFreeBuffer) failed!\n");
        return LOS_NOK;
    }
    return LOS_OK;
}
```

```
UINT32 main(VOID)
{
    UINT32 ret;
    ret = LOS_KernelInit();
    if (ret != LOS_OK)
    {
        printf(" LOS_KernelInit() failed!\n");
        return LOS_NOK;
    }
    ret = InitModel();
    if (ret != LOS_OK)
    {
        printf("InitModel() failed!\n");
        return LOS_NOK;
    }
    ret = CreateTasks();
    if (ret != LOS_OK)
    {
        printf("CreateTasks() failed!\n");
        return LOS_NOK;
    }
    LOS_Start();
    /*删除信号量、互斥锁*/
    ret = DeinitModel();
    if (ret != LOS_OK)
    {
        printf("DeinitModel() failed!\n");
        return LOS_NOK;
    }
    return LOS_OK;
}
```

(5) 在 Visual Studio Code 环境下编写完整的 main.c 程序，并编译 OpenHarmony 内核，将编译后的内核在 QEMU RISC-V 中重新启动，屏幕上显示"生产者和消费者问题"同步互斥的结果。

4. 实验报告

撰写实验报告时需包含以下内容：

(1) 实验目的与实验内容。

(2) 实验中的程序运行结果分析与思考。

9.4　OpenHarmony 的信号量工作机制源码分析实验

1. 实验目的

(1) 熟悉 OpenHarmony 的信号量机制及设计实现方法。

(2) 进一步学习 C 语言编程技术方法，熟悉设计开发进程同步互斥的编程方法。

2. 实验内容

基于 OpenHarmony LiteOS-M 内核文件 los_sem.h 和 los_sem.c，分析 LiteOS-M 信号量的数据结构、宏、全局变量的源码，分析 LiteOS-M 的信号量初始化、创建、申请、释放等相关函数的源码并注释关键代码行。

3. 实验操作

(1) OpenHarmony LiteOS-M 内核文件 los_sem.h 中给出了信号量控制块数据结构，分析其成员功能。信号量控制块数据结构的源码如下：

```
typedef struct {
    UINT16 semStat;            /*信号量状态*/
    UINT16 semCount;           /*信号量计数*/
    UINT16 maxSemCount;        /*可用信号量的最大数量*/
    UINT16 semID;              /*信号量索引*/
    LOS_DL_LIST semList;       /*挂接阻塞于该信号量的任务*/
} LosSemCB;
```

(2) OpenHarmony LiteOS-M 内核文件 los_sem.h 中给出了信号量相关宏定义，分析其功能。信号量相关宏定义的源码如下：

```
/*获取 ptr 所在的信号量双向链表的头节点*/
#define GET_SEM_LIST(ptr) LOS_DL_LIST_ENTRY(ptr, LosSemCB, semList)


extern LosSemCB *g_allSem;
/*通过信号量的 ID 获取其指针，相当于&g_allSem [id]*/
#define GET_SEM(semid) (((LosSemCB *)g_allSem) + (semid))
```

(3) OpenHarmony LiteOS-M 内核文件 los_sem.c 中给出了信号量机制所涉及的全局变量，分析并描述这些全局变量的意义。全局变量的源码如下：

```
LITE_OS_SEC_DATA_INIT LOS_DL_LIST g_unusedSemList;   /*未使用的信号量列表*/
LITE_OS_SEC_BSS LosSemCB *g_allSem = NULL;           /*所有信号量控制块组成的数组*/
```

(4) OpenHarmony LiteOS-M 内核文件 los_sem.c 中给出了信号量机制涉及的关键函数，如信号量初始化函数 OsSemInit()、信号量创建函数 OsSemCreate()、信号量释放函数 LOS_SemPost()、信号量申请函数 LOS_SemPend()、信号量删除函数 LOS_SemDelete()，详细分析这些函数的具体功能，并对每个函数中关键代码行进行注释。

① OsSemInit()函数的源码如下：

```
/*************************************************************************
函数：OsSemInit
描述：初始化信号量双向链表
输入：无
输出：无
返回值：初始化成功时返回 LOS-OK 或失败时出现错误代码
*************************************************************************/
LITE_OS_SEC_TEXT_INIT UINT32 OsSemInit(VOID)
{
    LosSemCB *semNode = NULL;
    UINT16 index;

    LOS_ListInit(&g_unusedSemList);

    if (LOSCFG_BASE_IPC_SEM_LIMIT == 0)
    {
        return LOS_ERRNO_SEM_MAXNUM_ZERO;
    }

    g_allSem = (LosSemCB *)LOS_MemAlloc(m_aucSysMem0, (LOSCFG_BASE_IPC_SEM_LIMIT
* sizeof(LosSemCB)));
    if (g_allSem == NULL)
    {
        return LOS_ERRNO_SEM_NO_MEMORY;
    }

    /*将所有信号量初始化，并放入未使用信号量链表*/
    for (index = 0;   index < LOSCFG_BASE_IPC_SEM_LIMIT; index++)
    {
        semNode = ((LosSemCB *)g_allSem) + index;
        semNode->semID = index;
        semNode->semStat = OS_SEM_UNUSED;
        LOS_ListTailInsert(&g_unusedSemList, &semNode->semList);
    }
    return LOS_OK;
}
```

② OsSemCreate()函数的源码如下：

```
/*************************************************************************
函数：OsSemCreate
描述：创建信号量
输入：Count——信号量的计数；maxCount——检查的最大信号量计算
输出：semHandle——信号量的索引
返回：成功时返回 LOS-OK 或失败时出现错误代码
*************************************************************************/
LITE_OS_SEC_TEXT_INIT UINT32 OsSemCreate(UINT16 count, UINT16 maxCount, UINT32
*semHandle)
{
    UINT32 intSave;
    LosSemCB *semCreated = NULL;
    LOS_DL_LIST *unusedSem = NULL;
    UINT32 errNo;
    UINT32 errLine;

    if (semHandle == NULL)
    {
        return LOS_ERRNO_SEM_PTR_NULL;
    }

    if (count > maxCount)
    {
        OS_GOTO_ERR_HANDLER(LOS_ERRNO_SEM_OVERFLOW);
    }

    intSave = LOS_IntLock();

    if (LOS_ListEmpty(&g_unusedSemList))
    {
        LOS_IntRestore(intSave);
        OS_GOTO_ERR_HANDLER(LOS_ERRNO_SEM_ALL_BUSY);
    }

    unusedSem = LOS_DL_LIST_FIRST(&(g_unusedSemList));
    LOS_ListDelete(unusedSem);
    semCreated = (GET_SEM_LIST(unusedSem));
```

```
        semCreated->semCount = count;

        semCreated->semStat = OS_SEM_USED;

        semCreated->maxSemCount = maxCount;

        LOS_ListInit(&semCreated->semList);

        *semHandle = (UINT32)semCreated->semID;

        LOS_IntRestore(intSave);

        OsHookCall(LOS_HOOK_TYPE_SEM_CREATE, semCreated);

        return LOS_OK;


ERR_HANDLER:

        OS_RETURN_ERROR_P2(errLine, errNo);

}
```

③ LOS_SemPost()函数的源码如下：

```
/**************************************************************************

函数：LOS_SemPost

描述：信号操作原语 V

输入：semHandle——信号量作句柄

输出：无

返回：成功时返回 LOS-OK 或失败时出现错误代码

**************************************************************************/

LITE_OS_SEC_TEXT UINT32 LOS_SemPost(UINT32 semHandle)

{

        UINT32 intSave;

        LosSemCB *semPosted = GET_SEM(semHandle);

        LosTaskCB *resumedTask = NULL;


        if (semHandle >= LOSCFG_BASE_IPC_SEM_LIMIT) {

                return LOS_ERRNO_SEM_INVALID;

        }


        intSave = LOS_IntLock();


        if (semPosted->semStat == OS_SEM_UNUSED)

        {

                LOS_IntRestore(intSave);

                OS_RETURN_ERROR(LOS_ERRNO_SEM_INVALID);

        }
```

```
    if (semPosted->maxSemCount == semPosted->semCount)
    {
        LOS_IntRestore(intSave);
        OS_RETURN_ERROR(LOS_ERRNO_SEM_OVERFLOW);
    }
    if (!LOS_ListEmpty(&semPosted->semList))
    {
        resumedTask = OS_TCB_FROM_PENDLIST(LOS_DL_LIST_FIRST(&(semPosted->semList)));
        resumedTask->taskSem = NULL;
        OsSchedTaskWake(resumedTask);

        LOS_IntRestore(intSave);
        OsHookCall(LOS_HOOK_TYPE_SEM_POST, semPosted, resumedTask);
        LOS_Schedule();
    } else {
        semPosted->semCount++;
        LOS_IntRestore(intSave);
        OsHookCall(LOS_HOOK_TYPE_SEM_POST, semPosted, resumedTask);
    }

    return LOS_OK;
}
```

④ LOS_SemPend()函数的源码如下：

```
LITE_OS_SEC_TEXT UINT32 LOS_SemPend(UINT32 semHandle, UINT32 timeout)
{
    UINT32 intSave;
    LosSemCB *semPended = NULL;
    UINT32 retErr;
    LosTaskCB *runningTask = NULL;

    if (semHandle >= (UINT32)LOSCFG_BASE_IPC_SEM_LIMIT)
    {
        OS_RETURN_ERROR(LOS_ERRNO_SEM_INVALID);
    }

    semPended = GET_SEM(semHandle);
    intSave = LOS_IntLock();
```

```
        retErr = OsSemValidCheck(semPended);
        if (retErr)
        {
            goto ERROR_SEM_PEND;
        }

        if (semPended->semCount > 0)
        {
            semPended->semCount--;
            LOS_IntRestore(intSave);
            OsHookCall(LOS_HOOK_TYPE_SEM_PEND, semPended, runningTask);
            return LOS_OK;
        }

        if (!timeout)
        {
            retErr = LOS_ERRNO_SEM_UNAVAILABLE;
            goto ERROR_SEM_PEND;
        }

        runningTask = (LosTaskCB *)g_losTask.runTask;
        runningTask->taskSem = (VOID *)semPended;
        OsSchedTaskWait(&semPended->semList, timeout);
        LOS_IntRestore(intSave);
        OsHookCall(LOS_HOOK_TYPE_SEM_PEND, semPended, runningTask);
        LOS_Schedule();

        intSave = LOS_IntLock();
        if (runningTask->taskStatus & OS_TASK_STATUS_TIMEOUT)
        {
            runningTask->taskStatus &= (~OS_TASK_STATUS_TIMEOUT);
            retErr = LOS_ERRNO_SEM_TIMEOUT;
            goto ERROR_SEM_PEND;
        }

        LOS_IntRestore(intSave);
        return LOS_OK;

ERROR_SEM_PEND:
```

```
    LOS_IntRestore(intSave);
    OS_RETURN_ERROR(retErr);
}
```

⑤ LOS_SemDelete()函数的源码如下:

```
/************************************************************************
函数: LOS_ SemDelete
描述: 删除信号量
输入: semHandle——信号量作句柄
输出: 无
返回: 成功时返回 LOS-OK 或失败时出现错误代码
*************************************************************************/
LITE_OS_SEC_TEXT_INIT UINT32 LOS_SemDelete(UINT32 semHandle)
{
    UINT32 intSave;
    LosSemCB *semDeleted = NULL;
    UINT32 errNo;
    UINT32 errLine;

    if (semHandle >= (UINT32)LOSCFG_BASE_IPC_SEM_LIMIT)
    {
        OS_GOTO_ERR_HANDLER(LOS_ERRNO_SEM_INVALID);
    }

    semDeleted = GET_SEM(semHandle);
    intSave = LOS_IntLock();
    if (semDeleted->semStat == OS_SEM_UNUSED)
    {
        LOS_IntRestore(intSave);
        OS_GOTO_ERR_HANDLER(LOS_ERRNO_SEM_INVALID);
    }

    if (!LOS_ListEmpty(&semDeleted->semList))
    {
        LOS_IntRestore(intSave);
        OS_GOTO_ERR_HANDLER(LOS_ERRNO_SEM_PENDED);
    }

    LOS_ListAdd(&g_unusedSemList, &semDeleted->semList);
```

```
        semDeleted->semStat = OS_SEM_UNUSED;
        LOS_IntRestore(intSave);
        OsHookCall(LOS_HOOK_TYPE_SEM_DELETE, semDeleted);
        return LOS_OK;
ERR_HANDLER:
        OS_RETURN_ERROR_P2(errLine, errNo);
}
```

4. 实验报告

撰写实验报告时需包含以下内容：

(1) 实验目的与实验内容。

(2) 分析实验操作(3)中全局变量的意义和作用。

(3) 分析实验操作(4)中信号量机制涉及的关键函数的功能，注释函数中关键代码。

第 10 章　内存管理实验

本章主要介绍内存管理实验，主要内容有实验准备、OpenHarmony 的内存分配实验、OpenHarmony 的内存管理机制源码分析实验、OpenHarmony 的内存分配算法实验等。通过本章内容的学习和实践，学生应重点掌握操作系统的内存管理机制、OpenHarmony 的内存管理机制及内存分配策略，学会分析有关 OpenHarmony 内存管理的相关函数，深刻理解内存管理的实质、内存分配算法的实现。

10.1　实　验　准　备

1. 实验预习

(1) 做 OpenHarmony 的内存分配实验，预习第 3 章。

(2) 做 OpenHarmony 的内存管理机制源码分析实验，预习第 3 章。

(3) 做 OpenHarmony 的内存分配算法实验，预习第 3 章。

2. 实验安排

根据教学计划可选择安排 1～2 次实验，2～4 学时。

10.2　OpenHarmony 的内存分配实验

1. 实验目的

(1) 加深对内存管理机制的理解。

(2) 熟悉 OpenHarmony 内存管理的 API 编程方法。

(3) 熟悉在类 Linux 系统环境下 C 语言程序的开发方法，阅读、调试 C 程序并编写 OpenHarmony 内存分配程序。

2. 实验内容

基于 OpenHarmony LiteOS-M 内核源码，创建一个任务，该任务从动态内存池中申请内存块，从最小字节开始，不停地申请分配内存，释放分配的内存，直到申请失败，在终端观察可以申请到的最大字节。

3. 实验操作

(1) 构建 OpenHarmony 的任务入口函数 MemAllocationEntry。OpenHarmony 任务初始化时需要利用 TSK_INIT_PARAM_S 结构体中的一些信息。其中，pfnTaskEntry 是结构体中重要成员之一，当任务第一次启动进入运行状态时，任务入口函数会被执行。构建的任务入口函数 MemAllocationEntry 的源码如下：

```
VOID MemAllocationEntry (VOID)
{
    #define TEST_POOL_SIZE (4 * 1024)
    UINT8 g_testPool[TEST_POOL_SIZE];
    UINT32   i = 0;                     /*循环变量*/
    UINT32 mem_size;                    /*申请的内存块大小*/
    UINT32 *mem = NULL;                 /*内存块指针*/
    UINT32 ret;
    while (1) {
        mem_size = i++;
        ret = LOS_MemInit(g_testPool, TEST_POOL_SIZE);
        if (LOS_OK == ret)
        {
            printf("MemInit succeeded!\n");
        }
        else
        {
            printf("MemInit Failed!\n");
            return;
        }
        /*分配内存*/
        mem = (UINT32 *)LOS_MemAlloc(g_testPool, mem_size);
        if (NULL == mem)
        {
            printf("access %d bytes memory success!\r\n", mem_size);
            return;
        }
        else{
        printf("access %d bytes memory failed!\r\n", mem_size);
        /*释放内存*/
        }
        ret = LOS_MemFree(g_testPool, mem);
        if (LOS_OK == ret)
```

```
        {
            printf("MemFree succeeded!\n");
            mem = NULL;
        }
        else
        {
            printf("MemFree failed!\n");
        }
        Return;
        }
}
```

（2）定义创建 OpenHarmony 任务的函数 TaskMemAllocation()。首先，定义 TSK_INIT_PARAM_S 结构体变量 stTask，并设置结构体中任务入口函数、堆栈大小、任务名称以及优先级等各成员的初始值来完成任务的初始化。然后，调用内核函数 LOS_TaskCreate()创建任务。函数 TaskMemAllocation ()的源码如下：

```
VOID TaskMemAllocation (VOID)
{
    UINT32 uwRet;
    UINT32 taskID1;
    TSK_INIT_PARAM_S stTask = {0};        /*定义 TSK_INIT_PARAM_S 结构体变量*/
    stTask.pfnTaskEntry = (TSK_ENTRY_FUNC) MemAllocationEntry;        /*任务入口函数*/
    stTask.uwStackSize = 0x0800;           /*堆栈大小*/
    stTask.pcName = "MemAllocation";       /*任务名称*/
    stTask.usTaskPrio = 11;                /*任务优先级为 8，最高优先级为 0，最低优先级为 31*/
    uwRet = LOS_TaskCreate(&taskID1, &stTask);   /*taskID1 为任务 ID，stTask 为任务初始状态*/
    if (uwRet != LOS_OK) {
        printf("Task MemAllocation creatation failed\n");
    }
}
```

（3）编写 main()函数完成 OpenHarmony 任务启动运行。首先调用内核函数 LOS_KernelInit()初始化用户代码的内核空间，然后执行任务函数 TaskMemAllocation()，最后调用内核函数 LOS_Start()启动任务的调度。main()函数的源码如下：

```
int main(void)
{
    UINT32 ret;
    ret = LOS_KernelInit();
    if (ret == LOS_OK) {
```

```
            TaskMemAllocation ();
            LOS_Start();
        }
        while (1) {
        }
    }
```

(4) 在 Visual Studio Code 环境下编写一段完整的 MemAllocation 程序，并编译 OpenHarmony 内核，将编译后的内核在 QEMU RISC-V 中重新启动，屏幕上显示内存分配和内存释放过程，直到分配失败。

4. 实验报告

撰写实验报告时需包含以下内容：

(1) 实验目的与实验内容。

(2) 实验中的程序功能与运行结果分析。

10.3　OpenHarmony 的内存管理机制源码分析实验

1. 实验目的

(1) 深刻理解内存管理机制、内存分配及回收过程。

(2) 进一步学习 C 语言编程技术方法，熟悉设计开发内存管理功能的编程方法。

2. 实验内容

基于 OpenHarmony LiteOS-M 内核文件 los_memory.h 和 los_memory.c，分析 LiteOS-M 内存管理相关数据结构和函数的源码。

3. 实验操作

(1) OpenHarmony LiteOS-M 内核文件 los_memory.c 中给出了内存动态分配的两个主要参数 OsMemNodeHead 和 OsMemNodeHead 的结构体数据结构源码，分析其作用及每个成员的功能。

其源码如下：

```c
struct OsMemPoolHead {
    struct OsMemPoolInfo info;
    UINT32 freeListBitmap[OS_MEM_BITMAP_WORDS];
    struct OsMemFreeNodeHead *freeList[OS_MEM_FREE_LIST_COUNT];
#if (LOSCFG_MEM_MUL_POOL == 1)
    VOID *nextPool;
#endif
};
```

```
struct OsMemNodeHead {
#if (LOSCFG_BASE_MEM_NODE_INTEGRITY_CHECK == 1)
    UINT32 magic;
#endif
#if (LOSCFG_MEM_LEAKCHECK == 1)
    UINTPTR linkReg[LOSCFG_MEM_RECORD_LR_CNT];
#endif
    union {
        struct OsMemNodeHead *prev;        /* "prev" 用于当前节点指向前一个节点*/
        struct OsMemNodeHead *next;         /* "next" 用于指向扩展节点的 Sentinel 节点*/
    } ptr;
#if (LOSCFG_TASK_MEM_USED == 1)
    UINT32 taskID;
    UINT32 sizeAndFlag;
#elif (LOSCFG_MEM_FREE_BY_TASKID == 1)
    UINT32 taskID : 6;
    UINT32 sizeAndFlag : 26;
#else
    UINT32 sizeAndFlag;
#endif
};
```

（2）OpenHarmony LiteOS-M 内核文件 los_memory.c 中给出了内存管理涉及的三个关键函数，即 LOS_MemInit()、LOS_MemAlloc()和 LOS_MemFree()，详细分析这些函数的功能和实现过程，并对关键代码行进行注释。

① LOS_MemInit()函数的源码如下：

```
UINT32 LOS_MemInit(VOID *pool, UINT32 size)
{
    if ((pool == NULL) || (size <= OS_MEM_MIN_POOL_SIZE)) {
        return OS_ERROR;
    }
    if (((UINTPTR)pool & (OS_MEM_ALIGN_SIZE - 1)) || \
        (size & (OS_MEM_ALIGN_SIZE - 1))) {
    PRINT_ERR("LiteOS heap memory address or size configured not aligned:address:0x%x,size:0x%x, alignsize:%d\n", \
                    (UINTPTR)pool, size, OS_MEM_ALIGN_SIZE);
        return OS_ERROR;
    }
    if (OsMemPoolInit(pool, size)) {
```

```
        return OS_ERROR;
    }
#if (LOSCFG_MEM_MUL_POOL == 1)
    if (OsMemPoolAdd(pool, size)) {
        (VOID)OsMemPoolDeinit(pool);
        return OS_ERROR;
    }
#endif
#if OS_MEM_TRACE
LOS_TraceReg(LOS_TRACE_MEM_TIME,
        OsMemTimeTrace, LOS_TRACE_MEM_TIME_NAME, LOS_TRACE_ENABLE);
        LOS_TraceReg(LOS_TRACE_MEM_INFO, OsMemInfoTrace,
                LOS_TRACE_MEM_INFO_NAME, LOS_TRACE_ENABLE);
#endif
    OsHookCall(LOS_HOOK_TYPE_MEM_INIT, pool, size);
    return LOS_OK;
}
```

② LOS_MemAlloc()函数的源码如下：

```
VOID *LOS_MemAlloc(VOID *pool, UINT32 size)
{
#if OS_MEM_TRACE
    UINT64 start = HalClockGetCycles();
#endif
    if ((pool == NULL) || (size == 0)) {
        return NULL;
    }
    if (size < OS_MEM_MIN_ALLOC_SIZE) {
        size = OS_MEM_MIN_ALLOC_SIZE;
    }
    struct OsMemPoolHead *poolHead = (struct OsMemPoolHead *)pool;
    VOID *ptr = NULL;
    UINT32 intSave;
    MEM_LOCK(poolHead, intSave);
    do {
        if(OS_MEM_NODE_GET_USED_FLAG(size) || OS_MEM_NODE_GET_ALIGNED_FLAG(size)) {
            break;
        }
        ptr = OsMemAlloc(poolHead, size, intSave);
```

```
        } while (0);
        MEM_UNLOCK(poolHead, intSave);
    #if OS_MEM_TRACE
        UINT64 end = HalClockGetCycles();
        UINT32 timeUsed = MEM_TRACE_CYCLE_TO_US(end - start);
        LOS_Trace(LOS_TRACE_MEM_TIME, (UINTPTR)pool & MEM_POOL_ADDR_MASK,
    MEM_TRACE_MALLOC, timeUsed);
        LOS_MEM_POOL_STATUS poolStatus = {0};
        (VOID)LOS_MemInfoGet(pool, &poolStatus);
        UINT8 fragment = 100 - poolStatus.maxFreeNodeSize * 100 / poolStatus.totalFreeSize;
                                              /*100:百分比分母*/
        UINT8 usage = LOS_MemTotalUsedGet(pool) * 100 / LOS_MemPoolSizeGet(pool);
                                              /*100:百分比分母*/
        LOS_Trace(LOS_TRACE_MEM_INFO, (UINTPTR)pool & MEM_POOL_ADDR_MASK,
            fragment, usage, poolStatus.totalFreeSize, poolStatus.maxFreeNodeSize,
    poolStatus.usedNodeNum, poolStatus.freeNodeNum);
    #endif
        OsHookCall(LOS_HOOK_TYPE_MEM_ALLOC, pool, size);
        return ptr;
    }
```

③ LOS_MemFree()函数的源码如下：

```
    UINT32 LOS_MemFree(VOID *pool, VOID *ptr)
    {
    #if OS_MEM_TRACE
        UINT64 start = HalClockGetCycles();
    #endif
        if ((pool == NULL) || (ptr == NULL) || !OS_MEM_IS_ALIGNED(pool, sizeof(VOID *)) ||
            !OS_MEM_IS_ALIGNED(ptr, sizeof(VOID *))) {
            return LOS_NOK;
        }
        UINT32 ret = LOS_NOK;
        struct OsMemPoolHead *poolHead = (struct OsMemPoolHead *)pool;
        struct OsMemNodeHead *node = NULL;
        UINT32 intSave;
        MEM_LOCK(poolHead, intSave);
        do {
            ptr = OsGetRealPtr(pool, ptr);
            if (ptr == NULL) {
```

```
            break;
        }
        node = (struct OsMemNodeHead *)((UINTPTR)ptr - OS_MEM_NODE_HEAD_SIZE);
        ret = OsMemFree(poolHead, node);
    } while (0);
    MEM_UNLOCK(poolHead, intSave);
#if OS_MEM_TRACE
    UINT64 end = HalClockGetCycles();
    UINT32 timeUsed = MEM_TRACE_CYCLE_TO_US(end - start);
    LOS_Trace(LOS_TRACE_MEM_TIME,    (UINTPTR)pool   &   MEM_POOL_ADDR_MASK,
MEM_TRACE_FREE, timeUsed);
#endif
    OsHookCall(LOS_HOOK_TYPE_MEM_FREE, pool, ptr);
    return ret;
}
```

4. 实验报告

撰写实验报告时需包含以下内容：

(1) 实验目的与实验内容。

(2) 分析实验操作(1)中 OsMemNodeHead 和 OsMemNodeHead 结构体中每个成员的功能，详细描述 LiteOS-M 内核中动态内存管理机制。

(3) 分析实验操作(2)中内存管理涉及的三个关键函数的功能，详细描述内存初始化、分配、回收的详细过程。

10.4　OpenHarmony 的内存分配算法实验

1. 实验目的

(1) 掌握内存分配、回收过程设计实现方法。

(2) 进一步学习 C 语言编程技术方法，掌握 OpenHarmony LiteOS-M 内核内存分配算法编程方法。

2. 实验内容

基于 OpenHarmony LiteOS-M 内核文件 los_memory.h 和 los_memory.c，实现动态内存分配算法(First Fit，FF)替换 OpenHarmony LiteOS-M 内核 Bestfit 动态内存分配算法。

3. 实验操作

(1) FF 算法的原理是将空闲分区根据其物理地址组织空闲分区链表。在分配内存时，从链表首地址开始顺序查找，直至找到一个大小能满足进程要求的空闲分区为止。然后按照进程的大小，从该分区中划出一块内存空间，分配给请求的进程，余下的空闲分区仍留在空闲链表中。若从链表中没有找到合适大小的空闲区，则说明系统中没有满足进程要求的空闲块，分配失败。

(2) 按照内存分配 FF 算法的原理，重新实现 los_memory.h 和 los_memory.c 文件中 LOS_MemInit、LOS_MemDeInit、LOS_MemAlloc、LOS_MemFree、LOS_MemRealloc、LOS_MemAllocAlign、LOS_MemPoolSizeGet、LOS_MemTotalUsedGet、LOS_MemInfoGet、LOS_MemPoolList、LOS_MemFreeNodeShow、LOS_MemUsedNodeShow、LOS_MemIntegrityCheck 等函数和相关参数定义。

(3) 依据 10.2 节实验操作所描述的方法构建任务的入口函数。

(4) 编写 main() 函数完成任务启动运行及任务调度。首先，调用内核函数 LOS_KernelInit()初始化用户代码的内核空间。其次，定义每个任务的 TSK_INIT_PARAM_S 结构体变量，并设置结构体中任务入口函数、堆栈大小、任务名称以及优先级等各成员的初始值来完成任务的初始化。再次，调用内核函数 LOS_TaskCreate()创建任务。最后，调用 LOS_Start()函数启动任务运行。

(5) 在 Visual Studio Code 环境下编写完整的 main.c 程序，并编译 OpenHarmony 内核，将编译后的内核在 QEMU RISC-V 中重新启动，屏幕上显示基于内存分配 FF 算法运行的结果。

4. 实验报告

撰写实验报告时需包含以下内容：

(1) 实验目的与实验内容。

(2) 实验中的程序运行结果分析与思考。

第 11 章　设备管理实验

本章主要介绍设备管理实验，主要内容有实验准备、OpenHarmony 的中断管理 API 编程实验、OpenHarmony 的中断管理源码分析实验等。通过本章内容的学习和实践，学生应重点理解操作系统设备管理的概念和任务，掌握设备管理的基础——中断管理机制，学会分析有关 OpenHarmony 中断管理的相关函数，掌握中断处理程序的编程方法。

11.1　实　验　准　备

1. 实验预习

(1) 做 OpenHarmony 的中断管理 API 编程实验，预习第 5 章。

(2) 做 OpenHarmony 的中断管理源码分析实验，预习第 5 章。

2. 实验安排

根据教学计划可选择安排 1 次实验，2 学时。

11.2　OpenHarmony 的中断管理 API 编程实验

1. 实验目的

(1) 理解设备管理的概念和任务。

(2) 掌握设备管理的基础——中断管理的工作机制。

(3) 掌握中断管理的程序实现方法。

2. 实验内容

基于 OpenHarmony LiteOS-M 内核源码，首先创建一个外部设备中断，当指定的中断号 HWI_NUM_TEST 产生中断时，调用中断处理函数输出相应的提示信息，然后删除该中断。

3. 实验操作

(1) 创建一个外部设备中断。其源码如下：

```
UINT32 Example_Interrupt(VOID)
{
    UINTPTR uvIntSave;
    uvIntSave = LOS_IntLock();
    Example_Exti0_Init();
    HalHwiCreate(6, 0, 0, User_IRQHandler, 0);        /*创建中断*/
    LOS_IntRestore(uvIntSave);
    return LOS_OK;
}
static void Example_Exti0_Init()
{
    /*在此处添加中断 IRQ 初始化代码*/
    printf("interrupt successful\n");
    return;
} /*在此处添加中断内容*/
static VOID User_IRQHandler(void)
{
    printf("\n User IRQ test\n");
    // LOS_InspectStatusSetByID(LOS_INSPECT_INTERRUPT,LOS_INSPECT_STU_SUCCESS);
    Return;
}
```

（2）编写 main() 函数完成 OpenHarmony 中断处理程序。首先调用内核函数 LOS_KernelInit()初始化用户代码的内核空间，然后调用函数 Example_Interrupt()创建外部设备中断，最后调用内核函数 LOS_Start()启动内核。其中 main()函数的源码如下：

```
int main(int argc, char *argv[])
{
    puts("Standard output message.");
    printf("Standard error message.\n");
    printf("System clock: %u Hz\n", SystemCoreClock);
    if (LOS_OK != LOS_KernelInit())
    {
        return LOS_NOK;
    }
    printf("Hello, LiteOS!\n");
    Example_Interrupt();
    LOS_Start();
    return 0;
}
```

(3) 在 Visual Studio Code 环境下编写完整的中断管理程序,并编译 OpenHarmony 内核,将编译后的内核在 QEMU RISC-V 中重新启动,屏幕上显示中断管理程序运行的结果。

4. 实验报告

撰写实验报告时需包含以下内容:

(1) 实验目的与实验内容。

(2) 实验中的程序功能与运行结果分析。

11.3　OpenHarmony 的中断管理源码分析实验

1. 实验目的

(1) 深刻理解中断管理机制,熟悉中断管理的主要数据结构及相关功能函数。

(2) 进一步学习 C 语言编程技术方法,熟悉设计开发中断管理功能的编程方法。

2. 实验内容

基于 OpenHarmony LiteOS-M 内核中有关 Riscv32 平台的中断管理内核源码和中断向量表,分析中断向量表中每个中断号对应的中断功能,并分析 Riscv32 平台中断管理函数的源码及其功能。

3. 实验操作

(1) 分析面向 Riscv32 平台 OpenHarmony 中断向量表中每个中断号对应的中断功能。其中中断向量表如下:

```
LITE_OS_SEC_DATA_INIT HWI_HANDLE_FORM_S g_hwiForm[OS_HWI_MAX_NUM] = {
    { .pfnHook = NULL, .uwParam = 0 },                      /*0 用户(模式)软件中断处理函数*/
    { .pfnHook = NULL, .uwParam = 0 },                      /*1 监督(模式)软件中断处理函数*/
    { .pfnHook = NULL, .uwParam = 0 },                      /*2 保留*/
    { .pfnHook = HalHwiDefaultHandler, .uwParam = 0 },      /*3 机器(模式)软件中断处理函数*/
    { .pfnHook = NULL, .uwParam = 0 },                      /*4 用户(模式)定时器中断处理函数*/
    { .pfnHook = NULL, .uwParam = 0 },                      /*5 监督(模式)定时器中断处理函数*/
    { .pfnHook = NULL, .uwParam = 0 },                      /*6 保留*/
    { .pfnHook = HalHwiDefaultHandler, .uwParam = 0 },      /*7 机器(模式)定时器中断处理函数*/
    { .pfnHook = NULL, .uwParam = 0 },                      /*8 用户(模式)外部中断处理函数*/
    { .pfnHook = NULL, .uwParam = 0 },                      /*9 监督(模式)外部中断处理函数*/
    { .pfnHook = NULL, .uwParam = 0 },                      /*10 保留*/
    { .pfnHook = HalHwiDefaultHandler, .uwParam = 0 },      /*11 机器(模式)外部中断处理函数*/
    { .pfnHook = HalHwiDefaultHandler, .uwParam = 0 },      /*12 非屏蔽中断处理函数*/
    { .pfnHook = NULL, .uwParam = 0 },                      /*13 保留*/
    { .pfnHook = NULL, .uwParam = 0 },                      /*14 保留*/
    { .pfnHook = NULL, .uwParam = 0 },                      /*15 保留*/
```

{ .pfnHook = NULL, .uwParam = 0 },	/*16 保留*/
{ .pfnHook = NULL, .uwParam = 0 },	/*17 保留*/
{ .pfnHook = NULL, .uwParam = 0 },	/*18 保留*/
{ .pfnHook = NULL, .uwParam = 0 },	/*19 保留*/
{ .pfnHook = NULL, .uwParam = 0 },	/*20 保留*/
{ .pfnHook = NULL, .uwParam = 0 },	/*21 保留*/
{ .pfnHook = NULL, .uwParam = 0 },	/*22 保留*/
{ .pfnHook = NULL, .uwParam = 0 },	/*23 保留*/
{ .pfnHook = NULL, .uwParam = 0 },	/*24 保留*/
{ .pfnHook = NULL, .uwParam = 0 },	/*25 保留*/
};	

(2) 分析 Riscv32 平台的 OpenHarmony 中断管理主要函数(HalHwiInit()、HalHwiInterruptDone()、HalHwiCreate()和 HalHwiDelete())的源码,详细分析这些函数的功能和实现过程,并对关键代码行进行注释。

① HalHwiInit()函数的源码如下:

```
LITE_OS_SEC_TEXT_INIT VOID HalHwiInit(VOID)
{
    UINT32 index;
    for (index = OS_RISCV_SYS_VECTOR_CNT; index < OS_HWI_MAX_NUM; index++) {
    g_hwiForm[index].pfnHook = HalHwiDefaultHandler;
    g_hwiForm[index].uwParam = 0;
    }
}
```

② HalHwiInterruptDone()函数的源码如下:

```
typedef VOID (*HwiProcFunc)(VOID *arg);
__attribute__((section(".interrupt.text"))) VOID HalHwiInterruptDone(HWI_HANDLE_T hwiNum)
{
    g_intCount++;
    OsHookCall(LOS_HOOK_TYPE_ISR_ENTER, hwiNum);
    HWI_HANDLE_FORM_S *hwiForm = &g_hwiForm[hwiNum];
    HwiProcFunc func = (HwiProcFunc)(hwiForm->pfnHook);
    func(hwiForm->uwParam);
    ++g_hwiFormCnt[hwiNum];
    OsHookCall(LOS_HOOK_TYPE_ISR_EXIT, hwiNum);
    g_intCount--;
}
```

③ HalHwiCreate()函数的源码如下：

```
/***************************************************************************
函数：HalHwiCreate
描述：创建硬件中断
输入：hwiNum——中断号；hwiPrio——中断优先级；hwiMode——中断模式；hwiHandler——中
断处理函数；irqParam——中断处理函数参数
输出：无
返回：成功时返回 LOS_OK 或失败时出现错误代码
***************************************************************************/
LITE_OS_SEC_TEXT UINT32 HalHwiCreate(HWI_HANDLE_T hwiNum,
                                     HWI_PRIOR_T hwiPrio,
                                     HWI_MODE_T hwiMode,
                                     HWI_PROC_FUNC hwiHandler,
                                     HWI_ARG_T irqParam)
{
    UINT32 intSave;
    if (hwiHandler == NULL) {
        return OS_ERRNO_HWI_PROC_FUNC_NULL;
    }
    if (hwiNum >= OS_HWI_MAX_NUM) {
        return OS_ERRNO_HWI_NUM_INVALID;
    }
    if (g_hwiForm[hwiNum].pfnHook == NULL) {
        return OS_ERRNO_HWI_NUM_INVALID;
    } else if (g_hwiForm[hwiNum].pfnHook != HalHwiDefaultHandler) {
        return OS_ERRNO_HWI_NUM_INVALID;
    }
    if ((hwiPrio < OS_HWI_PRIO_LOWEST) || (hwiPrio > OS_HWI_PRIO_HIGHEST)) {
        return OS_ERRNO_HWI_PRIO_INVALID;
    }
    intSave = LOS_IntLock();
    g_hwiForm[hwiNum].pfnHook = hwiHandler;
    g_hwiForm[hwiNum].uwParam = (VOID *)irqParam;
    if (hwiNum >= OS_RISCV_SYS_VECTOR_CNT) {
        HalSetLocalInterPri(hwiNum, hwiPrio);
    }
    LOS_IntRestore(intSave);
    return LOS_OK;
}
```

④ HalHwiDelete()函数的源码如下：

```
*********************************************************************
函数：HalHwiDelete
描述：删除硬件中断
输入：hwiNum——删除中断号
返回：成功时返回 LOS_OK 或失败时出现错误代码
*********************************************************************/
LITE_OS_SEC_TEXT UINT32 HalHwiDelete(HWI_HANDLE_T hwiNum)
{
    UINT32 intSave;
    if (hwiNum >= OS_HWI_MAX_NUM) {
        return OS_ERRNO_HWI_NUM_INVALID;
    }
    intSave = LOS_IntLock();
    g_hwiForm[hwiNum].pfnHook = HalHwiDefaultHandler;
    g_hwiForm[hwiNum].uwParam = 0;
    LOS_IntRestore(intSave);
    return LOS_OK;
}
```

4. 实验报告

撰写实验报告时需包含以下内容：

(1) 实验目的与实验内容。

(2) 分析实验操作(1)中断向量表中每个中断号对应的中断功能。

(3) 分析实验操作(2)中断管理的关键函数的功能，详细描述 OpenHarmony 中断初始化、中断完成、中断创建、中断删除的过程。

第 12 章　文件系统实验

本章主要介绍文件系统实验，主要内容有实验准备、OpenHarmony 的文件系统 API 编程实验、OpenHarmony 的文件系统源码分析实验等。通过本章内容的学习和实践，学生应重点掌握操作系统文件控制的基本原理，理解文件系统的内部功能及内部实现。

12.1　实　验　准　备

1. 实验预习

(1) 做 OpenHarmony 的文件系统 API 编程实验，预习第 4 章。

(2) 做 OpenHarmony 的文件系统源码分析实验，预习第 4 章。

2. 实验安排

根据教学计划可选择安排 1~2 次实验，2~4 学时。

12.2　OpenHarmony 的文件系统 API 编程实验

1. 实验目的

学习和掌握文件控制的基本原理和常用的文件系统调用。

2. 实验内容

基于 OpenHarmony LiteOS-M 内核源码，创建一个文件系统，此文件系统能够实现文件打开、读、写、文件删除、目录创建、目录删除、文件显示、目录显示等功能。

3. 实验操作

(1) 定义相关参数和函数，具体如下：

```
int write_file(const char *name, char *buff, int len);
int read_file(const char *name, char *buff, int len);
int open_dir(const char *name, struct dir **dir);
int read_dir(const char *name, struct dir *dir);
void make_dir(const char *name);
```

```
void print_dir(const char *name, int level);
void los_vfs_io(char *file_name, char *dir_name);
```

（2）创建文件打开、读、写、文件删除、目录创建、目录删除、文件显示、目录显示等功能函数，具体源码如下：

```c
int write_file(const char *name, char *buff, int len)
{
    int fd;
    int ret;
    if ((name == NULL) || (buff == NULL) || (len <= 0)) {
        FS_LOG_ERR("invalid parameter.");
        return -1;
    }
    fd = los_open(name, O_CREAT | O_WRONLY | O_TRUNC);
    if (fd < 0) {
        FS_LOG_ERR("los_open file %s failed.", name);
        return -1;
    }
    ret = los_write(fd, buff, len);
    if (ret < 0) {
        FS_LOG_ERR("los_write file %s failed.", name);
        los_close(fd);
        return -1;
    }
    los_close(fd);
    return 0;
}
int read_file(const char *name, char *buff, int len)
{
    int fd;
    int ret;
    if ((name == NULL) || (buff == NULL) || (len <= 0)) {
        FS_LOG_ERR("invalid parameter.");
        return -1;
    }
    fd = los_open(name, O_RDONLY);
    if (fd < 0) {
        FS_LOG_ERR("los_open file %s failed.", name);
        return -1;
```

```
        }
        ret = los_read(fd, buff, len);
        if (ret <= 0) {
            FS_LOG_ERR("los_read file %s failed.", name);
            los_close(fd);
            return -1;
        }
        los_close(fd);
        return 0;
}
int open_dir(const char *name, struct dir **dir)
{
        int ret = 0;
        int counter = 3;
        if ((name == NULL) || (dir == NULL)) {
            FS_LOG_ERR("invalid parameter.");
            return -1;
        }

        do {
            *dir = los_opendir(name);
            if (*dir == NULL) {
                FS_LOG_ERR("los_opendir %s failed, ret=%d.", name, ret);
                ret = los_mkdir(name, 0);
                if (ret != 0) {
                    FS_LOG_ERR("los_mkdir %s failed, ret=%d.", name, ret);
                } else {
                    FS_LOG_ERR("los_mkdir %s successfully.", name);
                }
            }
        } while ((*dir == NULL) && (--counter > 0));
        if (counter <= 0) {
            FS_LOG_ERR("los_opendir/los_mkdir %s failed, ret=%d.", name, ret);
            return -1;
        }
        return 0;
}
int read_dir(const char *name, struct dir *dir)
{
```

```
        int flag = 1;
        struct dirent *pDirent = NULL;

        if ((name == NULL) || (dir == NULL)) {
            FS_LOG_ERR("invalid parameter.");
            return -1;
        }
        while (1) {
            pDirent = los_readdir(dir);
            if ((pDirent == NULL) || (pDirent->name[0] == '\0')) {
                if (flag == 1) {
                    FS_LOG_ERR("los_readdir %s failed.", name);
                    return -1;
                } else
                    Break;
            }
            flag = 0;
            printf("los_readdir %s: name=%s, type=%d, size=%d\n", name, pDirent->name, pDirent->type,
pDirent->size);
        }
        return 0;
    }
    void los_vfs_io(char *file_name, char *dir_name)
    {
        int ret = 0;
        struct dir *pDir = NULL;
        int wrlen = sizeof(s_ucaWriteBuffer) – 1;
        int rdlen = sizeof(s_ucaReadBuffer);
        rdlen = MIN(wrlen, rdlen);
        /*文件操作*/
        ret = write_file(file_name, s_ucaWriteBuffer, wrlen);
        if (ret < 0) {
            (void)los_unlink(file_name);
            Return;
        }
        ret = read_file(file_name, s_ucaReadBuffer, rdlen);
        if (ret < 0) {
            (void)los_unlink(file_name);
            Return;
```

```
    }
    printf("********** readed %d data **********\r\n%s\r\n"
        "************************************\r\n",
        rdlen, s_ucaReadBuffer);
    /*目录操作*/
    sprintf(file_name, "%s/%s", (char *)dir_name, LOS_FILE);
    ret = open_dir(dir_name, &pDir);
    if (ret < 0) {
        (void)los_unlink(file_name);
        return;
    }
    ret = write_file(file_name, s_ucaWriteBuffer, wrlen);
    if (ret < 0) {
        (void)los_closedir(pDir);
        (void)los_unlink(file_name);
        Return;
    }
    ret = read_dir(dir_name, pDir);
    if (ret < 0) {
        (void)los_closedir(pDir);
        (void)los_unlink(file_name);
        Return;
    }
    ret = los_closedir(pDir);
    if (ret < 0) {
        FS_LOG_ERR("los_closedir %s failed.", dir_name);
        (void)los_unlink(file_name);        /*删除文件名*/
        Return;
    }
    (void)los_unlink(file_name);            /*删除文件名*/
}
void make_dir(const char *name)
{
    int count = 0;
    char tmp_dir[128];
    int num = snprintf_s(tmp_dir, sizeof(tmp_dir), sizeof(tmp_dir) - 2, "%s", name);
    if (num <= 0) {
        return;
    } else if (tmp_dir[num - 1] != '/') {
```

```
                    tmp_dir[num] = '/';
                    tmp_dir[num + 1] = 0;
            }
            for (int i = 0；  tmp_dir[i] != 0；  i++) {
                if (tmp_dir[i] == '/') {
                        count++;
                        if (count > 2) {
                            tmp_dir[i] = 0;
                            (void)los_mkdir(tmp_dir, 0);
                            tmp_dir[i] = '/';
                        }
                }
            }
    }
    void print_dir(const char *name, int level)
    {
        if (level <= 1) {
            printf("%s\n", name);
        } else if (level > 10) {
            Return;
        }
        struct dir *dir = los_opendir(name);
        if (dir == NULL) {
            FS_LOG_ERR("los_opendir %s failed", name);
            Return;
        }
        while (1) {
            struct dirent *dirent = los_readdir(dir);
            if ((dirent == NULL) || (dirent->name[0] == 0)) {
                    break;
            }
            if ((dirent->type == VFS_TYPE_DIR) && (strcmp(dirent->name, ".")) && (strcmp(dirent->
name, "..")))  {
                    char tmp_path[LOS_MAX_DIR_NAME_LEN + 2];
                    printf("|%*s%s/\n", level * 4, "--->", dirent->name);
                    snprintf(tmp_path, sizeof(tmp_path), "%s/%s", name, dirent->name)；
                    print_dir(tmp_path, level + 1);
            } else {
                    printf("|%*s%s\n", level * 4, "--->", dirent->name);
```

```
        }
    }
    if (los_closedir(dir) < 0) {
        FS_LOG_ERR("los_closedir %s failed", name);
        Return;
    }
}
```

(3) 编写 main() 函数完成 OpenHarmony 任务启动运行。首先调用内核函数 LOS_KernelInit() 初始化用户代码的内核空间，然后创建任务，最后调用内核函数 LOS_Start() 启动任务的调度。其中 main() 函数的源码如下：

```
int main(void)
{
    UINT32 uwRet = LOS_OK;    /*定义一个任务创建的返回值，默认为创建成功*/
    printf("这是一个 OpenHarmonyOS-RAMFS 文件系统实验！\n\n");
    /*初始化 LiteOS 内核*/
    uwRet = LOS_KernelInit();
    if (uwRet != LOS_OK) {
        printf("LiteOS 核心初始化失败！失败代码 0x%X\n",uwRet);
        return LOS_NOK;
    }
    uwRet = AppTaskCreate();
    if (uwRet != LOS_OK) {
        printf("AppTaskCreate 创建任务失败！失败代码 0x%X\n",uwRet);
        return LOS_NOK;
    }
    /*开启 LiteOS 任务调度*/
    LOS_Start();
    while (1);
}
/************************************************************
 * @ 函数名：AppTaskCreate
 * @ 功能说明：任务创建，为了方便管理，所有任务创建函数都放在该函数中
 * @ 参数：无
 * @ 返回值：无
 ************************************************************/
static UINT32 AppTaskCreate(void)
{
    /*定义一个返回类型变量，初始化为 LOS_OK */
```

```
        UINT32 uwRet = LOS_OK;
        uwRet = Create_Task();
        if (uwRet != LOS_OK) {
            printf("RAMFS_Task 任务创建失败！失败代码 0x%X\n",uwRet);
            return uwRet;
        }
        return LOS_OK;
    }
/***************************************************************
 * @ 函数名：Create_Task
 * @ 功能说明：创建 RAMFS_Demo 任务
 * @ 参数：
 * @ 返回值：无
 ***************************************************************/
    static UINT32 Create_Task()
    {
        /*定义一个创建任务的返回类型，初始化为创建成功的返回值*/
        UINT32 uwRet = LOS_OK;
        /*定义一个用于创建任务的参数结构体*/
        TSK_INIT_PARAM_S task_init_param;
        task_init_param.usTaskPrio = 5;                /*任务优先级，数值越小优先级越高*/
        task_init_param.pcName = "RAMFS_Demo";        /*任务名*/
        task_init_param.pfnTaskEntry = (TSK_ENTRY_FUNC)RAMFS_Demo;
        task_init_param.uwStackSize = 1024;            /*栈大小*/
        uwRet = LOS_TaskCreate(&RAMFS_Task_Handle, &task_init_param);
        return uwRet;
    }
/***************************************************************
 * @ 函数名：RAMFS_Demo
 * @ 功能说明：RAMFS 演示
 * @ 参数：无
 * @ 返回值：无
 ***************************************************************/
    void RAMFS_Demo(void)
    {
        int ret;
        char bufWrite[] = "this is a demo write to file";
        char bufRead[DEMO_BUF_LEN];
        struct dir *testdir = NULL;
```

```
    int bufLen;
    ret = ramfs_init();
    if (ret == LOS_NOK) {
        FS_LOG_ERR("ramfs_init failed.");
        Return;
    }
    ret = ramfs_mount(RAMFS_PATH, RAMFS_SIEZ);
    if (ret == LOS_NOK) {
        FS_LOG_ERR("ramfs_mount failed.");
        Return;
    }
    bufLen = strlen(bufWrite);
    write_file("/ramfs/test.txt", bufWrite, bufLen);
    memset_s(bufRead, DEMO_BUF_LEN, 0, DEMO_BUF_LEN);
    read_file("/ramfs/test.txt", bufRead, 1);
    printf("%s\n", bufRead);
    memset_s(bufRead, DEMO_BUF_LEN, 0, DEMO_BUF_LEN);
    read_file("/ramfs/test.txt", bufRead, 10);
    printf("%s\n", bufRead);
    memset_s(bufRead, DEMO_BUF_LEN, 0, DEMO_BUF_LEN);
    read_file("/ramfs/test.txt", bufRead, bufLen);
    printf("%s\n", bufRead);
    ret = open_dir("/ramfs/dir", &testdir);
    if (ret != LOS_OK) {
        FS_LOG_ERR("failed to open dir");
        return;
    }
    write_file("/ramfs/dir/test01.txt", bufWrite, bufLen);
    write_file("/ramfs/dir/test02.txt", bufWrite, bufLen);
    write_file("/ramfs/dir/test03.txt", bufWrite, bufLen);

    ret = read_dir("/ramfs/dir", testdir);
    if (ret != LOS_OK) {
        FS_LOG_ERR("failed to read dir");
        Return;
    }
    ret = los_closedir(testdir);
    if (ret != LOS_OK) {
        FS_LOG_ERR("failed to close dir");
```

```
        Return;
    }
    los_fs_unmount("/ramfs");
}
```

(4) 在 Visual Studio Code 环境下编写一段完整的文件系统程序，并编译 OpenHarmony 内核，将编译后的内核在 QEMU RISC-V 中重新启动，屏幕上显示文件管理结果。

4. 实验报告

撰写实验报告时需包含以下内容：

(1) 实验目的与实验内容。

(2) 实验中的程序功能与运行结果分析。

12.3 OpenHarmony 的文件系统源码分析实验

1. 实验目的

(1) 深刻理解文件控制机制，熟悉文件系统的主要数据结构及相关功能函数。

(2) 进一步学习 C 语言编程技术方法，熟悉设计开发文件系统功能的编程方法。

2. 实验内容

基于 OpenHarmony LiteOS-M 内核文件 los_vfs.h、los_vfs.c 、los_ramfs.h、los_ramfs.c 和 los_memory.c，分析 LiteOS-M 虚拟文件系统(Virtual File System，VFS)和内存文件系统 ramfs 相关数据结构和函数的源码。

3. 实验操作

(1) 分析 OpenHarmony LiteOS-M 文件系统数据结构的作用。

① 文件操作结构体 file_ops。其源码如下：

```
struct file_ops {
    int        (*open)(struct file *, const char *, int);
    int        (*close)(struct file *);
    ssize_t    (*read)(struct file *, char *, size_t);
    ssize_t    (*write)(struct file *, const char *, size_t);
    off_t      (*lseek)(struct file *, off_t, int);
    int        (*stat)(struct mount_point *, const char *, struct stat *);
    int        (*unlink)(struct mount_point *, const char *);
    int        (*rename)(struct mount_point *, const char *, const char *);
    int        (*ioctl)(struct file *, int, unsigned long);
    int        (*sync)(struct file *);
    int        (*opendir)(struct dir *, const char *);
    int        (*readdir)(struct dir *, struct dirent *);
```

```
    int            (*closedir)(struct dir *);
    int            (*mkdir)(struct mount_point *, const char *);
};
```

② 文件系统结构体 file_system。其源码如下：

```
struct file_system {
    const char fs_name[LOS_FS_MAX_NAME_LEN];
    struct file_ops *fs_fops;
    struct file_system *fs_next;
    volatile uint32_t fs_refs;
};
```

③ 挂载点结构体 mount_point。其源码如下：

```
struct mount_point {
    struct file_system *m_fs;
    struct mount_point *m_next;
    const char *m_path;
    volatile uint32_t m_refs;
    UINT32 m_mutex;
    void *m_data;              /*挂载点私有数据，如/sdb1、/sdb2 等*/
};
```

④ 文件结构体 file。其源码如下：

```
struct file {
    struct file_ops *f_fops;
    UINT32 f_flags;
    UINT32 f_status;
    off_t f_offset;
    struct mount_point *f_mp;    /*用于获取文件挂载点的私有数据*/
    UINT32 f_owner;              /*记录打开文件的任务*/
    void *f_data;
};
```

⑤ 目录项结构体 dirent。其源码如下：

```
struct dirent {
    char name[LOS_MAX_DIR_NAME_LEN + 1];
    UINT32 type;
    UINT32 size;
};
```

⑥ 目录结构体 dir。其源码如下：

```
struct dir {
    struct mount_point *d_mp;        /*用于获取文件挂载点的私有数据*/
    struct dirent d_dent;
    off_t d_offset;
    void *d_data;
};
```

⑦ ramfs 元素结构体 ramfs_element。其源码如下：

```
struct ramfs_element {
    char name[LOS_MAX_FILE_NAME_LEN];
    uint32_t type;
    struct ramfs_element *sibling;
    struct ramfs_element *parent;
    volatile uint32_t refs;
    union {
        struct {
            size_t size;
            char *content;
        } f;
        struct {
            struct ramfs_element *child;
        } d;
    };
};
```

⑧ ramfs 挂载点结构体 ramfs_mount_point。其源码如下：

```
struct ramfs_mount_point {
    struct ramfs_element root;
    void *memory;
};
```

(2) OpenHarmony LiteOS-M 内核文件 los_ramfs.c 中给出了内存文件系统 ramfs 涉及的四个关键函数，即 ramfs_init()、ramfs_mount()、ramfs_mkdir()和 ramfs_open()，详细分析这些函数的功能和实现过程，并对关键代码行进行注释。

① ramfs_init()函数的源码如下：

```
int ramfs_init(void)
{
    static int ramfs_inited = FALSE;
```

```
        if (ramfs_inited) {
                return LOS_OK;
        }
        if (los_vfs_init() != LOS_OK) {
                PRINT_ERR("vfs init fail!\n");
                return LOS_NOK;
        }
        if (los_fs_register(&ramfs_fs) != LOS_OK) {
                PRINT_ERR("failed to register fs!\n");
                return LOS_NOK;
            }
            PRINT_INFO("register fs done!\n");
            ramfs_inited = TRUE;
            return LOS_OK;
        }
```

② ramfs_mount()函数的源码如下：

```
    int ramfs_mount(const char *path, size_t block_size)
    {
        struct ramfs_mount_point *rmp;
        if (strlen(path) >= LOS_MAX_FILE_NAME_LEN) {
                return LOS_NOK;
        }
        rmp = (struct ramfs_mount_point *)malloc(sizeof(struct ramfs_mount_point));
        if (rmp == NULL) {
            PRINT_ERR("fail to malloc memory in RAMFS, <malloc.c> is needed,"
                "make sure it is added\n");
            return LOS_NOK;
        }
        memset(rmp, 0, sizeof(struct ramfs_mount_point));
        rmp->root.type = RAMFS_TYPE_DIR;
        strncpy(rmp->root.name, path, LOS_MAX_FILE_NAME_LEN);
        rmp->memory = malloc(block_size);
        if (rmp->memory == NULL) {
            PRINT_ERR("fail to malloc memory in RAMFS, <malloc.c> is needed,"
                "make sure it is added\n");
            PRINT_ERR("failed to allocate memory\n");
            return LOS_NOK;
        }
```

```
        if (LOS_MemInit(rmp->memory, block_size) != LOS_OK) {
            PRINT_ERR("failed to init pool\n");
            free(rmp->memory);
            return LOS_NOK;
        }
        if (los_fs_mount("ramfs", path, rmp) == LOS_OK) {
            PRINT_INFO("ramfs mount at %s done!\n", path);
            return LOS_OK;
        }
        PRINT_ERR("failed to register fs!\n");
        free(rmp->memory);
        free(rmp);
        return LOS_NOK;
    }
```

③ ramfs_mkdir()函数的源码如下：

```
    static int ramfs_mkdir(struct mount_point *mp, const char *path_in_mp)
    {
        struct ramfs_element *ramfs_parent;
        struct ramfs_element *ramfs_dir;
        const char *t;
        int len;
        ramfs_parent = ramfs_file_find(mp, path_in_mp, &path_in_mp);
        if ((ramfs_parent == NULL) || (*path_in_mp == '\0')) {
            return -1;        /*说明该目录已经存在*/
        }
        t = strchr(path_in_mp, '/');
        if (t != NULL) {
            len = t - path_in_mp;
            while (*t == '/') {
                t++;
            }
            if (*t != '\0') {
                return -1;    /*还没有在建立的目录下建立目录*/
            }
        } else {
            len = strlen(path_in_mp);
        }
        if (len >= LOS_MAX_FILE_NAME_LEN) {
```

```
            return -1;
        }
    ramfs_dir = (struct ramfs_element *)malloc(sizeof(struct ramfs_element));
    if (ramfs_dir == NULL) {
        PRINT_ERR("fail to malloc memory in RAMFS, <malloc.c> is needed,"
            "make sure it is added\n");
        return -1;
    }
    memset(ramfs_dir, 0, sizeof(struct ramfs_element));

    strncpy(ramfs_dir->name, path_in_mp, len);
    ramfs_dir->type = RAMFS_TYPE_DIR;
    ramfs_dir->sibling = ramfs_parent->d.child;
    ramfs_parent->d.child = ramfs_dir;
    ramfs_dir->parent = ramfs_parent;
    return 0;
}
```

④ ramfs_open()函数的源码如下：

```
static int ramfs_open(struct file *file, const char *path_in_mp, int flags)
{
    struct ramfs_element *ramfs_file;
    struct ramfs_element *walk;
    int ret = -1;
    /*打开目录，如"/romfs/ not support " */
    if (*path_in_mp == '\0') {
        VFS_ERRNO_SET(EISDIR);
        return ret;
    }
    walk = ramfs_file_find(file->f_mp, path_in_mp, &path_in_mp);
    if (walk == NULL) {
        /*ramfs_file_find 设置错误*/
        return ret;
    }
    if ((walk->type == RAMFS_TYPE_DIR) && (*path_in_mp == '\0')) {
        VFS_ERRNO_SET(EISDIR);
        return -1;
    }
    if (*path_in_mp == '\0') {      /*文件已经存在，已经找到*/
```

```
            ramfs_file = walk;
            if (ramfs_file->type != RAMFS_TYPE_FILE) {
                VFS_ERRNO_SET(EISDIR);
                return -1;
            }
            if ((flags & O_CREAT) && (flags & O_EXCL)) {
                VFS_ERRNO_SET(EEXIST);
                return -1;
            }
            if (flags & O_APPEND) {
                file->f_offset = ramfs_file->f.size;
            }
            ramfs_file->refs++;
            file->f_data = (void *)ramfs_file;
            return 0;
        }
    /*文件未找到，ramfs_file 保存最匹配的目录，path_in_mp 保存未解析的左路径*/
    if ((flags & O_CREAT) == 0) {
        VFS_ERRNO_SET(ENOENT);
        return -1;
    }
    if (walk->type != RAMFS_TYPE_DIR) {
        VFS_ERRNO_SET(ENOTDIR);
        return -1;
    }
    if (strchr(path_in_mp, '/') != NULL) {
        VFS_ERRNO_SET(ENOENT);     /*父目录不存在*/
        return -1;
    }
    if (strlen(path_in_mp) >= LOS_MAX_FILE_NAME_LEN) {
        VFS_ERRNO_SET(ENAMETOOLONG);
        return -1;
    }
    ramfs_file = malloc(sizeof(struct ramfs_element));
    if (ramfs_file == NULL) {
        PRINT_ERR("fail to malloc memory in RAMFS, <malloc.c> is needed,"
            "make sure it is added\n");
        VFS_ERRNO_SET(ENOMEM);
        return -1;
```

```
        }
        strcpy(ramfs_file->name, path_in_mp);    /*已经被修改*/
        ramfs_file->refs = 1;
        ramfs_file->type = RAMFS_TYPE_FILE;
        ramfs_file->sibling = walk->d.child;
        walk->d.child = ramfs_file;
        ramfs_file->f.content = NULL;
        ramfs_file->f.size = 0;
        ramfs_file->parent = walk;
        file->f_data = (void *)ramfs_file;
        return 0;
    }
```

4. 实验报告

撰写实验报告时需包含以下内容：

(1) 实验目的与实验内容。

(2) 分析实验操作(1)中所有结构体中每个成员的功能。

(3) 分析实验操作(2)中文件系统涉及的关键函数的功能，详细分析文件打开、目录建立、文件系统挂载的过程。

第 13 章　进程间通信实验

本章主要介绍进程间通信实验，主要内容有实验准备、OpenHarmony 的消息队列通信实验、OpenHarmony 的消息通信机制源码分析实验等。通过本章内容的学习和实践，学生应重点掌握进程间的通信机制、OpenHarmony 的消息队列通信机制，学会分析有关消息通信的过程，深刻理解进程间通信的实质。

13.1　实　验　准　备

1. 实验预习

(1) 做 OpenHarmony 的消息队列通信实验，预习第 2.3 节。

(2) 做 OpenHarmony 的消息通信机制源码分析实验，预习第 2.3 节。

2. 实验安排

根据教学计划可选择安排 1～2 次实验，2～4 学时。

13.2　OpenHarmony 的消息队列通信实验

1. 实验目的

(1) 理解进程间的通信机制。

(2) 掌握 OpenHarmony 的消息队列和事件通信机制及 API 编程方法。

(3) 熟悉在类 Linux 系统环境下 C 语言程序的开发方法，阅读、调试 C 程序并编写 OpenHarmony 两个任务间消息队列通信程序。

2. 实验内容

基于 OpenHarmony LiteOS-M 内核源码，在 Visual Studio Code 环境下编写代码，创建两个不同优先级的任务和一个消息队列，实现两个任务(写消息任务和读消息任务)的消息通信，两个任务独立运行，并且写消息任务通过检测按键的按下情况来写入消息，而读消息任务则一直等待消息的到来，当读取消息成功时输出消息。

3. 实验操作

(1) 构建两个不同优先级任务的入口函数 Receive_Task 和 Send_Task，并创建两个任务。

两个任务间通过一个消息队列传递消息或消息地址。两个任务通过消息队列完成任务间通信，即 Send_Task 每隔 100 ticks 通过调用内核函数 LOS_QueueWriteCopy 向消息队列写入多个数字，而 Receive_Task 通过调用内核函数 LOS_QueueReadCopy 从队列中读取消息。

构建的任务入口函数的源码如下：

```
static void Send_Task(void)
    {
        /*定义一个返回类型变量，初始化为 LOS_OK*/
        UINT32 uwRet = LOS_OK;
        /*任务循环*/
        while (send_data1 < 10)
        {
            /*每 100 ticks 写入一次 send_data1*/
            if (LOS_TaskDelay(100) == LOS_OK)
            {
            /*将消息写入队列中，等待时间为 0*/
            uwRet = LOS_QueueWriteCopy(Test_Queue_Handle,        /*写入队列的 ID(句柄)*/
                            (VOID *)&send_data1,       /*写入的消息*/
                            sizeof(send_data1),        /*消息的长度*/
                                    0);
                if (LOS_OK != uwRet)
                {
                    printf("1 消息不能写入到消息队列！错误代码 0x%X\n", uwRet);
                }
                else
                {
                    printf("消息 send_data1=%d 写入成功\n", send_data1);
                }
            }
            send_data1++;
        }
    }
static void Receive_Task(void)
    {
        /*定义一个返回类型变量，初始化为 LOS_OK*/
        UINT32 uwRet = LOS_OK;
        UINT32 r_queue = UINT32_MAX;
        UINT32 buffsize = 10;
        UINT32 i = 0;
```

```
        /*任务循环*/
        while (i < 10)
        {
            i++;
            /*队列读取，等待时间为一直等待*/
            uwRet = LOS_QueueReadCopy(Test_Queue_Handle,      /*读取队列的 ID*/
                                    (VOID *)&r_queue,          /*读取的消息的保存位置*/
                                    &buffsize,                 /*读取的消息的长度*/
                                    LOS_WAIT_FOREVER);         /*等待时间为一直等待*/
            if (LOS_OK == uwRet)
            {
                printf("本次读取到的消息是%d\n", r_queue);
            }
            else
            {
                printf("消息读取出错,错误代码 0x%X\n", uwRet);
                printf("buffsize=0x%d\n", buffsize);
                printf("本次读取到的消息是%d\n", r_queue);
            }
        }
    }
```

(2) 编写 main()函数完成两个任务间的消息通信。首先，调用内核函数 LOS_KernelInit() 初始化用户代码的内核空间。其次，定义每个任务的 TSK_INIT_PARAM_S 结构体变量，并设置结构体中任务入口函数、堆栈大小、任务名称以及优先级等各成员的初始值来完成任务的初始化。再次，调用内核函数 LOS_TaskCreate()创建两个任务，调用内核函数 LOS_QueueCreate 创建一个消息队列。最后，调用解锁任务调度函数 LOS_TaskUnlock()，并调用 LOS_Start()函数启动任务运行。

(3) 在 Visual Studio Code 环境下编写完整的 main.c 程序，并编译 OpenHarmony 内核，将编译后的内核在 QEMU RISC-V 中重新启动，屏幕上显示两个任务进行消息通信的结果。

4. 实验报告

撰写实验报告时需包含以下内容：

(1) 实验目的与实验内容。

(2) 实验中的程序功能与运行结果分析。

13.3 OpenHarmony 的消息通信机制源码分析实验

1. 实验目的

(1) 进一步学习进程间的通信机制。

(2) 进一步理解 OpenHarmony 的任务间消息通信机制。

(3) 进一步熟悉在类 Linux 系统环境下 C 语言程序的开发方法，阅读、调试 C 程序并编写 OpenHarmony 任务间通信程序。

2. 实验内容

基于 OpenHarmony LiteOS-M 内核文件 los_queue.h 和 los_queue.c，分析 LiteOS-M 消息队列相关数据结构、宏、全局变量的作用，分析 LiteOS-M 消息队列的初始化、创建、删除、操作、读和写等相关函数的源码，并注释关键代码行。

3. 实验操作

(1) OpenHarmony LiteOS-M 内核文件 los_queue.h 中给出了消息队列相关数据结构 struct LosQueueCB，分析其成员功能。消息队列相关数据结构 struct LosQueueCB 的源码如下：

```
typedef struct {
    UINT8 *queue;              /*队列内存空间的指针*/
    UINT16 queueState;         /*队列的使用状态*/
    UINT16 queueLen;           /*队列长度，即消息数量*/
    UINT16 queueSize;          /*消息头节点大小*/
    UINT16 queueID;            /*队列编号*/
    UINT16 queueHead;          /*消息节点位置*/
    UINT16 queueTail;          /*消息尾节点位置*/
    /*可读、可写的消息数量，0 代表可读，1 代表可写*/
    UINT16 readWriteableCnt[OS_READWRITE_LEN];
    /*双向链表数组，阻塞读、写任务的双向链表，0 代表读链表，1 代表写链表*/
    LOS_DL_LIST readWriteList[OS_READWRITE_LEN];
    LOS_DL_LIST memList;       /*内存节点双向链表*/
} LosQueueCB;
```

(2) OpenHarmony LiteOS-M 内核文件 los_queue.h 中给出了消息队列相关宏定义，分析其功能。los_queue.h 中给出的消息队列相关宏的源码如下：

```
#define OS_QUEUE_OPERATE_TYPE(ReadOrWrite, HeadOrTail, PointOrNot)  \
                (((UINT32)(PointOrNot) << 2) | ((UINT32)(HeadOrTail) << 1) | (ReadOrWrite))
#define OS_QUEUE_READ_WRITE_GET(type) ((type) & (0x01))
#define OS_QUEUE_READ_HEAD              (OS_QUEUE_READ | (OS_QUEUE_HEAD << 1))
#define OS_QUEUE_READ_TAIL              (OS_QUEUE_READ | (OS_QUEUE_TAIL << 1))
#define OS_QUEUE_WRITE_HEAD             (OS_QUEUE_WRITE | (OS_QUEUE_HEAD << 1))
#define OS_QUEUE_WRITE_TAIL             (OS_QUEUE_WRITE | (OS_QUEUE_TAIL << 1))
#define OS_QUEUE_OPERATE_GET(type)      ((type) & (0x03))
#define OS_QUEUE_IS_POINT(type)         ((type) & (0x04))
#define OS_QUEUE_IS_READ(type)          (OS_QUEUE_READ_WRITE_GET(type)
```

	== OS_QUEUE_READ)
#define OS_QUEUE_IS_WRITE(type)	(OS_QUEUE_READ_WRITE_GET(type)
	== OS_QUEUE_WRITE)

（3）OpenHarmony LiteOS-M 内核文件 los_queue.c 中给出了消息队列相关全局变量，分析并描述这些全局变量的意义。全局变量的源码如下：

```
LITE_OS_SEC_BSS LosQueueCB *g_allQueue = NULL;
LITE_OS_SEC_BSS LOS_DL_LIST g_freeQueueList;
```

（4）OpenHarmony LiteOS-M 内核文件 los_queue.c 中给出了信号量机制涉及的关键函数，如消息队列初始化函数 OsQueueInit()、消息队列创建函数 LOS_QueueCreate()、消息队列读函数 LOS_QueueRead()、消息队列写函数 LOS_QueueWrite()、消息队列删除函数 LOS_QueueDelete()、消息队列操作函数 OsQueuesOperate()，详细分析这些函数的具体功能，并对每个函数中关键代码行进行注释。

① OsQueueInit()函数的源码如下：

```
/********************************************************************
函数：OsQueueInit
描述：队列初始化
输入：无
输出：无
返回：成功时返回 LOS_OK 或失败时出现错误代码
********************************************************************/
LITE_OS_SEC_TEXT_INIT UINT32 OsQueueInit(VOID)
{
    LosQueueCB *queueNode = NULL;
    UINT16 index;
    if (LOSCFG_BASE_IPC_QUEUE_LIMIT == 0) {
        return LOS_ERRNO_QUEUE_MAXNUM_ZERO;
    }
    g_allQueue = (LosQueueCB *)LOS_MemAlloc(m_aucSysMem0,
                        LOSCFG_BASE_IPC_QUEUE_LIMIT * sizeof(LosQueueCB));
    if (g_allQueue == NULL) {
        return LOS_ERRNO_QUEUE_NO_MEMORY;
    }
    (VOID)memset_s(g_allQueue, LOSCFG_BASE_IPC_QUEUE_LIMIT * sizeof(LosQueueCB),
                        0, LOSCFG_BASE_IPC_QUEUE_LIMIT * sizeof(LosQueueCB));
    LOS_ListInit(&g_freeQueueList);
    for (index = 0;   index < LOSCFG_BASE_IPC_QUEUE_LIMIT;   index++) {
        queueNode = ((LosQueueCB *)g_allQueue) + index;
```

```
        queueNode->queueID = index;
        LOS_ListTailInsert(&g_freeQueueList, &queueNode->readWriteList[OS_QUEUE_WRITE]);
    }
    return LOS_OK;
}
```

② LOS_QueueCreate()函数的源码如下：

```
/***********************************************************************
函数：LOS_QueueCreate
描述：消息队列创建
输入：queueName——消息队列名称，至少 4 个字符；len——消息队列名称长度；flags——队列类
型；maxMsgSize——消息最大大小
输出：Queue ID——消息队列标识
返回：成功时返回 LOS_OK 或失败时出现错误代码
***********************************************************************/
LITE_OS_SEC_TEXT_INIT UINT32 LOS_QueueCreate(CHAR *queueName,
                                             UINT16 len,
                                             UINT32 *queueID,
                                             UINT32 flags,
                                             UINT16 maxMsgSize)
{
    LosQueueCB *queueCB = NULL;
    UINTPTR intSave;
    LOS_DL_LIST *unusedQueue = NULL;
    UINT8 *queue = NULL;
    UINT16 msgSize;
    (VOID)queueName;
    (VOID)flags;
    if (queueID == NULL) {
        return LOS_ERRNO_QUEUE_CREAT_PTR_NULL;
    }
    if (maxMsgSize > (OS_NULL_SHORT - sizeof(UINT32))) {
        return LOS_ERRNO_QUEUE_SIZE_TOO_BIG;
    }
    if ((len == 0) || (maxMsgSize == 0)) {
        return LOS_ERRNO_QUEUE_PARA_ISZERO;
    }
    msgSize = maxMsgSize + sizeof(UINT32);
    /*内存分配很耗时，为了缩短禁用中断的时间，将内存分配移至此处*/
```

```
        queue = (UINT8 *)LOS_MemAlloc(m_aucSysMem0, len * msgSize);
        if (queue == NULL) {
            return LOS_ERRNO_QUEUE_CREATE_NO_MEMORY;
        }
        intSave = LOS_IntLock();
        if (LOS_ListEmpty(&g_freeQueueList)) {
            LOS_IntRestore(intSave);
            (VOID)LOS_MemFree(m_aucSysMem0, queue);
            return LOS_ERRNO_QUEUE_CB_UNAVAILABLE;
        }
        unusedQueue = LOS_DL_LIST_FIRST(&(g_freeQueueList));
        LOS_ListDelete(unusedQueue);
        queueCB = (GET_QUEUE_LIST(unusedQueue));
        queueCB->queueLen = len;
        queueCB->queueSize = msgSize;
        queueCB->queue = queue;
        queueCB->queucStatc = OS_QUEUE_INUSED;
        queueCB->readWriteableCnt[OS_QUEUE_READ] = 0;
        queueCB->readWriteableCnt[OS_QUEUE_WRITE] = len;
        queueCB->queueHead = 0;
        queueCB->queueTail = 0;
        LOS_ListInit(&queueCB->readWriteList[OS_QUEUE_READ]);
        LOS_ListInit(&queueCB->readWriteList[OS_QUEUE_WRITE]);
        LOS_ListInit(&queueCB->memList);
        LOS_IntRestore(intSave);
        *queueID = queueCB->queueID;
        OsHookCall(LOS_HOOK_TYPE_QUEUE_CREATE, queueCB);
        return LOS_OK;
    }
```

③ LOS_QueueRead()函数的源码如下：

```
    LITE_OS_SEC_TEXT UINT32 LOS_QueueRead(UINT32 queueID, VOID *bufferAddr, UINT32
bufferSize, UINT32 timeOut)
    {
        UINT32 ret;
        UINT32 operateType;
        ret = OsQueueReadParameterCheck(queueID, bufferAddr, &bufferSize, timeOut);
        if (ret != LOS_OK) {
            return ret;
```

```
    }
        operateType = OS_QUEUE_OPERATE_TYPE(OS_QUEUE_READ, OS_QUEUE_HEAD,
    OS_QUEUE_POINT);
        OsHookCall(LOS_HOOK_TYPE_QUEUE_READ,
     (LosQueueCB *)GET_QUEUE_HANDLE(queueID));
            return OsQueueOperate(queueID, operateType, bufferAddr, &bufferSize, timeOut);
    }
```

④ LOS_QueueWrite()函数的源码如下：

```
    LITE_OS_SEC_TEXT  UINT32  LOS_QueueWrite(UINT32  queueID,  VOID  *bufferAddr,  UINT32
bufferSize, UINT32 timeOut)
    {
        UINT32 ret;
        UINT32 operateType;
        UINT32 size = sizeof(UINT32 *);
        (VOID)bufferSize；
        ret = OsQueueWriteParameterCheck(queueID, bufferAddr, &size, timeOut);
        if (ret != LOS_OK) {
            return ret;
        }
    operateType = OS_QUEUE_OPERATE_TYPE(OS_QUEUE_WRITE,
    OS_QUEUE_TAIL, OS_QUEUE_POINT);
    OsHookCall(LOS_HOOK_TYPE_QUEUE_WRITE,
    (LosQueueCB *)GET_QUEUE_HANDLE(queueID));
        return OsQueueOperate(queueID, operateType, &bufferAddr, &size, timeOut);
    }
```

⑤ LOS_QueueDelete()函数的源码如下：

```
    /*********************************************************************
    函数：LOS_QueueDelete
    描述：删除消息队列
    输入：queueID——消息队列标识
    输出：无
    返回：成功时返回 LOS_OK 或失败时出现错误代码
    *********************************************************************/
    LITE_OS_SEC_TEXT_INIT UINT32 LOS_QueueDelete(UINT32 queueID)
    {
        LosQueueCB *queueCB = NULL;
        UINT8 *queue = NULL;
```

```
    UINTPTR intSave;
    UINT32 ret;
    if (queueID >= LOSCFG_BASE_IPC_QUEUE_LIMIT) {
        return LOS_ERRNO_QUEUE_NOT_FOUND;
    }
    intSave = LOS_IntLock();
    queueCB = (LosQueueCB *)GET_QUEUE_HANDLE(queueID);
    if (queueCB->queueState == OS_QUEUE_UNUSED) {
        ret = LOS_ERRNO_QUEUE_NOT_CREATE;
        goto QUEUE_END;
    }
    if (!LOS_ListEmpty(&queueCB->readWriteList[OS_QUEUE_READ])) {
        ret = LOS_ERRNO_QUEUE_IN_TSKUSE;
        goto QUEUE_END;
    }
    if (!LOS_ListEmpty(&queueCB->readWriteList[OS_QUEUE_WRITE])) {
        ret = LOS_ERRNO_QUEUE_IN_TSKUSE;
        goto QUEUE_END;
    }
    if (!LOS_ListEmpty(&queueCB->memList)) {
        ret = LOS_ERRNO_QUEUE_IN_TSKUSE;
        goto QUEUE_END;
    }
if ((queueCB->readWriteableCnt[OS_QUEUE_WRITE]
    + queueCB->readWriteableCnt[OS_QUEUE_READ]) != queueCB->queueLen) {
        ret = LOS_ERRNO_QUEUE_IN_TSKWRITE;
        goto QUEUE_END;
    }
    queue = queueCB->queue;
    queueCB->queue = (UINT8 *)NULL;
    queueCB->queueState = OS_QUEUE_UNUSED;
    LOS_ListAdd(&g_freeQueueList, &queueCB->readWriteList[OS_QUEUE_WRITE]);
    LOS_IntRestore(intSave);
    OsHookCall(LOS_HOOK_TYPE_QUEUE_DELETE, queueCB);
    ret = LOS_MemFree(m_aucSysMem0, (VOID *)queue);
    return ret;
QUEUE_END:
    LOS_IntRestore(intSave);
    return ret;
}
```

⑥ OsQueuesOperate()函数的源码如下：

```
UINT32 OsQueueOperate(UINT32 queueID, UINT32 operateType, VOID *bufferAddr, UINT32
*bufferSize, UINT32 timeOut)
{
    LosQueueCB *queueCB = NULL;
    LosTaskCB *resumedTask = NULL;
    UINT32 ret;
    UINT32 readWrite = OS_QUEUE_READ_WRITE_GET(operateType);
    UINT32 readWriteTmp = !readWrite;

    UINTPTR intSave = LOS_IntLock();
    queueCB = (LosQueueCB *)GET_QUEUE_HANDLE(queueID);
    ret = OsQueueOperateParamCheck(queueCB, operateType, bufferSize);
    if (ret != LOS_OK) {
        goto QUEUE_END;
    }
    if (queueCB->readWriteableCnt[readWrite] == 0) {
        if (timeOut == LOS_NO_WAIT) {
            ret = OS_QUEUE_IS_READ(operateType) ? LOS_ERRNO_QUEUE_ISEMPTY :
                LOS_ERRNO_QUEUE_ISFULL;
            goto QUEUE_END;
        }
        if (g_losTaskLock) {
            ret = LOS_ERRNO_QUEUE_PEND_IN_LOCK;
            goto QUEUE_END;
        }
        LosTaskCB *runTsk = (LosTaskCB *)g_losTask.runTask;
        OsSchedTaskWait(&queueCB->readWriteList[readWrite], timeOut);
        LOS_IntRestore(intSave);
        LOS_Schedule();
        intSave = LOS_IntLock();
        if (runTsk->taskStatus & OS_TASK_STATUS_TIMEOUT) {
            runTsk->taskStatus &= ~OS_TASK_STATUS_TIMEOUT;
            ret = LOS_ERRNO_QUEUE_TIMEOUT;
            goto QUEUE_END;
        }
    } else {
        queueCB->readWriteableCnt[readWrite]--;
```

```
        }
        OsQueueBufferOperate(queueCB, operateType, bufferAddr, bufferSize);
        if (!LOS_ListEmpty(&queueCB->readWriteList[readWriteTmp])) {
            resumedTask =
OS_TCB_FROM_PENDLIST(LOS_DL_LIST_FIRST(&queueCB->readWriteList[readWriteTmp]));
            OsSchedTaskWake(resumedTask);
            LOS_IntRestore(intSave);
            LOS_Schedule();
            return LOS_OK;
        } else {
            queueCB->readWriteableCnt[readWriteTmp]++;
        }
    QUEUE_END:
        LOS_IntRestore(intSave);
        return ret;
    }
```

4. 实验报告

撰写实验报告时需包含以下内容：

(1) 实验目的与实验内容。

(2) 分析实验操作(3)中全局变量的意义和作用。

(3) 分析实验操作(4)中消息通信涉及的每个关键函数的功能，注释函数中关键代码。

第 14 章　综合实验

本章主要介绍综合实验，主要内容有实验准备、环境监测系统实验等。通过本章内容的学习和实践，学生应重点掌握环境温湿度采集设备开发、可燃气体采集设备开发、显示屏设备开发实验，学会将环境温湿度采集、可燃气体采集和显示屏等功能模块集成为环境监测系统，学会 OpenHarmony 系统开发设计的技术方法。

14.1　实　验　准　备

1. 实验预习

(1) 做环境温湿度采集设备开发、可燃气体采集设备开发、显示屏设备开发实验，预习第 5 章。

(2) 做功能模块集成为环境监测系统实验，预习第 2、3、4 章。

2. 实验安排

根据教学计划可选择安排 2～3 次实验，4～6 学时。

3. 实验环境准备

本实验需要的硬件设备包括 Hi3861 开发板及套件，软件环境包括虚拟机、OpenHarmony 系统编译和开发工具软件。

(1) 完成虚拟机软件的安装、虚拟计算机的创建和配置、虚拟计算机 Ubuntu 操作系统的安装及服务器配置。具体步骤如下：

① 安装 VirtualBox 虚拟机软件。

在官方网站下载最新版本的 VirtualBox，官网地址为 https://www.virtualbox.org/，如图 14-1 所示。

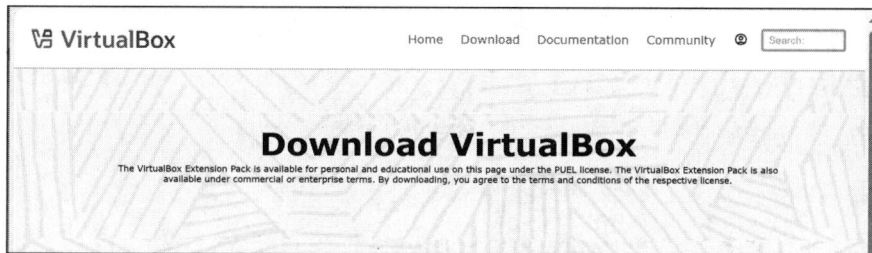

图 14-1　VirtualBox 虚拟机软件官网

双击已下载的安装包 VirtualBox-7.1.4-165100-Win 进行默认安装，如图 14-2 所示。

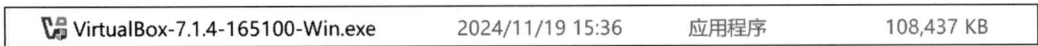

VirtualBox-7.1.4-165100-Win.exe	2024/11/19 15:36	应用程序	108,437 KB

图 14-2　VirtualBox 虚拟机软件安装包

② 下载 Ubuntu20.04 镜像文件。

登录官方网站下载 Ubuntu20.04 镜像文件，官网地址为 https://releases.ubuntu.com/20.04/，如图 14-3 所示。

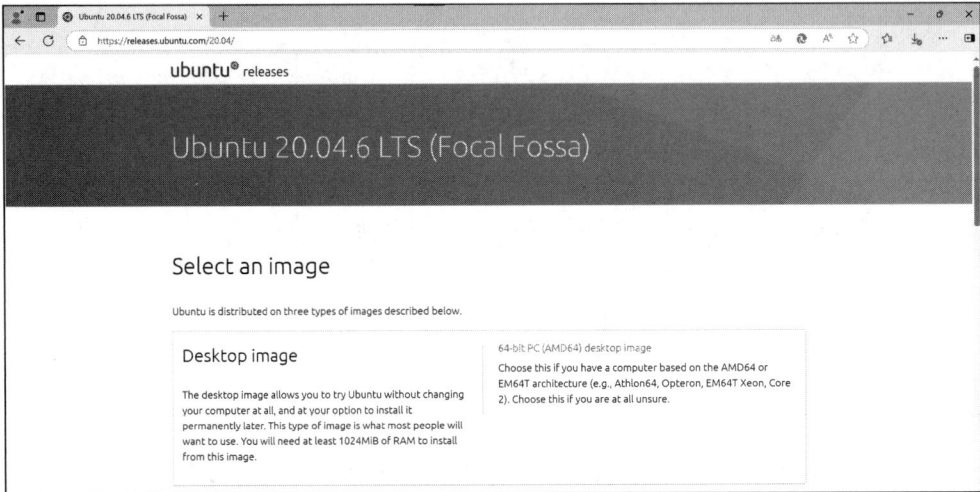

图 14-3　Ubuntu20.04 镜像软件官网

③ 创建虚拟计算机。

运行虚拟机软件 VirtualBox，单击"新建"按钮创建虚拟计算机，如图 14-4 所示。设置虚拟计算机的名称、类型、保存路径、操作系统类型，根据物理机的配置合理地设置虚拟机内存的大小，如图 14-5 所示。

图 14-4　新建虚拟计算机

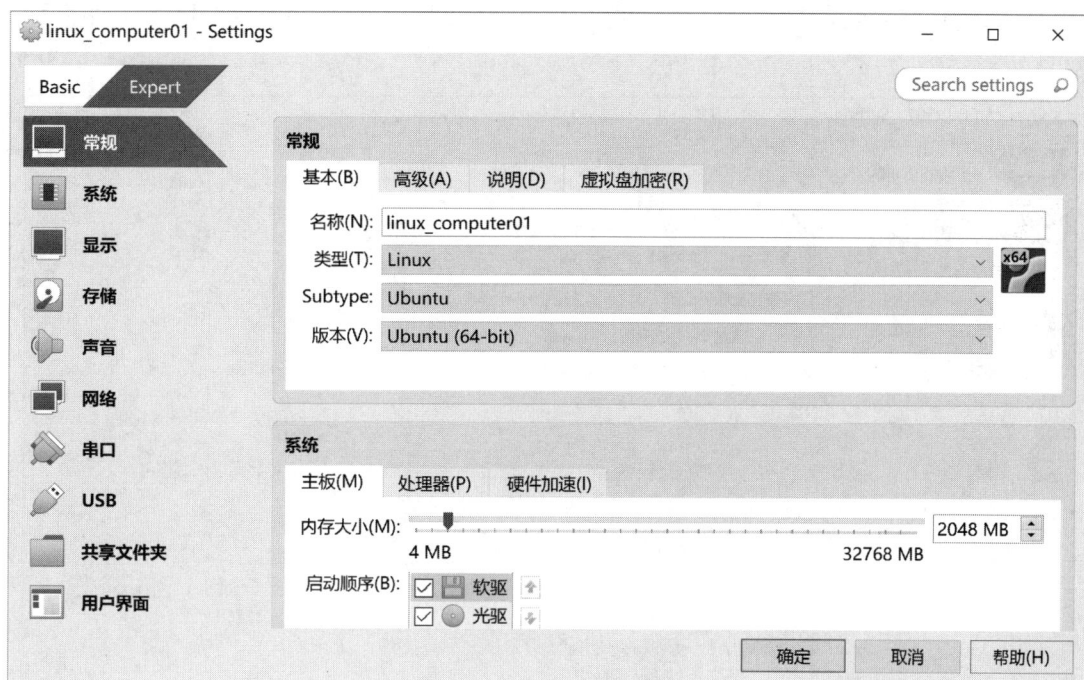

图 14-5　设置虚拟计算机

④ 配置虚拟计算机。

选择虚拟机，单击"设置"按钮，依次选择"常规"→"高级"→"共享粘贴板"→"双向"，启用"共享粘贴板"功能，如图 14-6 所示。

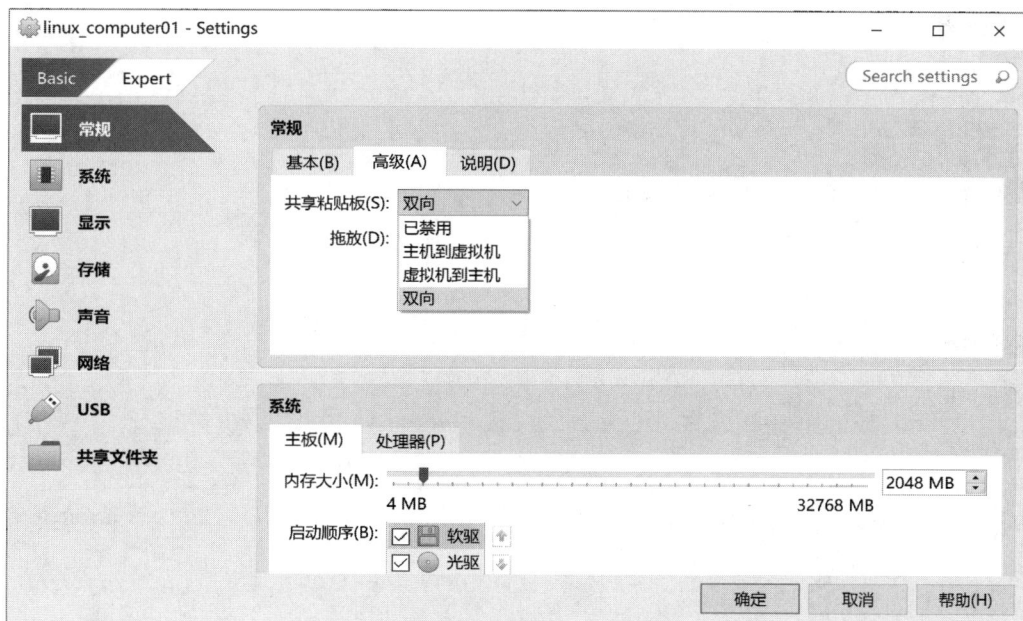

图 14-6　设置"共享粘贴板"功能

依次选择"常规"→"高级"→"拖放"→"双向",启用 "拖放"功能,如图 14-7 所示。

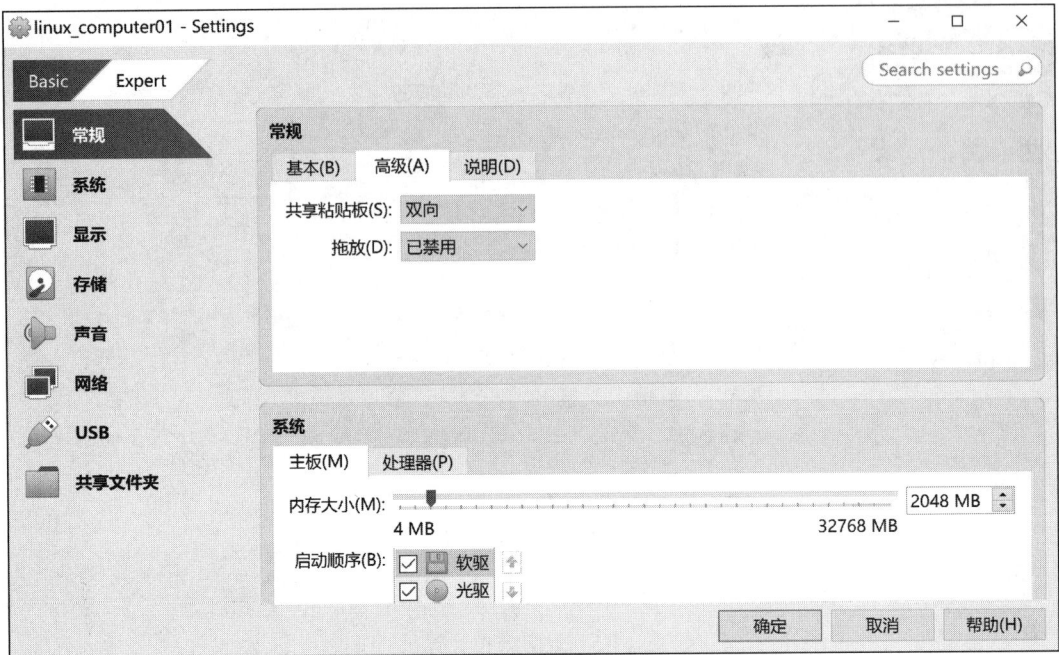

图 14-7　设置"拖放"功能

依次选择"系统"→处理器,设置处理器数量,如图 14-8 所示。

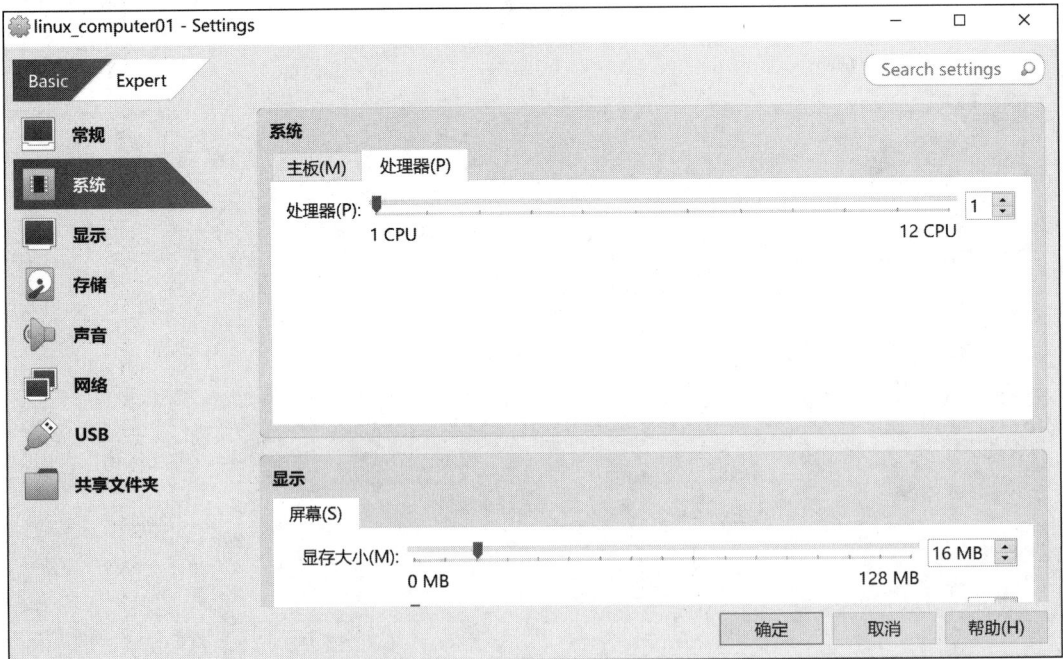

图 14-8　设置处理器数量

依次选择 "网络"→"网卡 2"→"启用网络连接"→"连接方式"→"仅主机(Host-Only)
网络"，启用"网卡 2"，实现与 Windows 主机的网络通信，如图 14-9 所示。

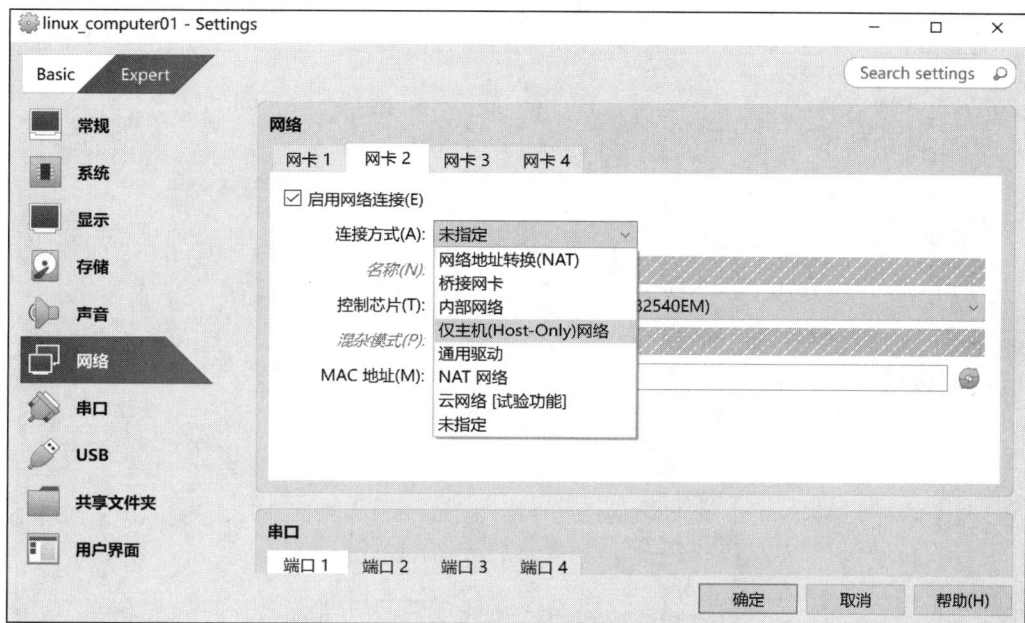

图 14-9　设置网络

依次选择"存储"→"分配光驱：第二 IDE 控制器主通道"→"选择虚拟光盘文件"→
"Ubuntu 系统镜像文件"设置光驱，如图 14-10 所示。

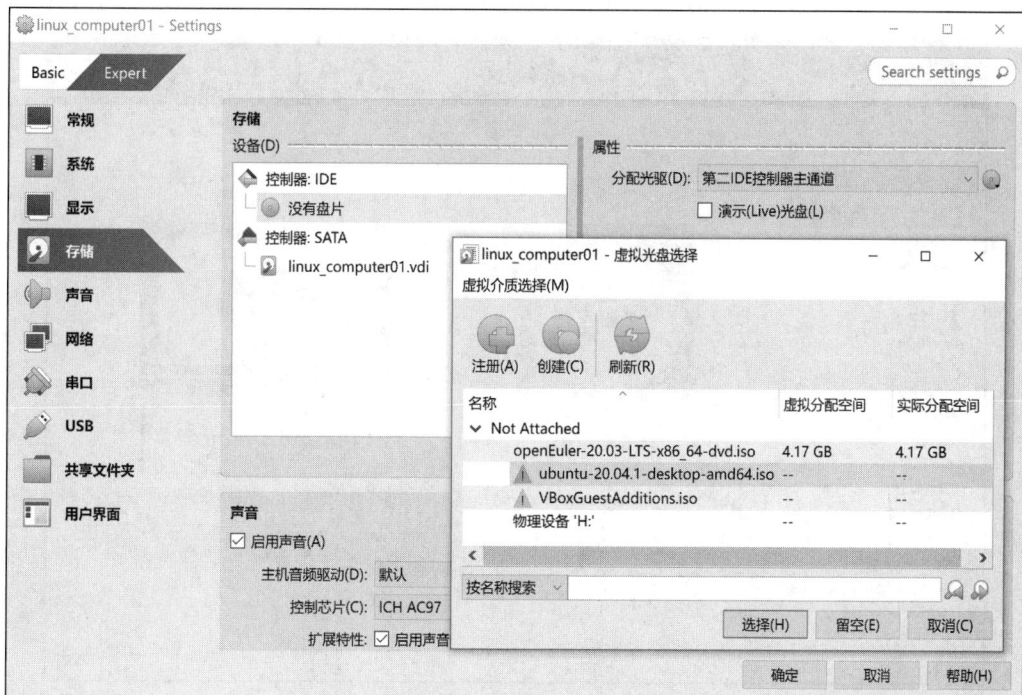

图 14-10　设置光驱镜像

⑤ 为虚拟计算机安装 Ubuntu 操作系统。

单击"启动"按钮运行虚拟计算机，按照提示安装 Ubuntu 操作系统，并配置系统用户信息、自动更新等。安装完成后会提示重启系统，如图 14-11～图 14-15 所示。

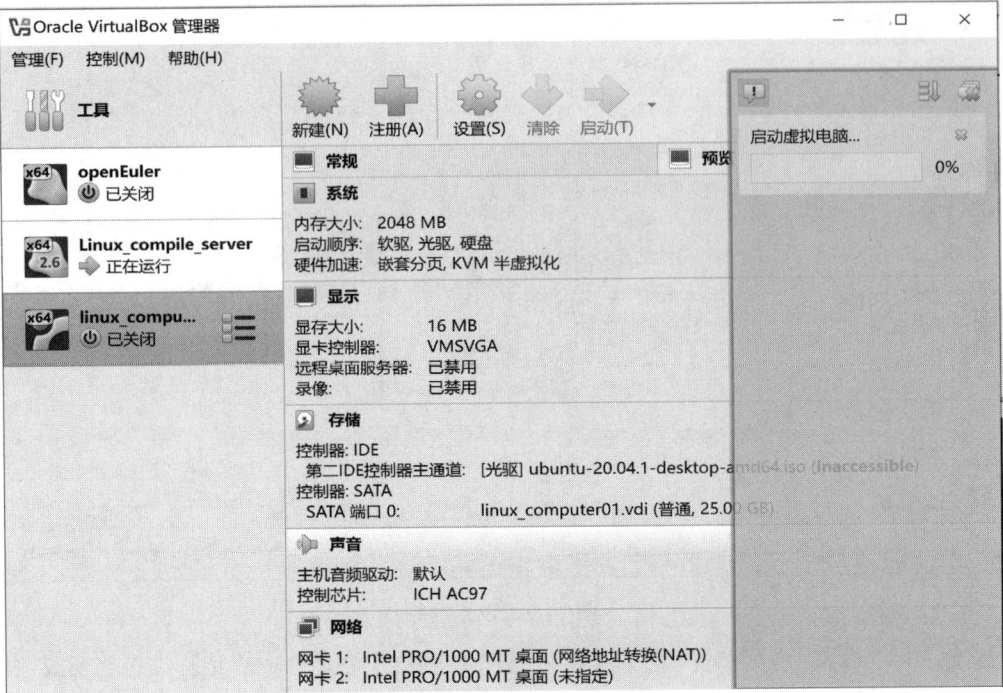

图 14-11　启动虚拟计算机

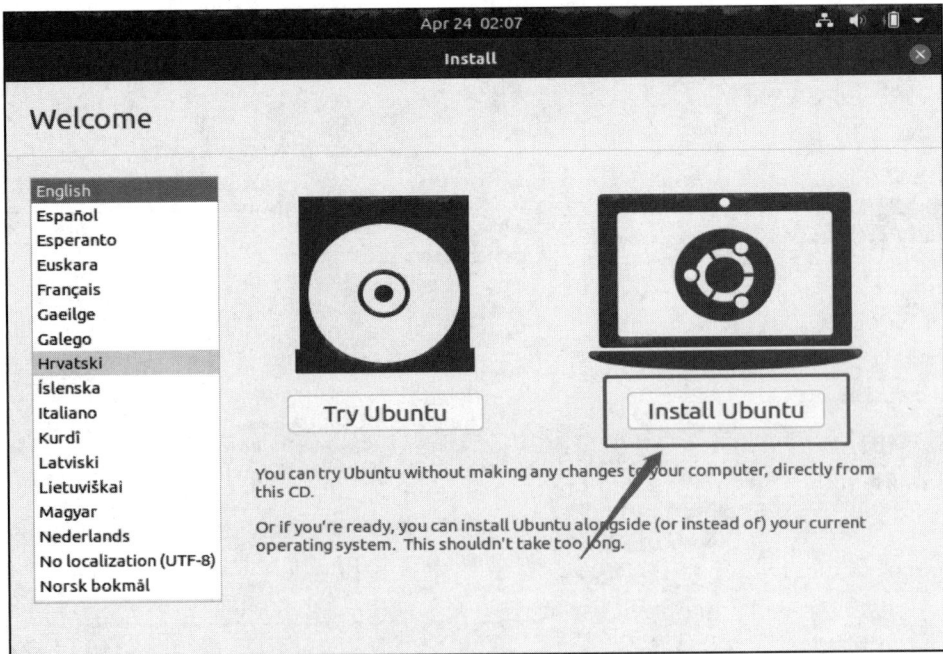

图 14-12　选择安装 Ubuntu 操作系统

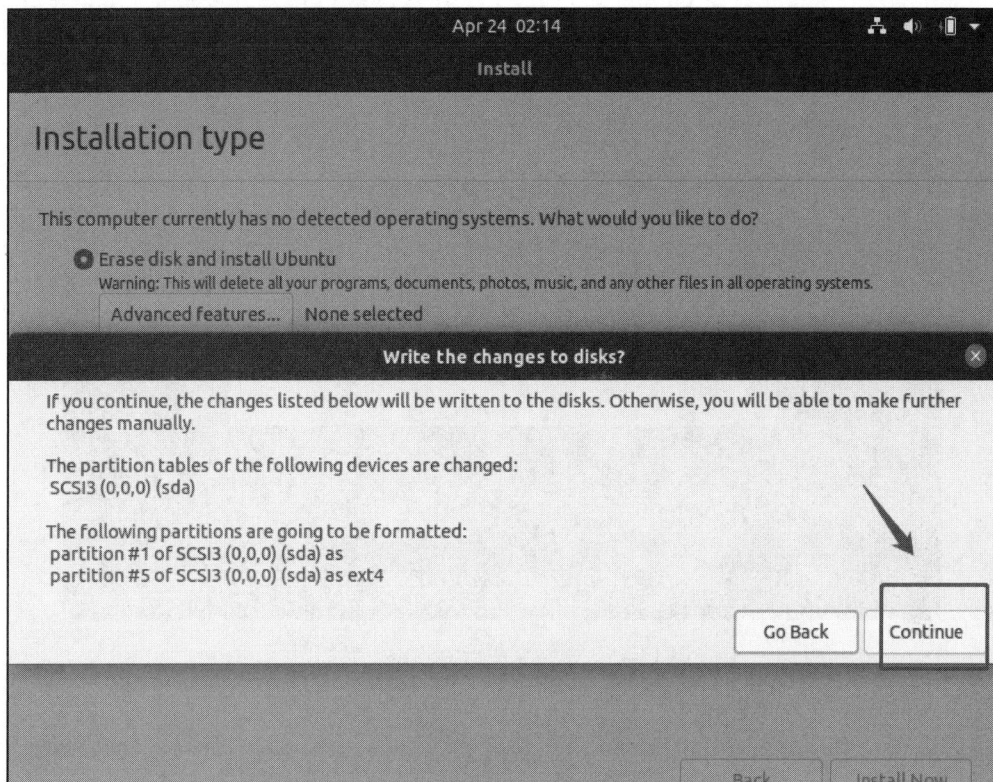

图 14-13 安装 Ubuntu 操作系统

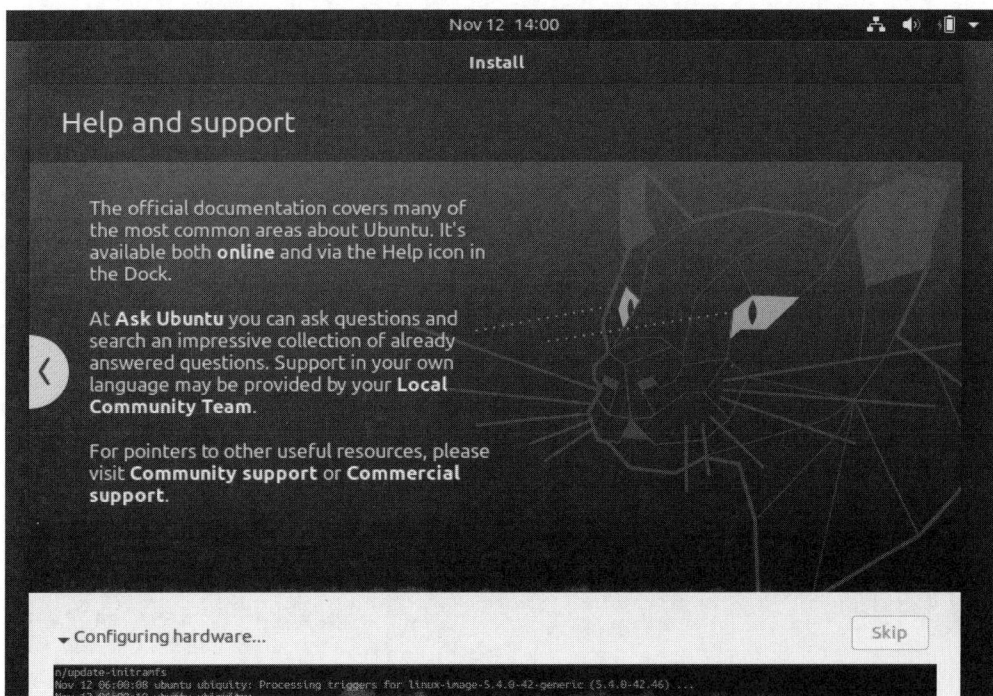

图 14-14 安装 Ubuntu 操作系统自动更新软件

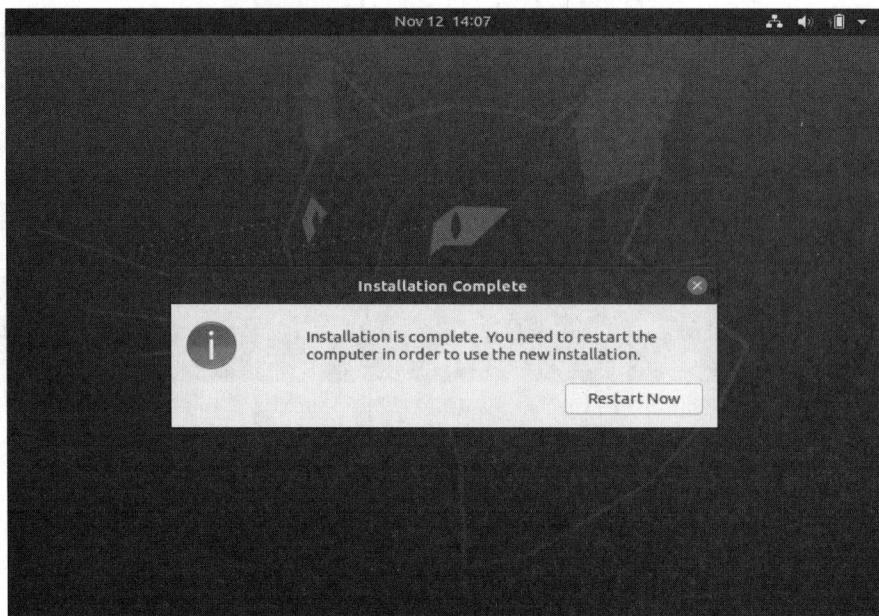

图 14-15　安装完成后提示重启系统

⑥ Ubuntu 服务环境配置。

重启虚拟计算机，并移除 Ubuntu 系统镜像文件，输入用户名、密码，登录系统，如图 14-16 所示。

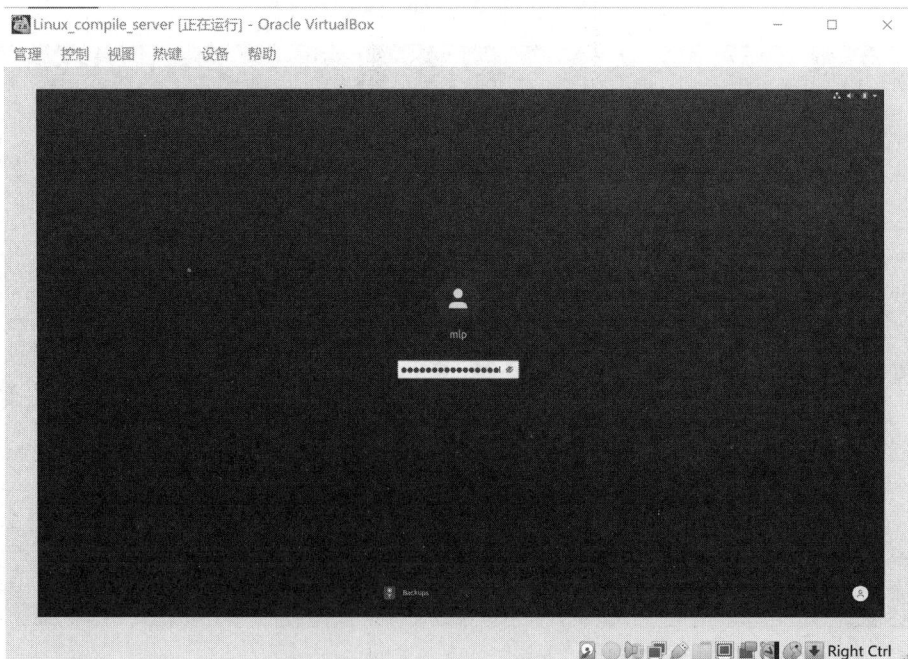

图 14-16　系统用户登录界面

登录系统后，设置 Ubuntu 软件源服务器并更新。在 Show Application 中搜索"Software&Updates"并运行，单击"Download from"后面的下拉列表，选择"other"，进

入软件源服务器选择界面，如图 14-17 所示。

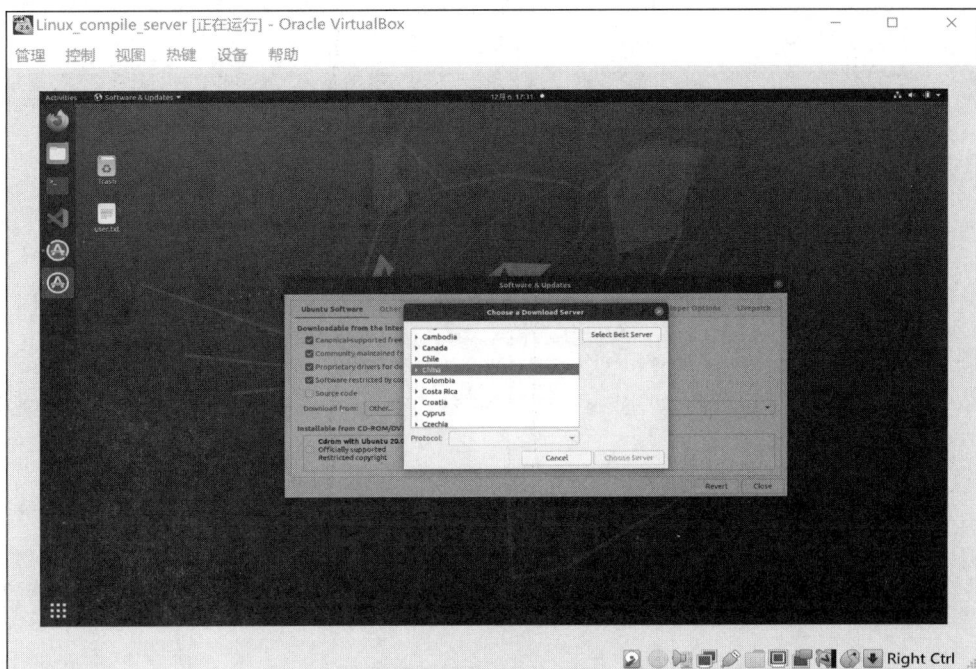

图 14-17 设置 Software&Updates

测试我国的所有服务器，依次选择"China"→"Select Best Server"，测试得到网速最快的服务器，如图 14-18 所示。

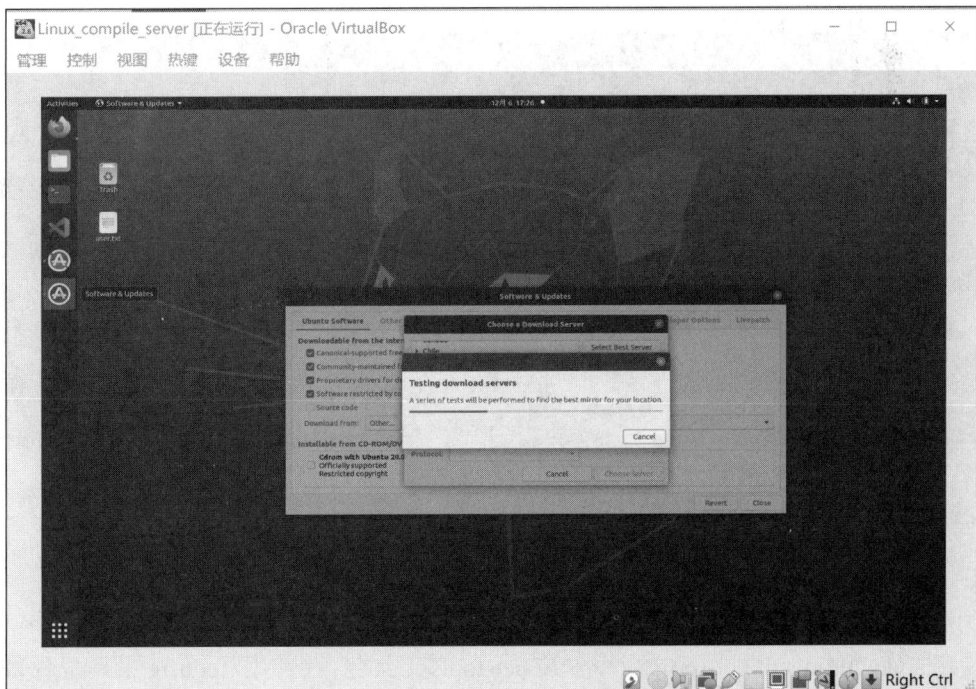

图 14-18 测试我国的软件源服务器

单击"Choose Server"选择测试得到的网速最快的服务器，更新软件源，如图 14-19 所示。

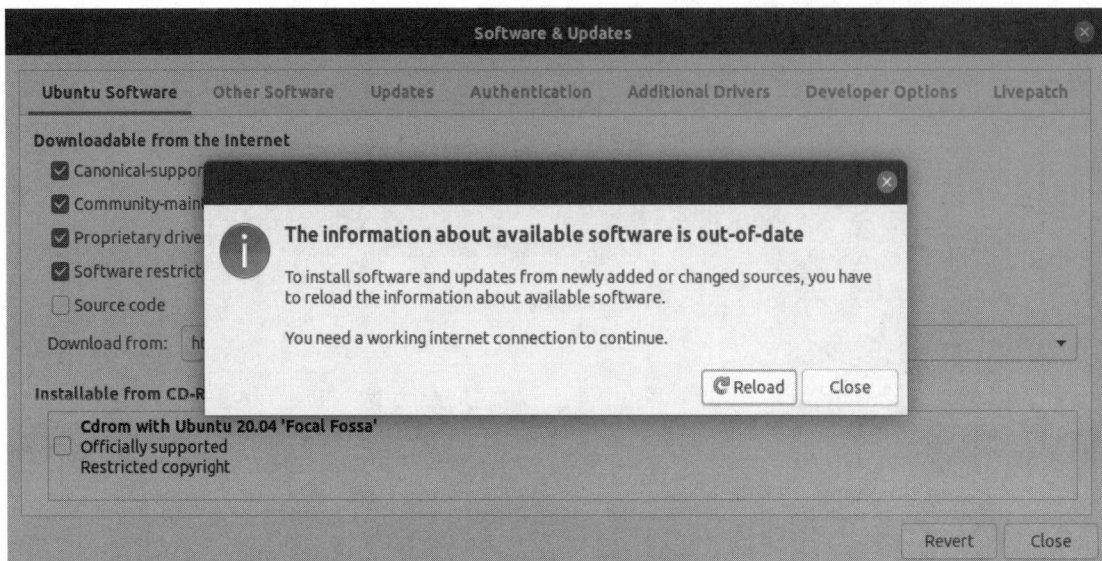

图 14-19　更新软件源服务器

在 Terminal 终端中输入"sudo apt-get update"命令更新软件源，如图 14-20 所示。

图 14-20　更新软件源

⑦ 安装 net-tools 工具包。

使用 sudo apt install net-tools 命令安装 net-tools 工具包，并使用 ifconfig 工具查看 Ubuntu 服务器 IP 地址，如图 14-21 所示。

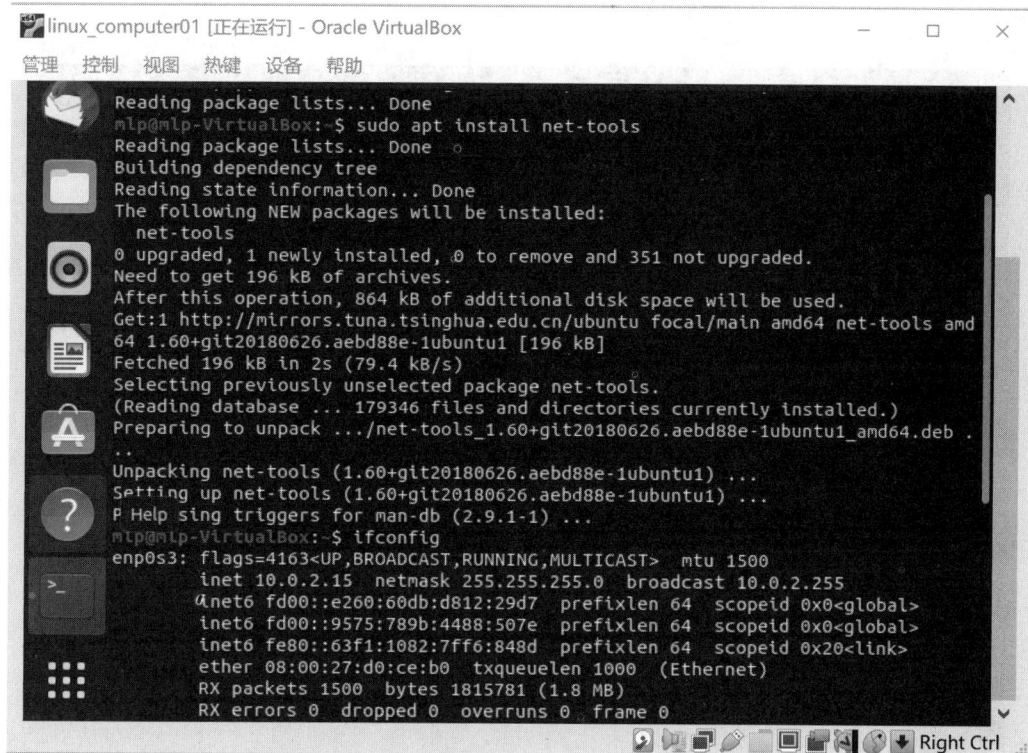

图 14-21 安装 net-tools 工具包软件

⑧ 安装 SSH、Samba 服务。

分别输入如下命令，安装 SSH 服务和 Samba 服务：

```
sudo apt-get install openssh-server -y
sudo apt-get install samba -y
```

(2) 在 Ubuntu20.04 环境下搭建 OpenHarmony 系统编译环境并提供源码共享服务。具体步骤如下：

① 共享鸿蒙系统源码。

在用户根目录下创建文件夹 sharefolder，命令如下：

```
mkdir ~/sharefolder
cd ~/sharefolder
```

获取 OpenHarmony 全量代码，并在 sharefolder 目录下创建 code-1.0 目录，解压源码到 sharefolder/code-1.0，命令如下：

```
wget https://repo.huaweicloud.com/harmonyos/os/1.1.4/code-v1.1.4-LTS.tar.gz
tar -zxvf code-v1.1.4-LTS.tar.gz   -C code-1.0
```

网络共享鸿蒙系统源码，右击"sharefolder"文件夹，选择"Local NetWork Share"，设置访问权限，如图 14-22 和图 14-23 所示。

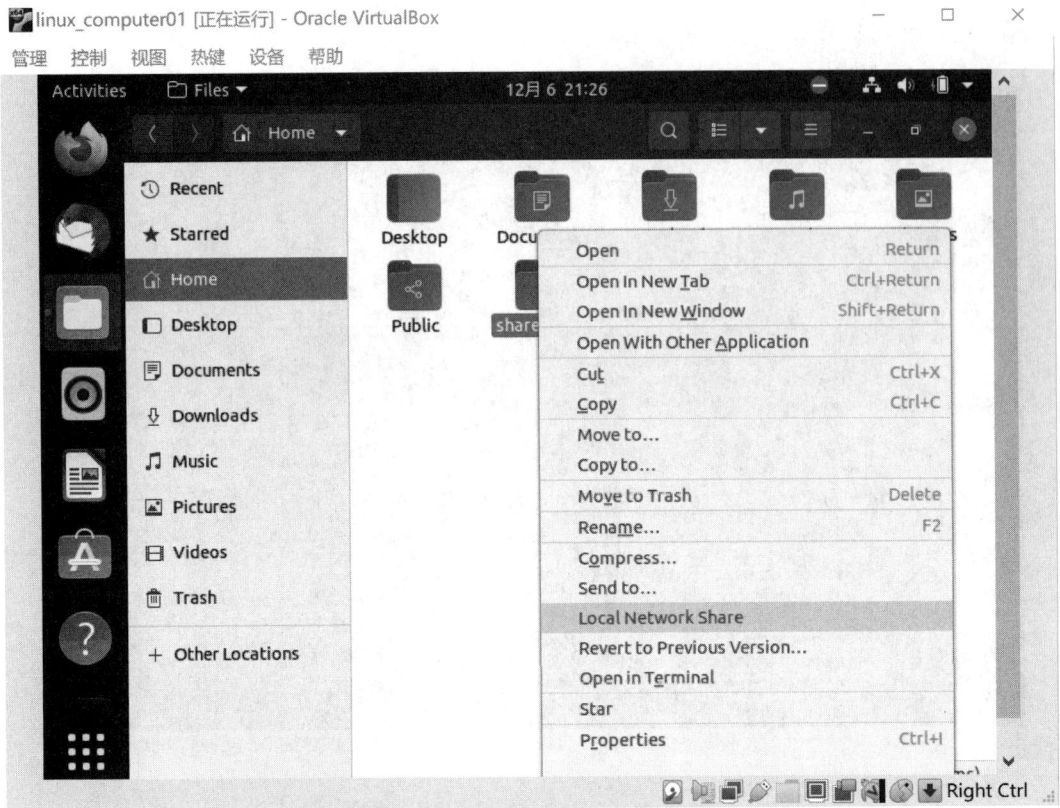

图 14-22　设置网络共享文件夹(一)

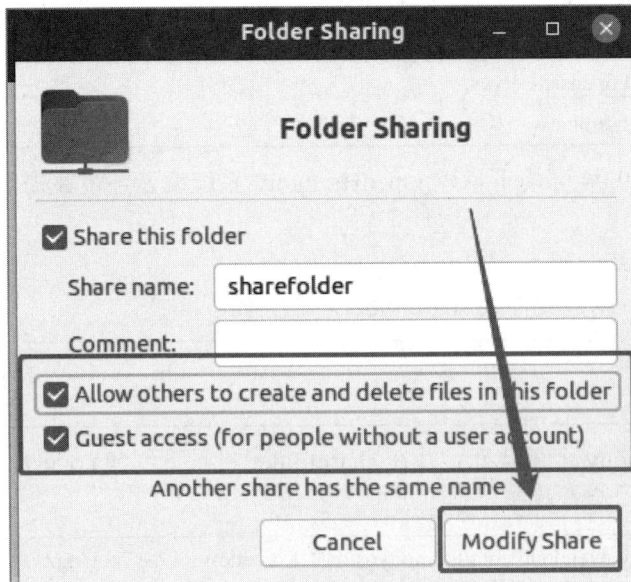

图 14-23　设置网络共享文件夹(二)

　　进入 sharefolder 目录，为所有用户添加所有文件的读、写、执行权限，使所有用户都能远程访问 sharefolder 目录下的文件和文件夹，命令如下：

```
cd ~/sharefolder
chmod -R 0777 *
```

② 安装交叉编译工具链及依赖。

在终端输入 sudo dpkg-reconfigure dash 命令，将 Linux Shell 修改为 dash，然后选择"NO"，如图 14-24 和图 14-25 所示。

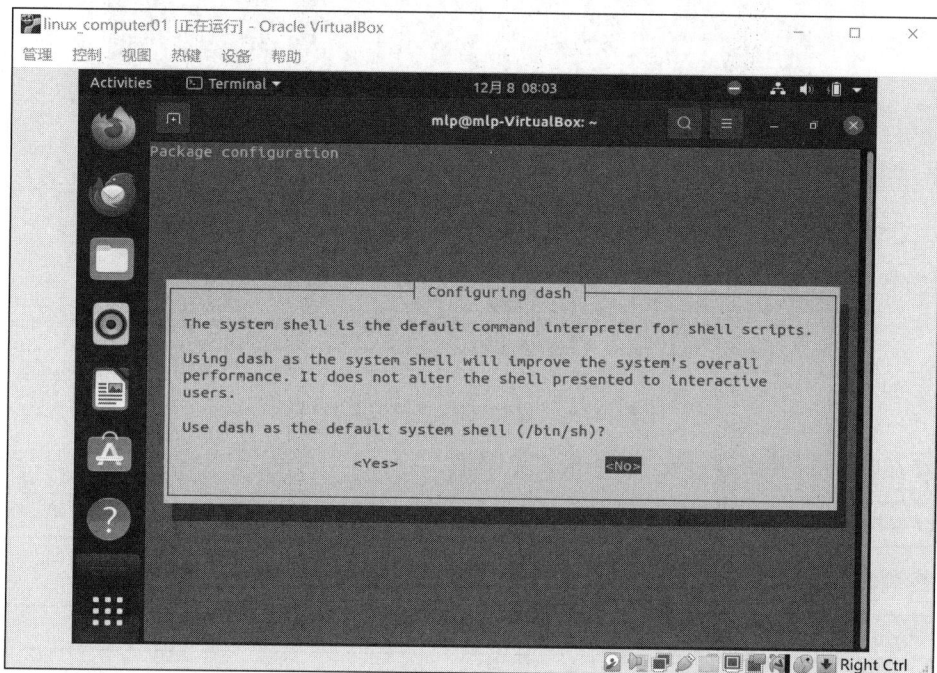

图 14-24　配置 dash

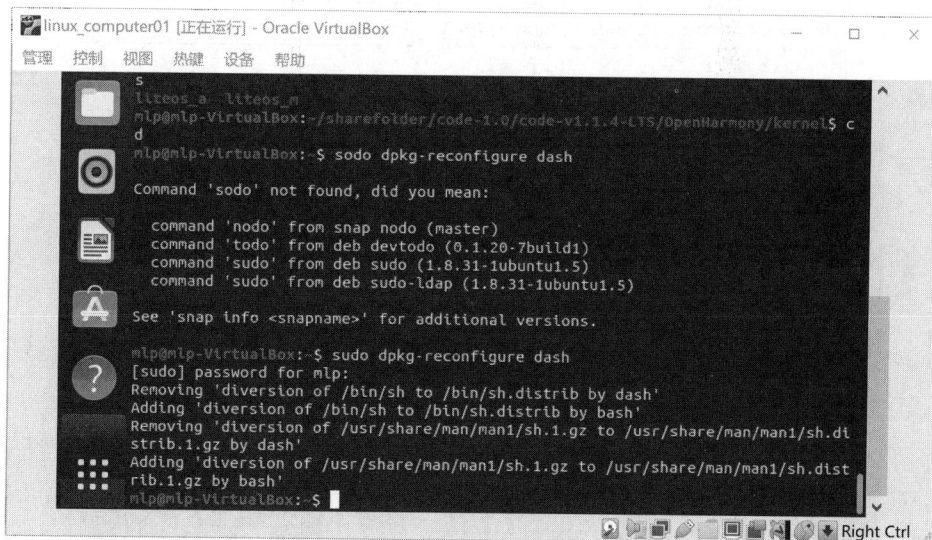

图 14-25　将 Linux Shell 修改为 dash

在终端输入如下命令，安装环境依赖工具软件(gcc、g++、make、zlib、libffi)，运行效果如图 14-26 所示：

220　　计算机操作系统实践教程

> sudo apt-get install gcc -y&& sudo apt-get install g++ -y&& sudo apt-get install make -y&& sudo apt-get install zlib* -y&& sudo apt-get install libffi-dev -y

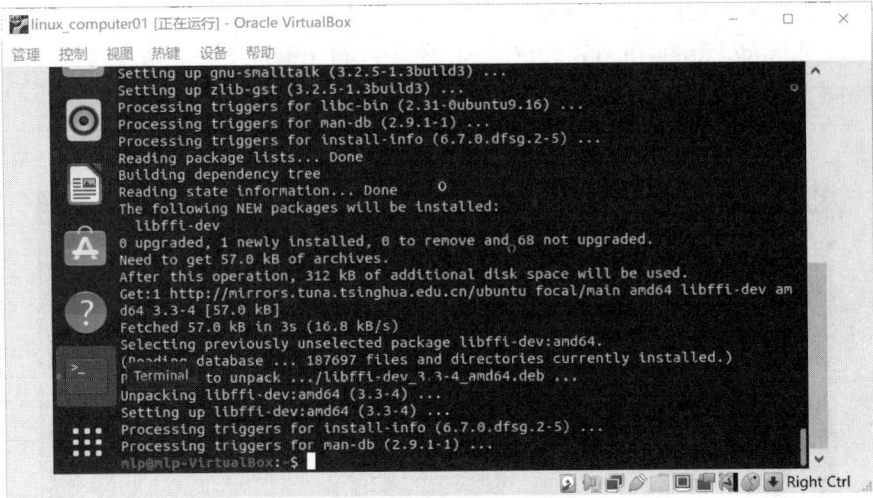

图 14-26　安装环境依赖工具软件

在终端输入如下命令，安装 Python3.8 软件：

> sudo apt-get install python3.8 -y

在终端输入如下命令，创建 python3.8 的软连接 python 到/user/bin 下：

> cd /usr/bin && sudo ln -s /usr/bin/python3.8 python && python --version

在终端输入如下命令，安装 Python 包管理工具，运行效果如图 14-27 所示：

> sudo apt-get install python3-setuptools python3-pip -y

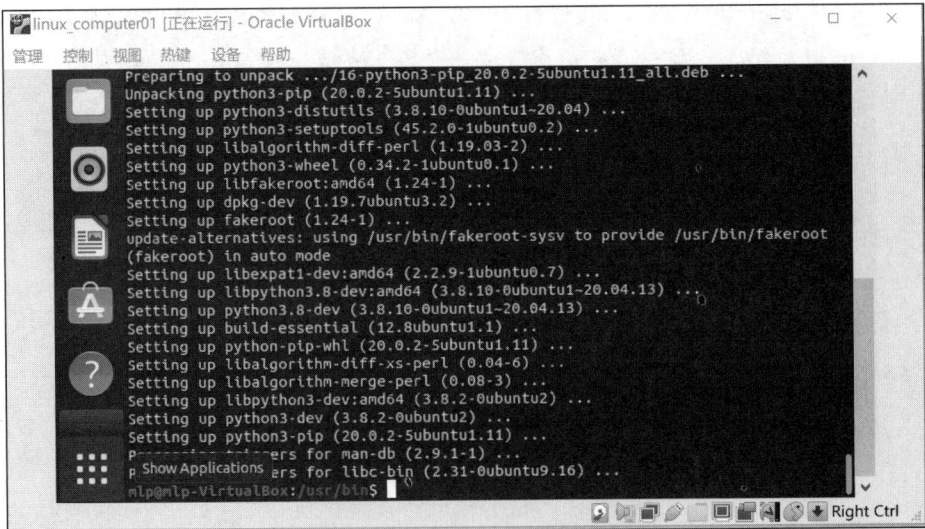

图 14-27　安装 Python 包管理工具

分别在终端输入如下一系列命令，安装 pip、setuptools、kconfiglib、pycryptodome、six、ecdsa、scons、vim 等工具软件：

```
sudo pip3 install --upgrade pip
sudo pip3 install setuptools
sudo pip3 install kconfiglib
sudo pip3 install pycryptodome
sudo pip3 install six --upgrade --ignore-installed six
sudo pip3 install ecdsa
sudo apt-get install scons
sudo apt install vim -y
```

在终端输入如下一系列命令，在当前目标下创建目录"tools"，再将工具软件 gn 下载到"tools"目录下并解压，运行效果如图 14-28 所示。

```
mkdir ~/tools
cd tools
wget https://repo.huaweicloud.com/harmonyos/compiler/gn/1523/linux/gn.1523.tar
tar -xvf gn.1523.tar -C ~/tools
```

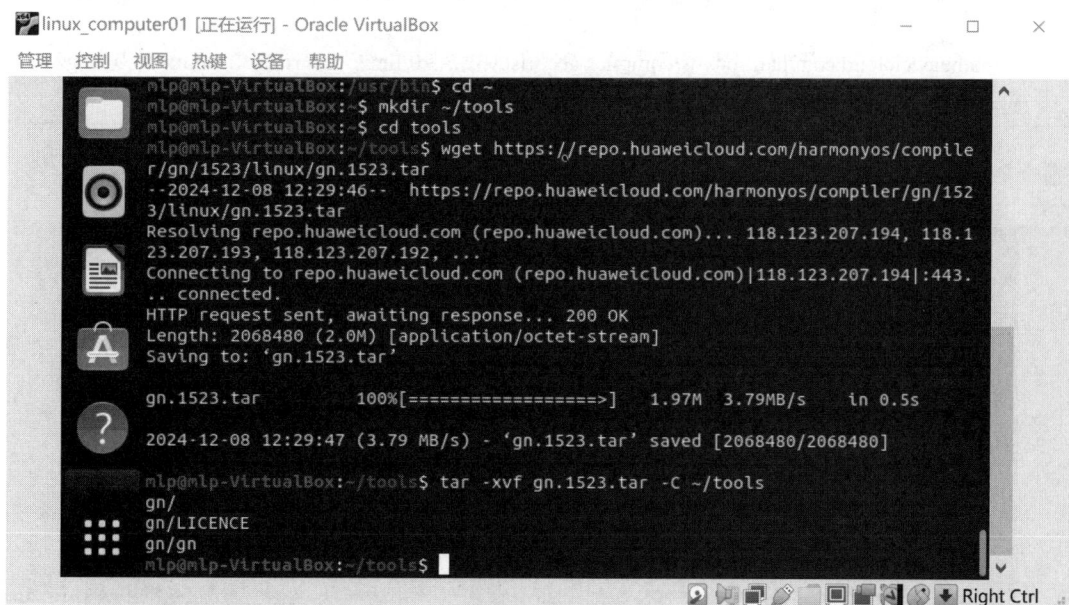

图 14-28　下载并解压工具软件 gn

在终端输入如下命令，再将交叉编译工具软件 ninja 下载到"tools"目录下并解压，运行效果如图 14-29 所示。

```
wget https://repo.huaweicloud.com/harmonyos/compiler/ninja/1.9.0/linux/ninja.1.9.0.tar
tar -xvf ninja.1.9.0.tar -C ~/tools
```

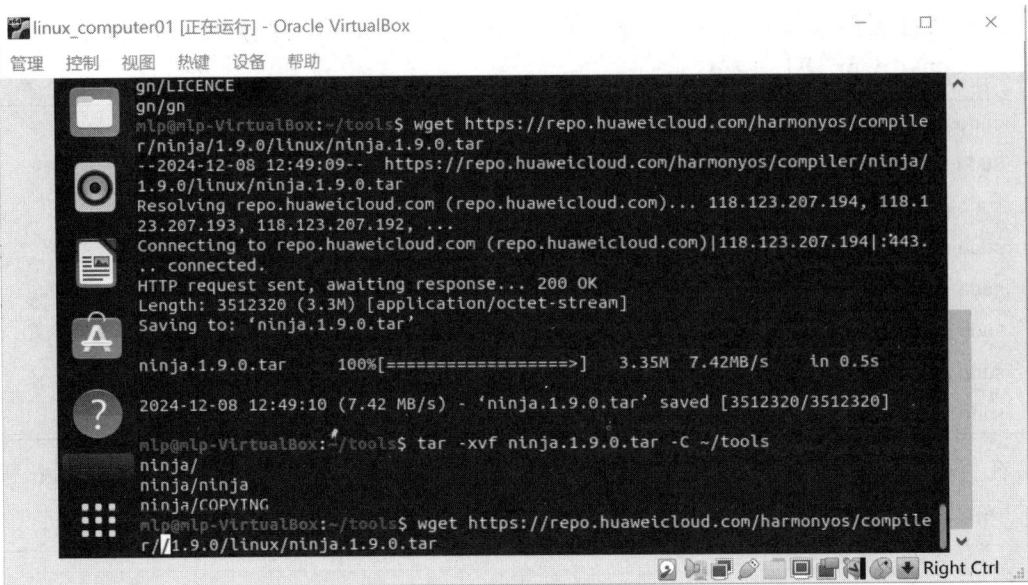

图 14-29   下载并解压工具软件 ninja

　　在终端输入如下命令，再将工具软件 gcc_riscv32 下载到 "tools" 目录下并解压，运行效果如图 14-30 所示。

> wget
> https://repo.huaweicloud.com/harmonyos/compiler/gcc_riscv32/7.3.0/linux/gcc_riscv32-linux-7.3.0.tar.gz
> tar -xvf gcc_riscv32-linux-7.3.0.tar.gz r -C ~/tools

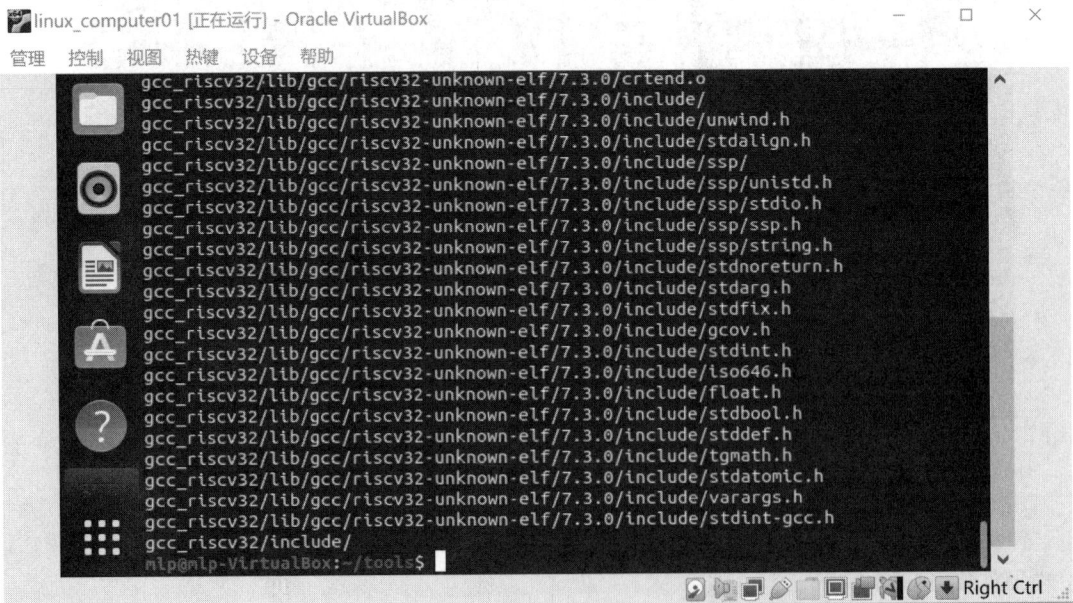

图 14-30   下载并解压工具软件 gcc_riscv32

使用 vim 编辑器中编辑系统配置文件 "~/.bashrc"，在此配置文件末尾添加如下代码并保存，添加代码过程如图 14-31 所示。

```
export PATH=~/tools/gn:$PATH
export PATH=~/tools/ninja:$PATH
export PATH=~/tools/gcc_riscv32/bin:$PATH
```

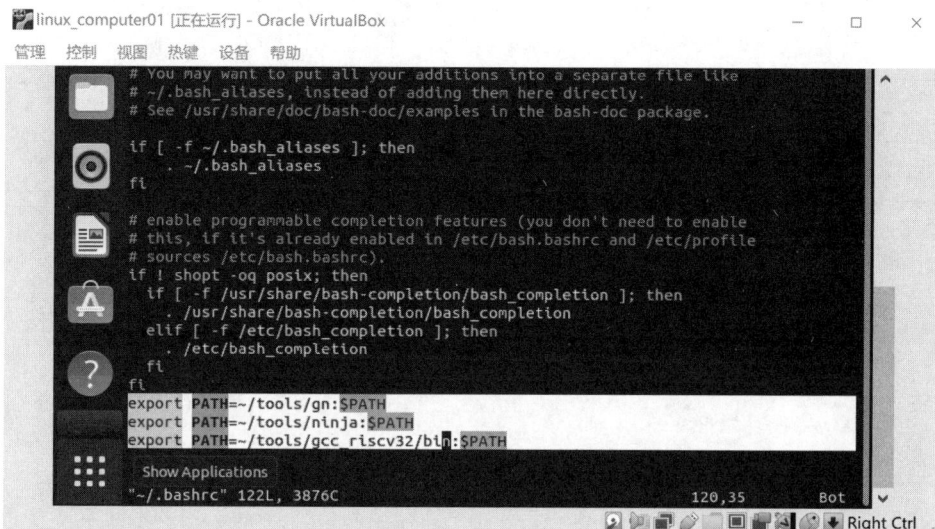

图 14-31　配置环境变量

(3) 在 Windows 下搭建鸿蒙系统开发环境，具体步骤如下：

① 鸿蒙系统源码网络映射及其断开。

在终端输入 ifconfig 命令查看当前系统的 IP 地址，如图 14-32 所示。

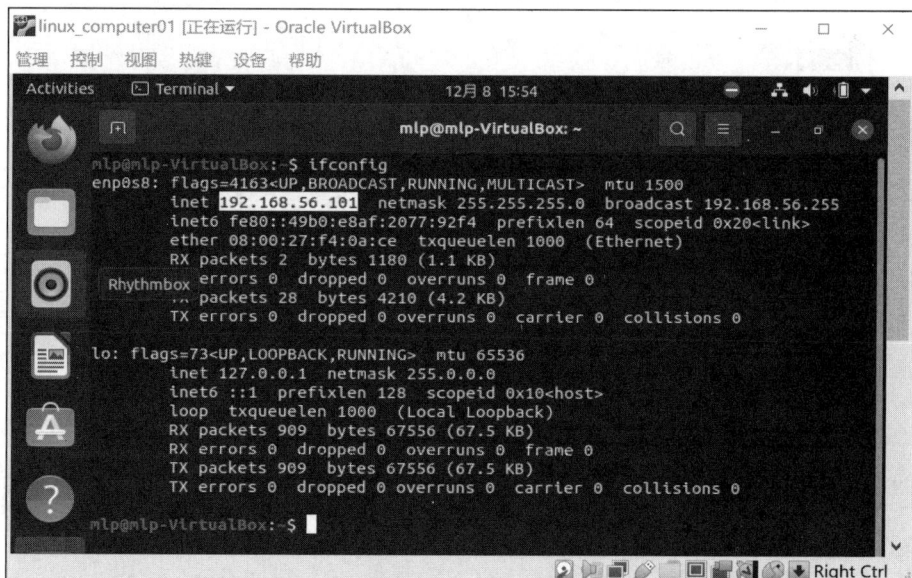

图 14-32　查询系统的 IP 地址

通过本地电脑创建网络驱动器，具体步骤如下：

a. 打开安装有 Windows 操作系统的本地计算机文件资源管理器，右击"My Computer"，选择"映射网络驱动器"，如图 14-33 所示。

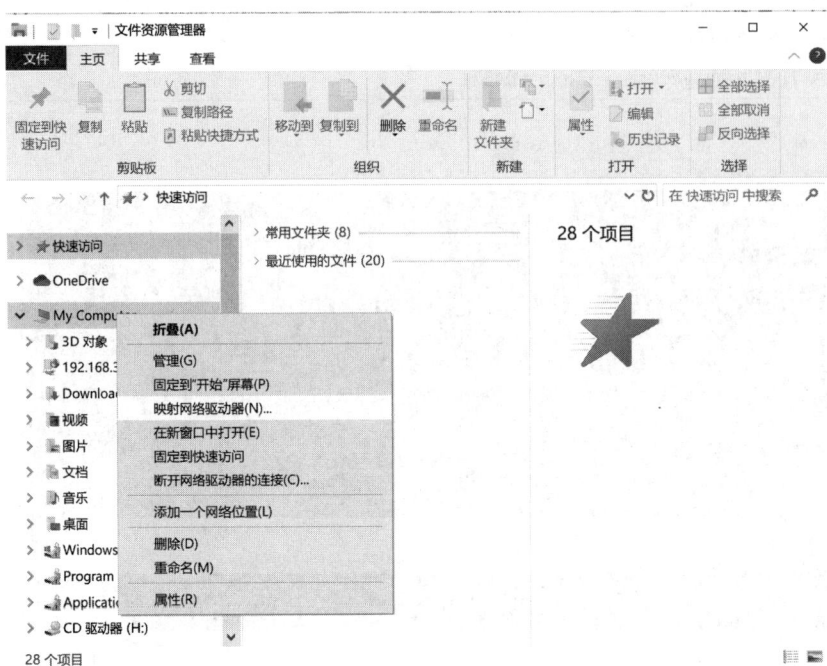

图 14-33　创建映射网络驱动器

b. 设置驱动器及网络共享文件夹路径，格式为"\\虚拟机 IP 地址\共享文件夹"如图 14-34 所示。然后单击"完成"，完成网络驱动器映射的创建，即完成了鸿蒙系统源码的网络映射，用户可以在本地计算机文件资源管理器中访问"共享文件夹"中的鸿蒙源码。

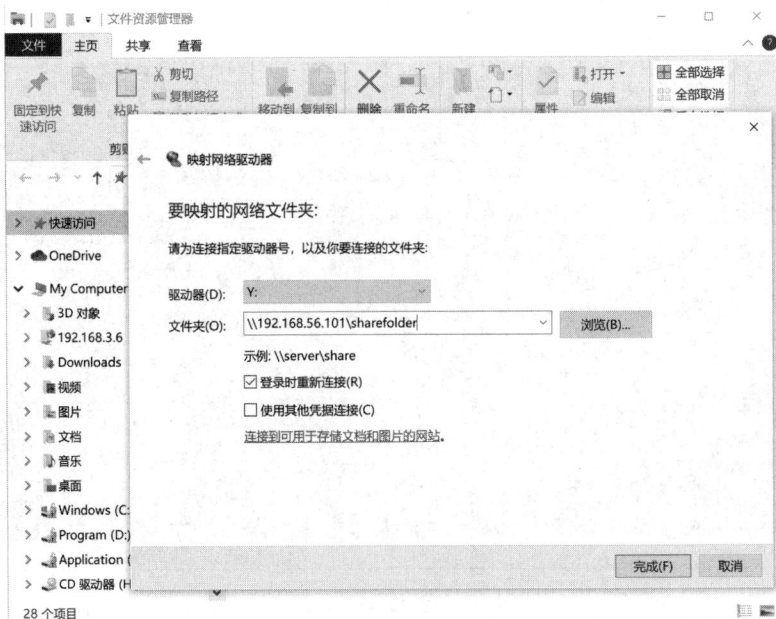

图 14-34　映射网络驱动器

② 搭建鸿蒙系统源码编辑环境。

登录工具软件 Visual Studio Code 官方网站下载最新版本的 Visual Studio Code，此官方网站网址为 https://code.visualstudio.com，如图 14-35 所示。

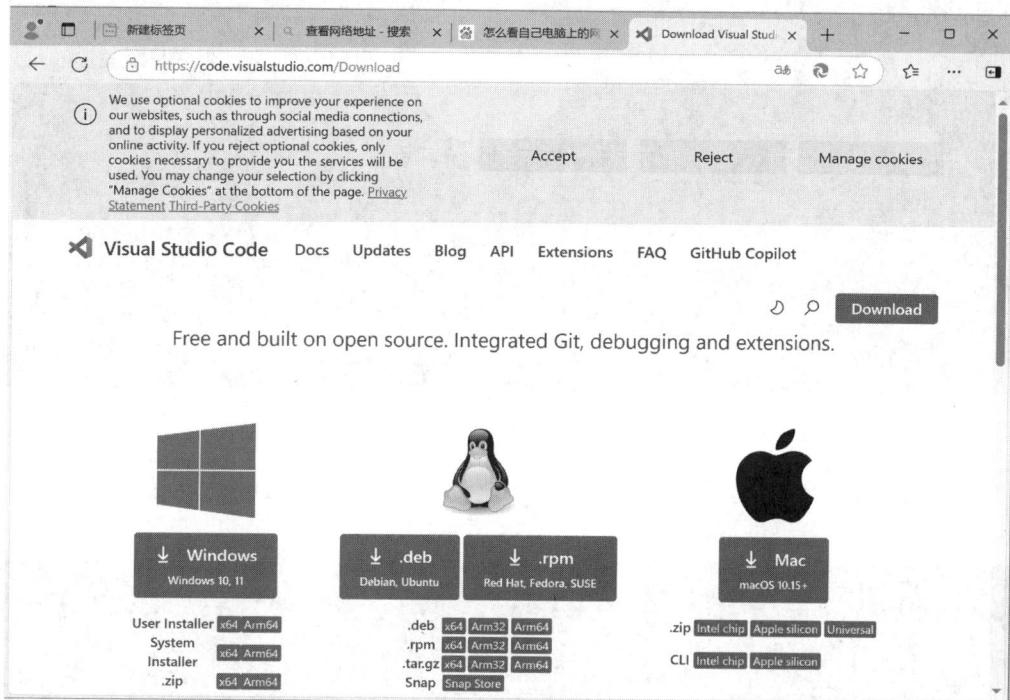

图 14-35　下载 Visual Studio Code

将下载的 Visual Studio Code 安装包安装在本地计算机上，采用默认安装，安装完成后运行 Visual Studio Code 工具软件，并安装鸿蒙系统源码编辑所必需的 C/C++ 插件和 GN 插件，如图 14-36 和图 14-37 所示。

图 14-36　安装 C/C++ 插件

图 14-37　安装 GN 插件

单击"Open Folder"，选择开源鸿蒙操作系统源码目录，并将源码目录导入 Visual Studio Code 软件，即可对源码进行编辑，如图 14-38 所示。

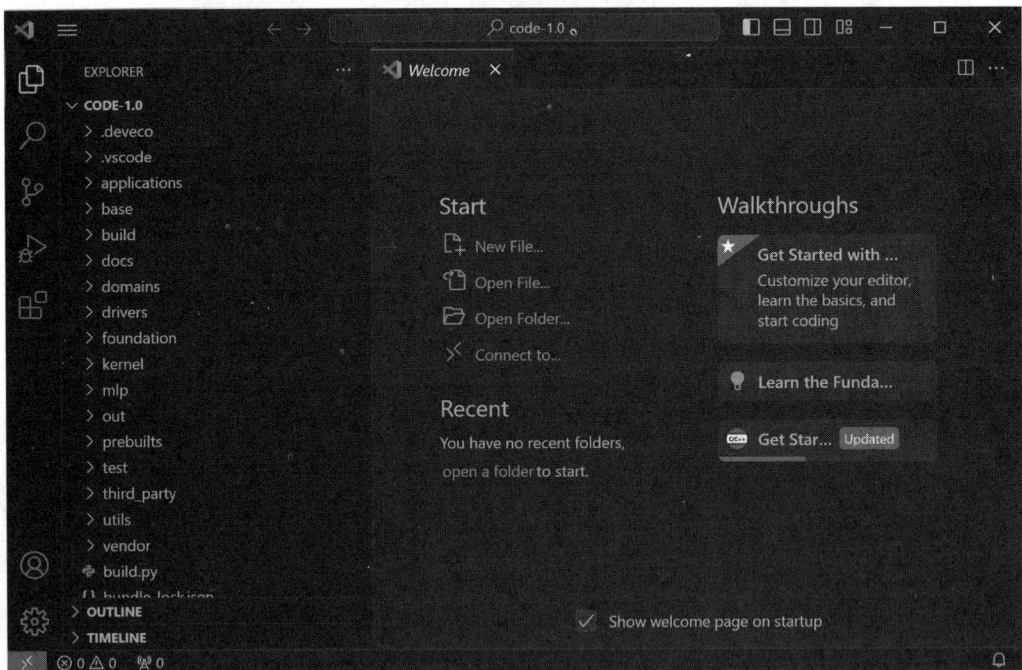

图 14-38　导入开源鸿蒙源码

③ 安装测试其他辅助工具。

为完成综合实验，还需要远程登录客户端工具软件 Putty，用于在本地计算机上实现远程操作 Linux 服务器，安装烧写工具软件 HiBurn 用于将固件烧写到 Hi3861 开发板上，安装通信工具软件 IPOP 用于实现与 Hi3861 开发板之间的通信，安装 Hi3861 开发板串口驱动程序实现本地计算机与 Hi3861 的连接。具体安装过程如下。

安装测试远程登录客户端工具 Putty，先登录网站 https://www.putty.org/，下载 Putty 工具软件安装包，下载成功后选择默认安装即可。安装完成 Putty 工具软件后启动运行，在"Host Name"处输入虚拟机 IP 地址，在"Connection type"处选择 SSH，单击"Open"连接虚拟机，如图 14-39 所示。

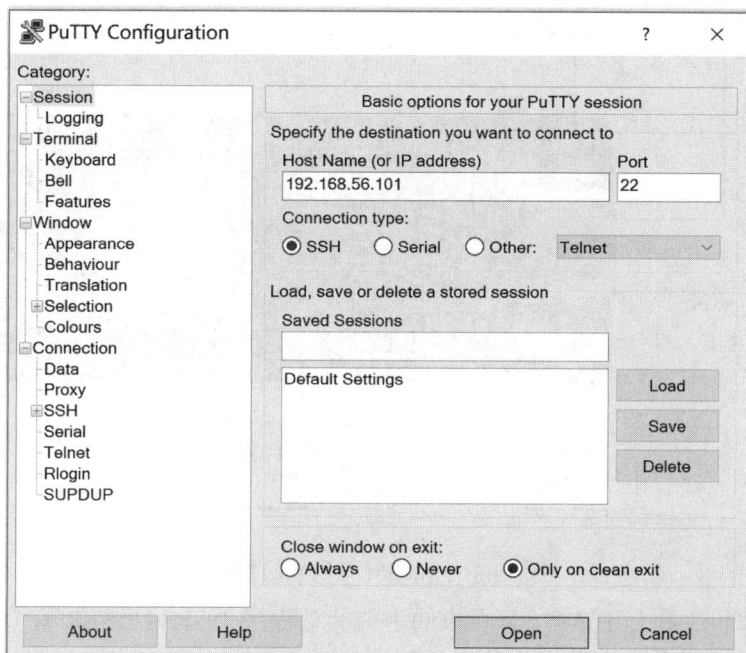

图 14-39　连接虚拟机

虚拟机连接成功后，在运行的客户端工具软件 Putty 中输入账号和密码，登录 Ubuntu 系统，如图 14-40 所示。

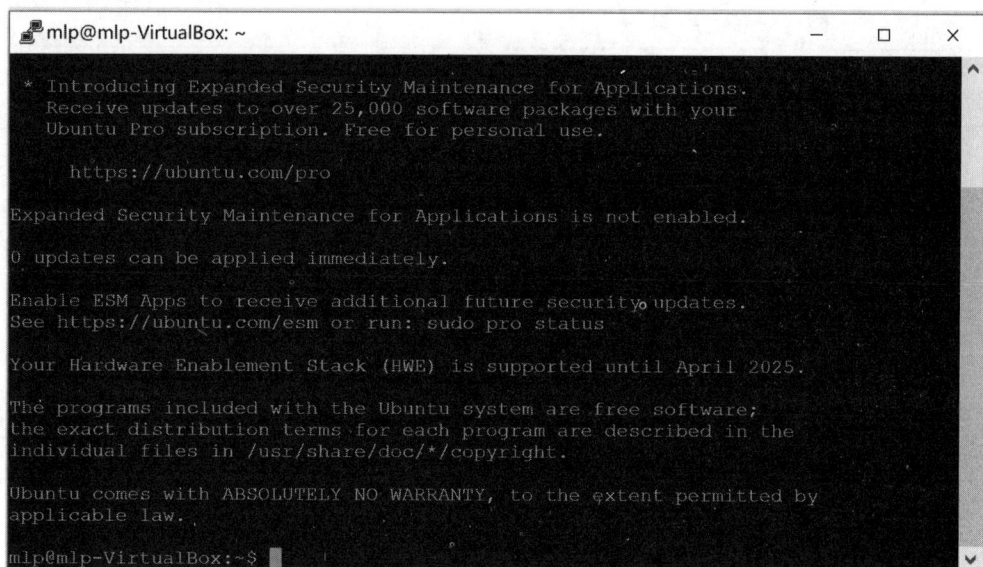

图 14-40　登录 Ubuntu 系统

使用数据线连接本地计算机和 Hi3861 开发板，连接 Hi3861 开发板中"J3"和"J4"跳线。Hi3861 开发板的外观如图 14-41 所示。

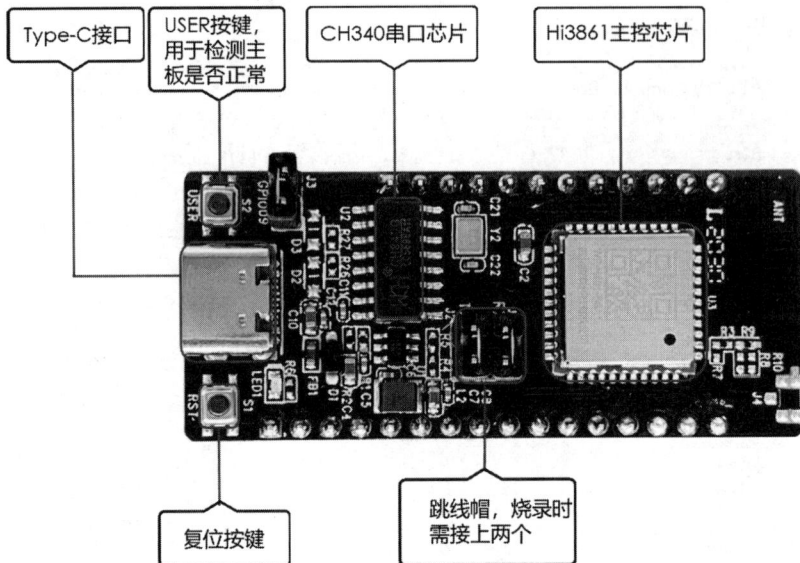

图 14-41　Hi3861 开发板的外观

在本地计算机中执行 Hi3861 开发板的串口驱动程序"CH3415SER"，如果安装成功，在本地计算机的"设备管理器"中可以看到"USB-SERIAL CH340"的标志，如图 14-42 所示。

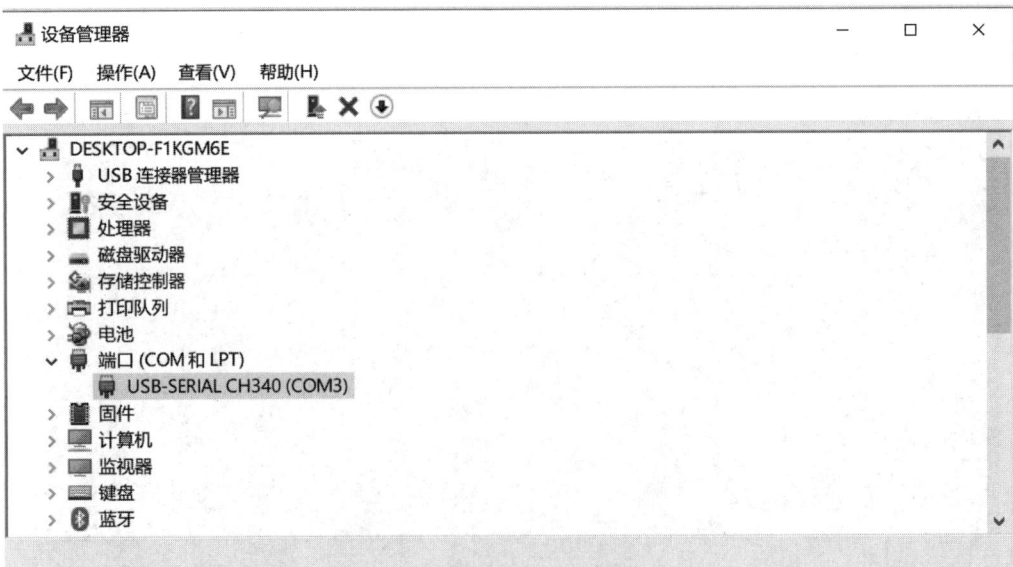

图 14-42　查看端口

在已经连接好 Hi3861 开发板的本地计算机的"设备管理器"中查看 Hi3861 开发板使用的端口号，如图 14-42 所示。

　　执行工具软件 HiBurn，在运行界面中依次选择"Setting"→"COM settings"→"Baud"，根据具体情况设置波特率。根据 Hi3861 开发板使用的端口号设置 HiBurn 的 COM 端口。勾选"Auto burn"，选择要烧写的固件文件，固件文件的存储位置在开源鸿蒙操作系统源码目录下。单击"Connect"按钮，并按压 Hi3861 开发板"RST"按钮复位开发板进行固件烧写，将固件文件烧写到 Hi3861 开发板上，如图 14-43 所示。

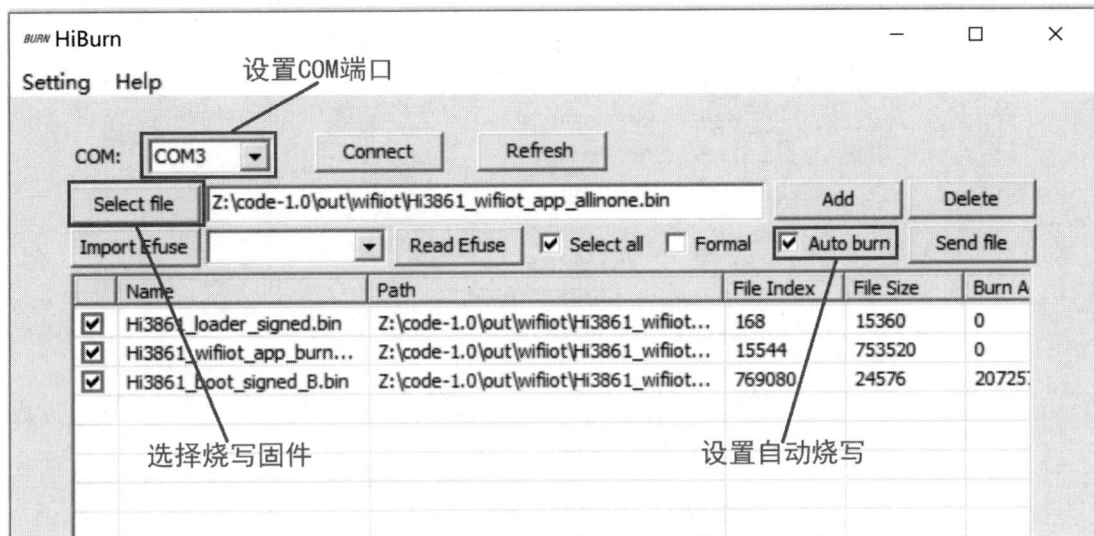

图 14-43　HiBurn 工具设置

　　等到固件文件全部烧写到 Hi3861 开发板后，单击工具软件 HiBurn 运行界面中的"Disconnect"按钮断开连接，如图 14-44 所示。

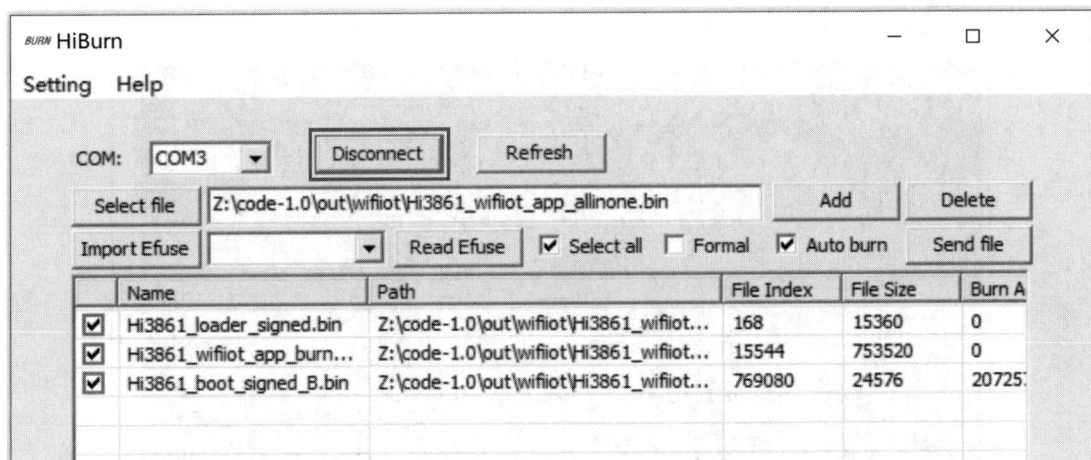

图 14-44　HiBurn 工具烧写固件

　　运行通信工具软件 IPOP，并在已经连接好 Hi3861 开发板的本地计算机的"设备管理器"中查看 Hi3861 开发板使用的端口号，在运行界面中依次单击"终端工具→新建连接"，在"类型"下拉列表中选择对应的 COM 端口连接 Hi3861 开发板，如图 14-45 所示。

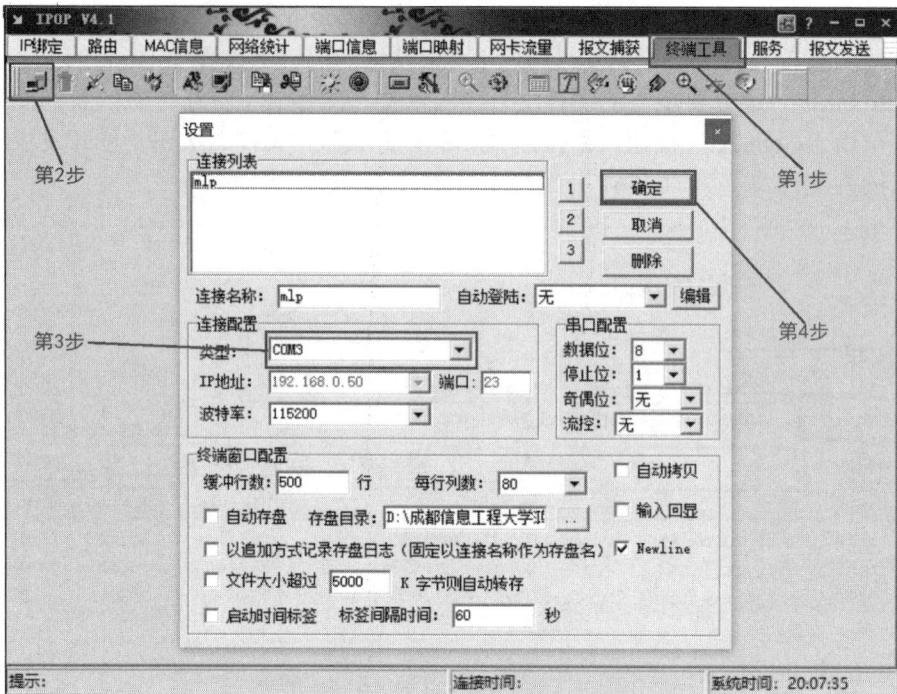

图 14-45   终端工具软件 IPOP 配置

按压 Hi3861 开发板的 "RST" 复位按钮，即可在运行的终端工具软件 IPOP 中显示运行结果。运行效果图如图 14-46 所示。

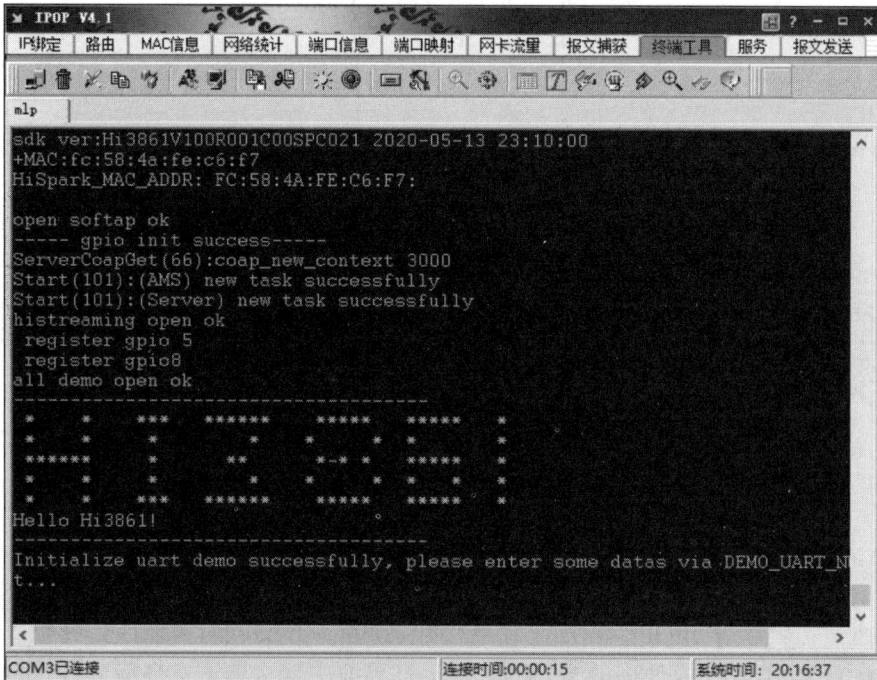

图 14-46   终端工具软件 IPOP 连接成功

(4) Hi3861 开发板及套件。

Hi3861 WLAN 模组是一片大约 2 cm×5 cm 大小的开发板，是一款高度集成的 2.4 GHz WLAN SoC 芯片，集成 IEEE 802.11b/g/n 基带和 RF(Radio Frequency) 电路，支持 OpenHarmony，并配套提供开放、易用的开发和调试运行环境，主要适配轻型系统。Hi3861 开发板的外观如图 14-41 所示。

Hi3861 开发板还可以通过与 Hi3861 底板连接，扩充自身的外设能力。Hi3861 底板外观如图 14-47 所示。

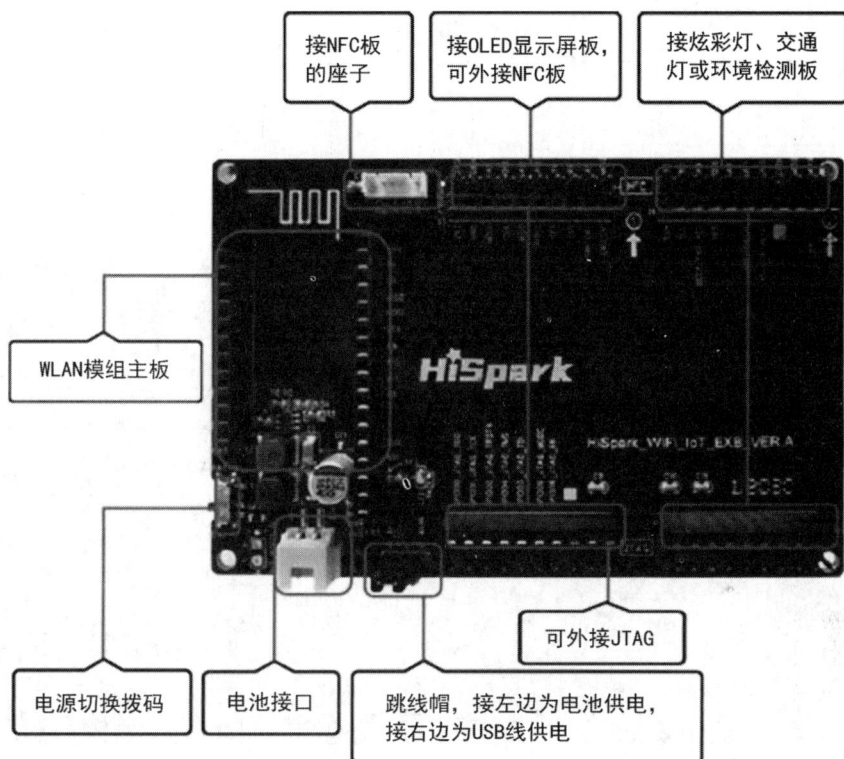

图 14-47 Hi3861 底板外观

Hi3861 芯片适用于智能家电等物联网智能终端领域。WLAN 基带支持正交频分复用 (OFDM) 技术，并向下兼容直接序列扩频 (DSSS) 和补码键控 (CCK) 技术，支持 IEEE802.11b/g/n 协议的各种数据速率。Hi3861 芯片集成高性能 32 bit 微处理器、硬件安全引擎以及丰富的外设接口，外设接口包括 SPI、UART、I^2C、PWM、GPIO 和多路 ADC，同时支持高速 SDIO2.0 接口，最高时钟可达 50 MHz；芯片内置 SRAM 和 Flash，可独立运行，并支持在 Flash 上运行程序。另外，Hi3861 平台提供多种关键组件，如 WLAN 服务、模组外设控制、分布式软总线、设备安全绑定、基础加解密、设备服务管理、启动引导、系统属性、基础库等。Hi3861 的功能框图如图 14-48 所示。

与 Hi3861 开发板适配的 AIoT 智能开发套件包括环境检测板、高度与北斗定位感应板、心率血氧检测板、空气质量检测板及 OLED 显板等，如图 14-49 所示。本次综合实验需要利用环境检测板和 OLED 显板实现环境监测系统，如图 14-50 和图 14-51 所示。

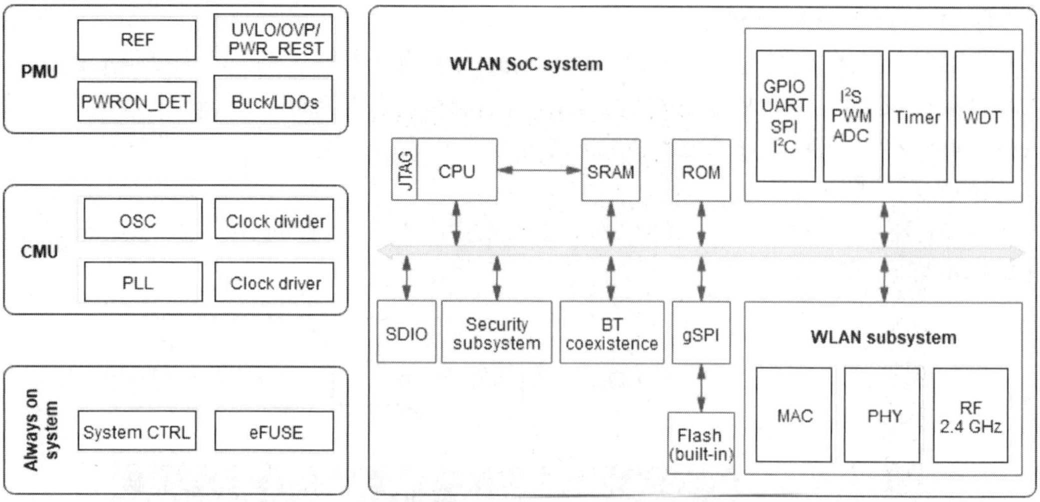

图 14-48　Hi3861 的功能框图

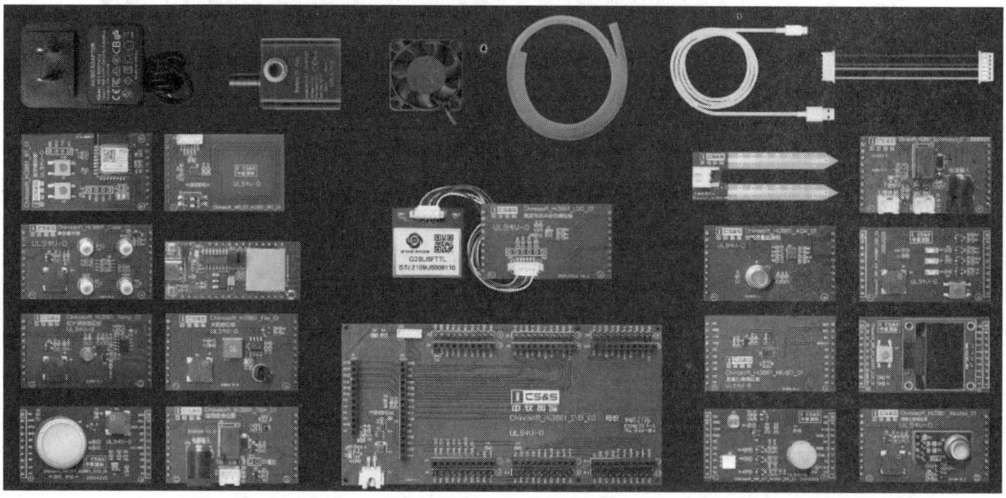

图 14-49　Hi3861 开发板套件

图 14-50　环境检测板

图 14-51　OLED 显板

14.2　环境监测系统实验

1. 实验目的

(1) 加深对进程、线程、进程互斥、同步、通信、内存、文件系统及设备管理等理论及技术方法的理解，能综合运用所学知识，并用来分析和验证有关理论问题和解决现实问题。

(2) 掌握 MQ-2 燃气传感器的开发方法和步骤、AHT20 温湿度传感器的开发方法和步骤、OLED 显示屏的开发方法和步骤及核心技术。

(3) 综合运用前面章节介绍的概念、技术和方法，实现一个环境监测系统。

2. 实验环境

- Windows 10 专业版。
- Ubuntu-20.04。
- Hi3861 开发板及套件。
- OpenHarmony、Visual Studio Code。

3. 实验内容

本实验要求利用 OpenHarmony 提供的 ADC 函数接口 AdcRead 获取空气中可燃气体浓度值，利用 OpenHarmony 提供的 I^2C 接口函数实现从 AHT20 温湿度传感器中获取空气的温湿度值，通过调用 OLED 相关 API 函数实现在 OLED 显示屏上指定位置显示可燃气体浓度值、空气的温湿度值等环境参数，并根据环境参数值给出危险等级。

4. 实验操作

1) 利用 OpenHarmony 提供的 ADC 函数接口 AdcRead 获取空气中可燃气体浓度值

实现空气中可燃气体浓度监测功能，用到的核心模块为 MQ-2 半导体可燃气体传感器模块，此模块集成在 Hi3861 开发板套件的环境检测板中，如图 14-50 所示。

MQ-2 燃气传感器使用的气敏材料是在清洁空气中导电率较低的二氧化锡(SnO_2)，二氧化锡属于表面离子式 N 半导体，适宜于液化气、苯、烷、酒精、氢气、烟雾等的探测。当传感器所处环境中存在可燃气体时，二氧化锡吸附空气中的氧，形成氧的负离子吸附，使半导体中的电子密度减小，电阻值增加。当二氧化锡与可燃气体接触时，晶粒间界处的势垒受到可燃气体的浓度变化的影响，从而引起表面导电率的变化。利用这一点就可以获得这种可燃气体存在的信息，浓度越大，导电率越大，输出电阻越低，输出的模拟信号就越大。

MQ-2 燃气传感器检测浓度范围为 300～10 000 ppm(1 ppm = 1 立方厘米/1 立方米)，通过 Hi3861 开发板的 J7 接口 ADC 引脚上报检测结果，而 Hi3861 开发板通过 CON10 接口 ADC 引脚访问该传感器。

实验步骤如下：

(1) 在启动运行的 Visual Studio Code 中创建工程目录，如"comprehensive_experiment"。

(2) 在所创建的工程目录中创建源码文件，如"mq2_demo.c"，在源码文件"mq2_demo.c"中编写实现燃气浓度采集的代码。具体代码如下：

```c
/*引入必要头文件*/
#include <stdio.h>
#include <unistd.h>
#include "ohos_init.h"
#include "cmsis_os2.h"
#include "wifiiot_gpio.h"
#include "wifiiot_gpio_ex.h"
#include "wifiiot_adc.h"
#include "wifiiot_errno.h"
/*声明宏定义及变量*/
#define GAS_SENSOR_CHAN_NAME WIFI_IOT_ADC_CHANNEL_5
unsigned short data = 0;          /*保存读取到的燃气值*/
/*创建主任务函数 Mq2DemoTask，实现可燃气体值的读取*/
static void Mq2DemoTask(void *arg)
{
    (void)arg;
    GpioInit();
    while (1)
    {      /*调用 AdcRead 读取值*/
     if (AdcRead(GAS_SENSOR_CHAN_NAME, &data, WIFI_IOT_ADC_EQU_MODEL_4,
        WIFI_IOT_ADC_CUR_BAIS_DEFAULT, 0) == WIFI_IOT_SUCCESS)
        {
            printf("gas:%d ppm\n", data);
        }
        sleep(1);
    }
```

```
    }
    /*创建新任务，执行 Mq2DemoTask 函数*/
    static void Mq2Demo(void)
    {
        osThreadAttr_t attr;
        attr.name = "Mq2DemoTask";
        attr.attr_bits = 0U;
        attr.cb_mem = NULL;
        attr.cb_size = 0U;
        attr.stack_mem = NULL;
        attr.stack_size = 4096;
        attr.priority = osPriorityNormal;
        if (osThreadNew(Mq2DemoTask, NULL, &attr) == NULL)
        {
            printf("[EnvironmentDemo] Falied to create Mq2DemoTask!\n");
        }
    }
    /*初始化模块*/
    APP_FEATURE_INIT(Mq2Demo);
```

(3) 创建工程构造脚本文件 BUILD.gn，编写脚本语言指明生成模块名并初始化模块。
具体代码如下：

```
    static_library("sensing_demo") {
        sources = [
            "mq2_demo.c"
        ]
        include_dirs = [
            "//utils/native/lite/include",
            "//kernel/liteos_m/components/cmsis/2.0",
            "//base/iot_hardware/interfaces/kits/wifiiot_lite",
        ]
    }
```

(4) 将模块"sensing_demo"配置到应用子系统。具体代码如下：

```
    import("//build/lite/config/component/lite_component.gni")
    lite_component("app") {
        features = [
            ".../ comprehensive_experiment:sensing_demo",
        ]
    }
```

(5) 测试：编译应用模块，生成可烧写的固件，将固件烧写到开发板，将 MQ-2 燃气传感器与开发板相连，运行终端工具软件 IPOP 并与开发板相连，复位开发板。观察终端工具软件 IPOP 的显示信息，图 14-52 所示。

图 14-52　可燃气体探测器的运行效果

2) 利用 OpenHarmony 提供的 I^2C 接口函数实现从 AHT20 温湿度传感器中获取空气的温湿度值

实现环境温湿度监测功能，用到的核心模块为 AHT20 温湿度传感器模块，此模块集成在 Hi3861 开发板套件的环境检测板中，如图 14-50 所示。其特点如下：

- 测量范围：温度为-40～80℃，湿度为 0%RH ～80%RH。
- 相对湿度误差为 ±2%RH。
- 温度误差为 ±0.3%。

AHT20 温湿度传感器有 SCL 引脚和 SDA 引脚，Hi3861 开发板通过 CON10 接口 SCL 引脚、SDA 引脚以 I^2C 接口方式访问该传感器，GPIO13 连接 SDA 引脚，GPIO14 连接 SCL 引脚。

实验步骤如下：

(1) 在启动运行的 Visual Studio Code 中创建工程目录，如"comprehensive_experiment"。

(2) 导入 AHT20 温湿度传感器的驱动文件 aht20.c、aht20.h 到 comprehensive_experiment 工程目录。

(3) 在所创建的工程目录中创建源码文件，如" aht20_demo.c "，在源码文件 "aht20_demo.c"中编写实现获取温湿度值功能的代码。具体代码如下：

```
/*引入必要头文件并声明宏*/
#include <stdio.h>
#include <stdint.h>
#include <string.h>
```

```
#include <unistd.h>
#include "ohos_init.h"
#include "cmsis_os2.h"
#include "wifiiot_i2c.h"
#include "wifiiot_gpio.h"
#include "wifiiot_gpio_ex.h"
#include "wifiiot_errno.h"
#include "aht20.h"
#define AHT20_BAUDRATE 400 * 1000
#define AHT20_I2C_IDX WIFI_IOT_I2C_IDX_0
/*初始化 I²C*/
void init(void)
{
    GpioInit();
    IoSetFunc(WIFI_IOT_IO_NAME_GPIO_13, WIFI_IOT_IO_FUNC_GPIO_13_I2C0_SDA);
    IoSetFunc(WIFI_IOT_IO_NAME_GPIO_14, WIFI_IOT_IO_FUNC_GPIO_14_I2C0_SCL);
    I2cInit(AHT20_I2C_IDX, AHT20_BAUDRATE);
}
/*创建主任务函数 AhtDemoTask，实现温湿度数据读取及打印功能*/
static void AhtDemoTask(void *arg){
    (void)arg;
    uint32_t retval = 0;
    float humidity = 0.0f;
    float temperature = 0.0f;
    while (WIFI_IOT_SUCCESS != AHT20_Calibrate()){
        printf("AHT20 sensor init failed!\r\n");
        usleep(1000);
    }
    while (1){
        retval = AHT20_StartMeasure();
        if (retval != WIFI_IOT_SUCCESS)
        {
            printf("trigger measure failed!\r\n");
        }else {
            retval = AHT20_GetMeasureResult(&temperature, &humidity);
            printf("temp: %.2f,   humi: %.2f\n", temperature, humidity);
        }
        sleep(1);
    }
```

```
    }
/*创建新任务来运行业务函数 AhtDemoTask*/
static void Aht20Demo(void){
    osThreadAttr_t attr;
    attr.name = "AhtDemoTask";
    attr.attr_bits = 0U;
    attr.cb_mem = NULL;
    attr.cb_size = 0U;
    attr.stack_mem = NULL;
    attr.stack_size = 4096;
    attr.priority = osPriorityNormal;
    if (osThreadNew(AhtDemoTask, NULL, &attr) == NULL)
    {
        printf("[Aht20Demo] Falied to create AhtDemoTask!\n");
    }
}
/*初始化*/
APP_FEATURE_INIT(Aht20Demo);
```

（4）创建工程构造脚本文件 BUILD.gn，编写脚本语言指明生成模块名并初始化模块，指定头文件存放目录，工程最后会编译生成一个静态库。具体代码如下：

```
static_library("sensing_demo") {
    sources = [
        " aht20_demo.c","aht20.c"
    ]
    include_dirs = [
        "//utils/native/lite/include",
        "//kernel/liteos_m/components/cmsis/2.0",
        "//base/iot_hardware/interfaces/kits/wifiiot_lite",
    ]
}
```

（5）将模块"sensing_demo"配置到应用子系统中。具体代码如下：

```
import("//build/lite/config/component/lite_component.gni")
lite_component("app") {
    features = [
        ".../ comprehensive_experiment:sensing_demo",
    ]
}
```

(6) 打开 I^2C 的 CONFIG 选项，使系统增加 PWM 功能，可通过修改 vendor\hisi\hi3861\hi3861\build\config\usr_config.mk 文件中的 CONFIG_PWM_SUPPORT 行来完成，如图 14-53 所示。

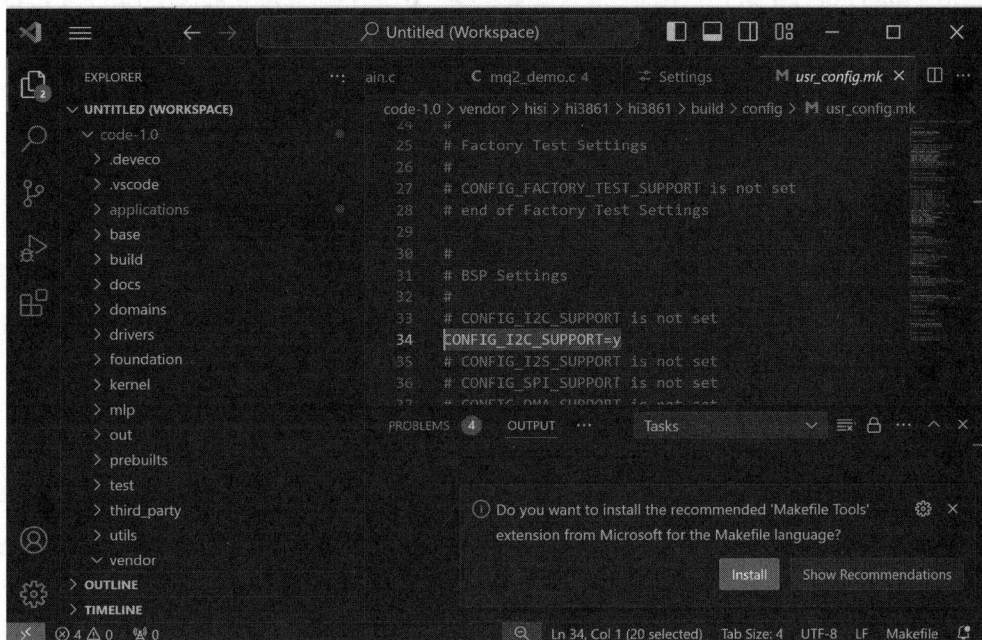

图 14-53　给系统添加 PWM 功能

(7) 测试：编译应用模块，生成可烧写的固件，将固件烧写到开发板中，将 AHT20 温湿度传感器与开发板相连，运行终端工具软件 IPOP 并与开发板相连，复位开发板。观察终端工具软件 IPOP 的显示信息，如图 14-54 所示。

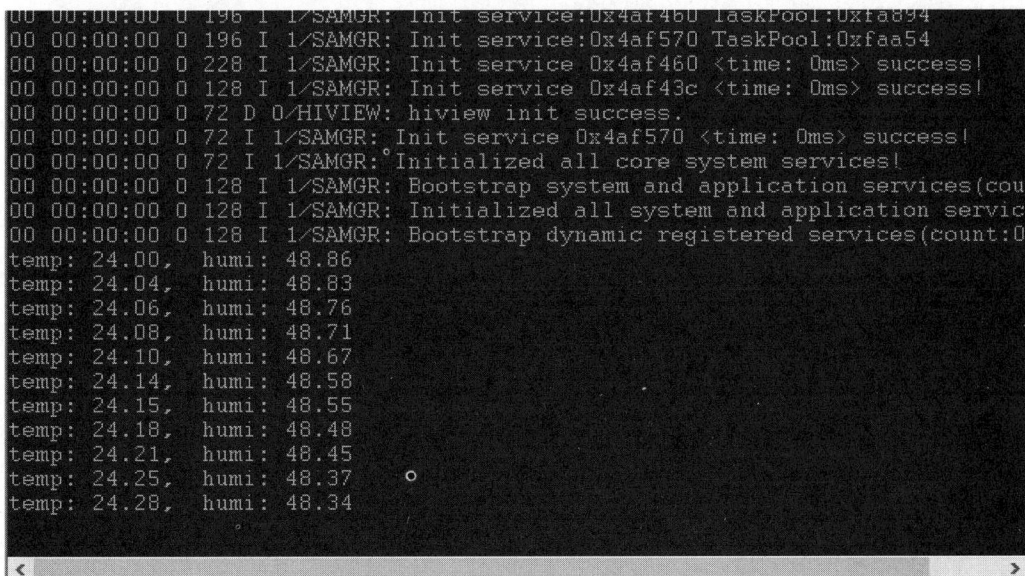

图 14-54　温湿度探测器的运行效果

3) 利用 OpenHarmony 提供的 OLED 相关函数实现在 OLED 显示屏显示环境监测预警
   信息

实现显示可燃气体浓度值、空气的温湿度值等环境参数功能，用到的核心模块为 JMD
0.96 英寸 4 pin GND OLED 显示屏，此模块集成在 Hi3861 开发板套件的 OLED 显板中，如
图 14-51 所示。其特点如下：

- 高分辨率：128×64 dpi。
- 广可视角度：大于 160°。
- 低功耗：正常显示时为 0.06 W。
- 宽供电范围：直流 3.3～5 V。
- 通信方式：I^2C。
- 亮度、对比度可以通过程序指令控制。
- 内部驱动芯片：SSD1306。

OLED 显示屏有 SCL 引脚和 SDA 引脚，Hi3861 开发板通过 J2 接口 SCL 引脚、SDA
引脚以 I^2C 接口方式控制该 OLED 模块，SDA 复用 GPIO13、SCL 复用 GPIO14。

实验步骤如下：

(1) 在启动运行的 Visual Studio Code 中创建工程目录，如"comprehensive_experiment"。

(2) 导入 OLED 显示屏的驱动文件及字体文件 oled_ssd1306.h、oled_ssd1306.c、
oled_fonts.h 到 comprehensive_experiment 工程目录中。

(3) 在所创建的工程目录中创建源码文件，如"enrionment_task.h""enrionment_task.c"，
在源码文件"enrionment_task.c"中编写实现环境监测信息收集功能的代码。具体代码如下：

```
/*源码文件 enrionment_task.h 内容*/
#ifndef ENRIONMENT_TASK_H
#define ENRIONMENT_TASK_H
extern float humidity;              /*湿度值*/
extern float temperature;           /*温度值*/
extern unsigned short gas;          /*可燃气体值*/
extern unsigned short stat;         /*0 代表正常，1 代表警告，2 代表危险*/
void enrionment_task(void);         /*子模块线程函数*/
#endif

/*源码文件 enrionment_task.c 内容*/
#include <stdio.h>
#include <stdint.h>
#include <string.h>
#include <unistd.h>
#include "ohos_init.h"
#include "cmsis_os2.h"
#include "wifiiot_i2c.h"
```

```c
#include "wifiiot_gpio.h"
#include "wifiiot_gpio_ex.h"
#include "wifiiot_errno.h"
#include "aht20.h"
#include "wifiiot_adc.h"
#define AHT20_BAUDRATE 400 * 1000
#define AHT20_I2C_IDX WIFI_IOT_I2C_IDX_0
#define GAS_SENSOR_CHAN_NAME WIFI_IOT_ADC_CHANNEL_5
float humidity = 0.0f;
float temperature = 0.0f;
/*单位为 ppm，ppm(parts per million)浓度是用溶质质量占全部溶液质量的百万分比来表示的浓度，
MQ-2 测试范围为 300～10000 ppm*/
unsigned short gas = 0;
unsigned short stat = 0;        /*0 代表正常，1 代表警告，2 代表危险*/
void init(void)
{
    GpioInit();
    IoSetFunc(WIFI_IOT_IO_NAME_GPIO_13, WIFI_IOT_IO_FUNC_GPIO_13_I2C0_SDA);
    IoSetFunc(WIFI_IOT_IO_NAME_GPIO_14, WIFI_IOT_IO_FUNC_GPIO_14_I2C0_SCL);
    I2cInit(AHT20_I2C_IDX, AHT20_BAUDRATE);
}

static void enrionment_thread(void *arg)
{
    (void)arg;
    init();   /*初始化 I²C*/
    uint32_t retval = 0;
    /*发送初始化校准命令*/
    while (WIFI_IOT_SUCCESS != AHT20_Calibrate())
    {
        printf("AHT20 sensor init failed!\r\n");
        usleep(1000);
    }
    while (1)
    {           /*发送触发测量命令，开始测量*/
        retval = AHT20_StartMeasure();
        if (retval != WIFI_IOT_SUCCESS)
        {
            printf("trigger measure failed!\r\n");
```

```
            }
        else
        {
            /*接收测量结果，拼接转换为标准值*/
            retval = AHT20_GetMeasureResult(&temperature, &humidity);
        }
        /*读取可燃气体值，检测浓度范围为300～10000 ppm(可燃气体) */
        AdcRead(GAS_SENSOR_CHAN_NAME, &gas, WIFI_IOT_ADC_EQU_MODEL_4,
                WIFI_IOT_ADC_CUR_BAIS_DEFAULT, 0);
        if (temperature < -35 || temperature > 25 || humidity > 80 || gas > 1840)
        {
            stat = 2;              /*危险*/
        }
        else if (temperature < 10 || temperature > 23 || humidity > 70 || gas > 1760)
        {
            stat = 1;              /*警告*/
        }
        else
        {
            stat = 0;              /*正常*/
        }
        printf("temp:%4.1f degree,hum:%4.1f %%,gas:%d PPM,stat:%d   \r\n", temperature,
                humidity, gas, stat);
        //      usleep(500000);    /*微秒*/
        sleep(1);                  /*秒*/
    }
}
void enrionment_task(void)
{
    osThreadAttr_t attr;

    attr.name = "enrionment_thread";
    attr.attr_bits = 0U;
    attr.cb_mem = NULL;
    attr.cb_size = 0U;
    attr.stack_mem = NULL;
    attr.stack_size = 1024;        /*线程栈的大小*/
    attr.priority = osPriorityNormal;
    if (osThreadNew(enrionment_thread, NULL, &attr) == NULL)
    {
```

```
        printf("[enrionment_thread] Falied to create enrionment_thread!\n");
    }
}
```

(4) 在所创建的工程目录中创建源码文件，如"oled_task.h""oled_task.c"，在源码文件"enrionment_task.c"中编写实现环境监测信息显示功能的代码。具体代码如下：

```
/*oled_task.h 文件源码*/
#ifndef OLED_TASK_H
#define OLED_TASK_H
/*初始化 GPIO 引脚及 OLED*/
void oledTaskInit(void);
/*oledTask 线程函数*/
void oledTask(void);
#endif
/*oled_task.c 文件源码*/
#include <stdio.h>
#include <unistd.h>
#include "ohos_init.h"
#include "cmsis_os2.h"
#include "wifiiot_gpio.h"
#include "wifiiot_gpio_ex.h"
#include "oled_ssd1306.h"
#include "enrionment_task.h"
/*该函数对 GPIO 引脚及 OLED 进行初始化*/
void oledTaskInit(void)
{
    GpioInit();
    OledInit();
}
/*业务函数，完成数据在 OLED 上显示*/
void oledThread(void *arg)
{
    (void)arg;
    oledTaskInit();              /*初始化*/
    OledFillScreen(0x00);        /*清屏*/
    /*在左上角位置显示字符串 Hello, HarmonyOS*/
    OledShowString(0, 0, "hello,chinasoft", 1);
    sleep(1);                    /*等待 1 s*/
    char line[32] = {0};
```

```
        OledFillScreen(0x00);          /*清屏*/
        while (1)
        {
            OledShowString(16, 0, "Sensor values:", 1);
            /*组装显示温度的字符串*/
            snprintf(line, sizeof(line), "temp: %.1f deg", temperature);
            OledShowString(0, 3, line, 1);        /*在(0，1)位置显示组装后的温度字符串*/
            /*组装显示湿度的字符串*/
            snprintf(line, sizeof(line), "humi: %.1f %%", humidity);
            OledShowString(0, 5, line, 1);        /*在(0，2)位置显示组装后的湿度字符串*/
            /*组装显示气体的字符串,单位是百万分之,检测浓度范围为300~10000 ppm(可燃气体)*/
            snprintf(line, sizeof(line), "gas : %4d ppm", gas);
            OledShowString(0, 7, line, 1);      /*在(0，3)位置显示组装后的气体字符串*/
         /*组装显示环境监测预警的字符串*/
            /*添加预警信息显示代码*/
            usleep(500000);                       /*睡眠*/
        }
    }
    /*创建新线程运行 OledTask 函数*/
    void oledTask(void)
    {
        osThreadAttr_t attr;
        attr.name = "oledThread";
        attr.attr_bits = 0U;
        attr.cb_mem = NULL;
        attr.cb_size = 0U;
        attr.stack_mem = NULL;
        attr.stack_size = 4096;
        attr.priority = osPriorityNormal;
        if (osThreadNew(oledThread, NULL, &attr) == NULL)
        {
            printf("[oledThread] Falied to create oledThread!\n");
        }
    }
```

(5) 在所创建的工程目录中创建源码文件,如"main.c",在源码文件"main.c"中编写环境监测预警系统主控程序。具体代码如下:

```
#include <stdio.h>
#include <string.h>
```

```
#include <unistd.h>
#include "ohos_init.h"
#include "cmsis_os2.h"
#include "wifi_device.h"
#include "lwip/netifapi.h"
#include "lwip/api_shell.h"
#include "enrionment_task.h"
#include "oled_task.h"
/*主模块*/
static void ems_thread(void *arg)
{
    (void)arg;
    sleep(3);
    printf("Environmental monitoring system running\n");
    enrionment_task();          /*调用环境监测子模块*/
    oledTask();                 /*添加环境监测显示模块*/
}
/*创建线程运行主模块*/
void ems_entry(void)
{
    osThreadAttr_t attr;

    attr.name = "emaews_thread";
    attr.attr_bits = 0U;
    attr.cb_mem = NULL;
    attr.cb_size = 0U;
    attr.stack_mem = NULL;
    attr.stack_size = 4096;          /*堆栈大小为4096*/
    attr.priority = 36;

    if (osThreadNew((osThreadFunc_t)ems_thread, NULL, &attr) == NULL)
    {
        printf("[emaews] Falied to create LedTask!\n");
    }
}
SYS_RUN(ems_entry);                  /*注册函数，可以执行*/
```

（6）创建工程构造脚本文件 BUILD.gn，编写脚本语言指明生成模块名并初始化模块，指定头文件存放目录，工程最后会编译生成一个静态库。具体代码如下：

```
static_library("sensing_demo") {
    sources = [
        "main.c",
        "enrionment_task.c","aht20.c",
        "beeper_task.c",
        "oled_ssd1306.c","oled_task.c",
    ]
    include_dirs = [
        "//utils/native/lite/include",
        "//kernel/liteos_m/components/cmsis/2.0",
        "//base/iot_hardware/interfaces/kits/wifiiot_lite",
        "//vendor/hisi/hi3861/hi3861/third_party/lwip_sack/include",
        "//vendor/hisi\hi3861\hi3861\components\at\src"]
}
```

(7) 将模块"sensing_demo"配置到应用子系统。具体代码如下：

```
import("//build/lite/config/component/lite_component.gni")
lite_component("app") {
    features = [
        ".../ comprehensive_experiment:sensing_demo",
    ]
}
```

(8) 测试：编译应用模块，生成可烧写的固件，将固件烧写到开发板，将套件的 OLED 显示板和环境检测板与 Hi3861 开发板相连，复位开发板，观察显示信息，如图 14-55 所示。

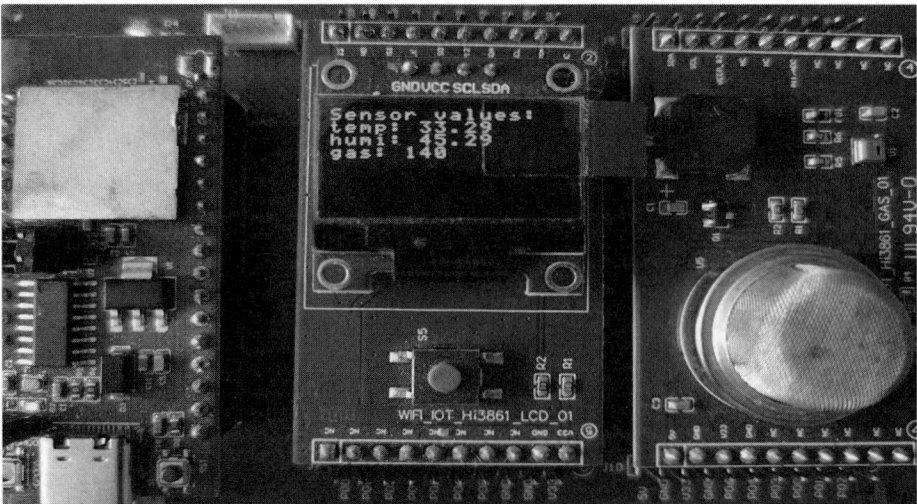

图 14-55   环境检测预警系统运行效果

5. 实验报告

撰写实验报告时应包含以下内容：

(1) 实验目的与实验内容。

(2) 对实验内容进行分析与思考。

① 基于 OpenHarmony 的设备驱动与开发方法。

② 基于 OpenHarmony 的多任务编程方法。

③ 向 OpenHarmony 内核添加功能模块的方法。

④ 基于 OpenHarmony 开发应用系统的方法。

参 考 文 献

[1]   汤小丹，梁红兵，哲凤屏，等. 计算机操作系统[M]. 4 版. 西安：西安电子科技大学出版社，2020.

[2]   李传钊. 深入浅出 OpenHarmony 架构、内核、驱动及应用开发全栈[M]. 北京：中国水利水电出版社，2022.

[3]   费翔林，李敏，叶保留. Linux 操作系统实验教程[M]. 北京：高等教育出版社，2011.

[4]   戈帅. OpenHarmony 轻量系统从入门到精通 50 例[M]. 北京：清华大学出版社，2023.

[5]   高联雄. UNIX xv6 内核源码深入剖析[M]. 北京：清华大学出版社，2023.

[6]   任炬，张尧学，彭许红. openEuler 操作系统[M]. 北京：清华大学出版社，2020.